土木工程专业生产实习指导

龙帮云　韩艳波　朱　炯　鲁彩凤　编著

中国矿业大学出版社

·徐州·

内 容 提 要

土木工程专业生产实习是高等学校土木工程专业学生在生产现场以工人、技术员或管理员等身份，直接参与生产过程，是将专业知识与生产实践相结合的教学形式，编写《土木工程专业生产实习指导》的目的是在专业理论知识与专业岗位知识之间架起一座桥梁。

本书结合《建筑与市政工程施工现场专业人员职业标准》(JGJ/T 250—2011)的要求，在已学专业理论知识的基础上，重点介绍学生到施工现场所需的专业岗位知识。编者具有深厚的工程实践背景和多年带队进行土木工程专业生产实习的经验，总结了施工现场生产实习师生普遍缺乏的知识和易出错的问题。编写此书旨在为土木工程专业生产实习规范化、常态化提供参考。

图书在版编目(CIP)数据

土木工程专业生产实习指导 / 龙帮云等编著. —徐州：中国矿业大学出版社，2020.12

ISBN 978-7-5646-4854-1

Ⅰ. ①土… Ⅱ. ①龙… Ⅲ. ①土木工程—生产实习—高等学校—教学参考资料②地下工程—生产实习—高等学校—教学参考资料 Ⅳ. ①TU-45

中国版本图书馆 CIP 数据核字(2020)第242670号

书　　名　土木工程专业生产实习指导
编　　著　龙帮云　韩艳波　朱　炯　鲁彩凤
责任编辑　杨　洋
出版发行　中国矿业大学出版社有限责任公司
　　　　　　(江苏省徐州市解放南路　邮编 221008)
营销热线　(0516)83884103　83885105
出版服务　(0516)83995789　83884920
网　　址　http://www.cumtp.com　**E-mail**:cumtpvip@cumtp.com
印　　刷　江苏淮阴新华印务有限公司
开　　本　787 mm×1092 mm　1/16　**印张** 15.75　**字数** 393 千字
版次印次　2020 年 12 月第 1 版　2020 年 12 月第 1 次印刷
定　　价　35.00 元
(图书出现印装质量问题，本社负责调换)

前　言

土木工程专业生产实习是高等学校土木工程专业学生在施工现场以工人、技术员或管理员等身份，直接参与施工过程，是将专业知识与生产实践相结合的教学形式，是高等学校非常重要的实践性课程。如何培养本专业学生的实践能力已成为教育部门、各高校的主要研究方向，随着教育部“卓越工程师教育培养计划”的实施，进一步明确了本专业学生实践课程的重要性和必要性。理论联系实际，培养学生实操能力，提高学生的动手能力、工程素养和创新能力，培养其团队精神，为他们毕业后从事科研、教学、设计、施工、监理、管理等相关专业工作打下坚实的基础和积累初步的工作经验。

学生参加生产实习，既需要已学专业理论知识，也需要现场的专业岗位知识。因此编写《土木工程专业生产实习指导》的目的是在专业理论知识与专业岗位知识之间架起一座桥梁。本书结合《建筑与市政工程施工现场专业人员职业标准》(JGJ/T 250—2011)的要求，在已学专业理论知识的基础上，重点介绍学生到施工现场所需的专业岗位知识。

全书共10章内容，具体的编写分工为：第1、2、4、9章由中国矿业大学龙帮云编著；第3、6章由徐州工程学院朱炯编著；第5章由北京天恒安科集团有限公司韩艳波、陈微编著；第7章由中国矿业大学鲁彩凤编著；第8章由济南一建集团有限公司方勇编著；第10章由中国矿业大学袁广林编著。

作者具有深厚的工程实践背景和多年带队进行土木工程专业生产实习的经验，总结了施工现场生产实习师生普遍缺乏的知识和易出错的问题。编写本书旨在为土木工程专业生产实习规范化、常态化提供参考。

由于编写时间紧促，书中难免存在疏漏，欢迎广大读者批评指正。

作　者

2020年9月22日

目　录

第一章　绪　　论

第一节　实习作用

南宋诗人陆游在《冬夜读书示子聿》中写道："纸上得来终觉浅，绝知此事要躬行"，道出了实践的重要性，因为任何知识都源于实践，归于实践，付诸实践。土木工程专业工程实践教学环节主要包括实验、实训、实习三大类。下面主要阐述实习。

（一）实习的概念

实习，顾名思义就是在实践中学习。学生在经过一段时间或者一个阶段的理论学习之后，需要了解自己的所学需要或应当如何应用于实践，因此学校安排相应的实习。

土木工程专业课程体系主要包括金工实习、测量实习、认识实习、生产实习和毕业实习等实习环节，后三者就是常说的"三大实习"。

认识实习又称为认知实习，是对书本知识的巩固加深，需要学生到工种岗位参观，去了解今后面临的工作(实习)环境，加强对将要从事的职业岗位的初级认识，为专业课程的学习打下坚实的基础，同时为毕业后走向工作岗位积累经验。

生产实习是指学生在生产现场以工人、技术员或管理员等身份直接参与生产过程，是将专业知识与生产实践相结合的教学形式，为毕业后参加工作打下坚实的基础和积累初步的工作经验，是学习专业课程之后的总结和提高过程。其目的是通过将专业理论知识与生产实践相结合，巩固和扩展学生对所学专业理论知识的理解，提高其工程素质和创新能力，培养他们的团队精神。

毕业实习是指学生在毕业之前，即在学完全部课程之后到实习现场参与一定实际工作，通过综合运用全部专业知识和有关基础知识解决专业技术问题，其独立工作能力和职业综合能力得到提升，在思想上、业务上得到全面锻炼，并进一步掌握专业技术的实践教学形式。它通常是与毕业设计(或毕业论文)相联系的一个准备性教学环节，有目的地围绕毕业设计(或毕业论文)进行毕业实习，在实践中获得相关资料，为毕业设计或撰写毕业论文做好准备。

（二）实习的方式

1. 按组织方式分类

实习按照组织方式分为集中实习和分散实习。分散实习又称为自由实习，由学生自己联系实习单位进行实习，定时向指导教师汇报实习进展。

2. 按学习方式分类

实习按照学习方式分为参观实习、跟岗学习和顶岗学习。

① 参观实习是指学生并不直接到现场动手操作，而是在老师的带领下对一些典型的工

程、技术、工序进行旁观学习或者通过观看相应的视频进行学习。对于土木工程专业学生而言，认识实习多数是参观实习。

② 跟岗实习是指不具有独立操作能力、不能完全适应实习岗位要求的学生，由学校组织到实习单位的相应岗位，在专业人员指导下部分参与实际辅助工作的活动。对于土木工程专业学生而言，跟岗实习多见于生产实习。

③ 顶岗实习是指初步具备实践岗位独立工作能力的学生，到相应实习岗位，相对独立地参与实际工作的活动。顶岗实习组织形式不再是学校单一组织，学生也可以本人申请，经学校同意后自由选择顶岗实习单位。顶岗实习学生完全和企业的员工一样。顶岗实习可以使学生转变观念，从学生身份转变为职业人。在顶岗实习中学生不但可以将自己的理论知识运用于实践，而且能学习企业员工爱岗敬业、脚踏实地、兢兢业业的职业品质。对于土木工程专业大学本科学生而言，顶岗实习应用不多，职业院校土木工程专业学生应用较多。

（三）实习的作用

实习的作用包括以下四个方面：

① 验证自己的职业抉择。学生在了解自我的基础上确定未来的职业理想时，需要在实际工作中检验自己是否真正喜欢这个职业，自己是否愿意做这样的工作。例如，目前各高校大多数是按照“大土木”进行招生，但在后期需要选择专业方向，即需要在房屋建筑、地下建筑、道路、隧道、桥梁、水电站、港口及近海结构等专业方向中选择。学生通过认识实习，增加对各个专业方向实际工作的了解，从而调整原有的职业认识和规划，从中发现自己最喜欢和最适合的专业方向，以此作为自己将来的职业。

② 了解目标职业的工作内容。学生在确定了专业方向后，通过实习了解自己所选专业方向将来的工作内容。比如同学们选择房屋建筑工程专业方向后，了解到该专业方向的毕业生将来可以在高校、科研院所从事教学、科研工作，可以到建筑设计研究院从事结构设计工作，可以到建设监理单位从事工程监理工作，可以到建筑（集团）公司从事建筑工程施工与管理工作，也可以从事诸如工程造价等相关专业工作。

③ 了解工作内容和学习相关标准。同学们通过现场实习，尤其是生产实习，结合大学所学、国家标准、行业标准、地方标准、企业标准以及企业文化，了解各个工种的工作职责，需要的专业技能和专业知识及各个工序的流程、标准、要求。

④ 找到自身与未来职业的差距。实习不仅是为了将课堂上所学理论知识联系实际，用于实践，还包括要明确目前自身与岗位要求和职业理想的差距，并在实习结束后制订详细可行的补“短”计划。

第二节　实习目的

生产实习是土木工程专业教学计划中一个重要的实践性教学环节，也是培养学生实践能力和独立工作能力的一个重要环节。生产实习是在学生学习了建筑材料、建筑测量、力学、房屋建筑学与城市规划、钢筋混凝土结构、土木工程施工、工程管理等课程后进行的。

通过生产实习，使学生了解现场施工现状，熟悉现场的日常生产管理，验证、巩固、深化已学课程中有关的基本理论和专业技术知识。进一步熟悉建筑工程的施工工艺、施工方法、施工机械、施工组织与施工管理等内容；开拓学生的技术视野，了解和熟悉现场运用的新结构、新工艺、新材料、新设备等，为后续专业课程学习奠定基础。

通过生产实习培养学生的动手能力以及自觉应用已学的基本原理与专业知识分析和解决实践问题的习惯；培养其理论联系实际的能力；培养其观察、分析、处理工程技术、工程管理和工程经济等问题的能力。

通过生产实习的实际体验，提高学生的思想水平和专业劳动技能。

第三节 实习准备

一、指导教师

(1) 教师组成

生产实习指导教师团队由1名负责人和若干名指导教师组成，指导教师人数按照每名教师指导不超过15名实习学生的要求配置。

(2) 职责分工

实习负责人安排整个实习队伍的工作，完成实习前的部分准备工作，负责实习队伍的指导管理与安全纪律、现场协调、经费管理。指导教师完成实习前的部分准备工作，指导实习、组织管理、抓安全纪律。

(3) 基本要求

每位老师要严格履行自己的职责，积极配合、团结协作，确保生产实习安全、有序、文明。

(4) 岗位要求

实习负责人要求是具有土木工程专业博士学位或副教授及以上职称的教师。

校内指导教师要求是具有土木工程专业博士学位或受聘土木工程学科中级及以上职称，且具有累计1年以上土木工程实践经历的教师。

校外指导教师要求为现场指导人，为具有大学本科学历或具有中级职称以上的工程技术人员，且具有三年以上从事土木工程现场作业或管理工作的工作经验。

二、学生分组

为提高教学效果和方便实习管理，对参与集中实习的学生进行实习分组，每组不超过15人。分组尽量保持原有班级的整体性和考虑性别均衡，同时考虑现场的容纳量。

三、实习方式

生产实习的组织形式主要有集中实习和分散实习两种。

集中实习由学院组织，由系所委派带队教师带领学生在事先联系好的工地进行。学生应服从分配，积极主动地到所派遣工地实习，到工地后应尽快了解所在实习工地的基本情况，主动与实习指导人联系，服从指导人的工作安排，为圆满地完成实习任务而努力工作。

分散实习由实习学生自己联系实习单位。实习生在联系好实习单位后应及时履行学校、学院关于分散实习的相关手续，经审核同意后方可进行实习。实习期间学生应在现场实习指导人的指导下，根据实习大纲要求和实习项目的特点制订实习计划；在实习期间，实习生应与指导人经常保持联系，并按照计划完成生产实习的各部分实习内容，写实习日记，自觉遵守实习纪律和有关规章制度，接受日常实习考评。实习结束后，应认真整理和完成有关实习成果，并进行实习答辩。

第四节　实 习 动 员

生产实习具有人数多、时间长、任务重、风险大、管理难的特点，生产实习开始时进行实习动员非常必要。

生产实习动员大会就是思想动员大会，对学生提出希望和要求。学校对学生生产实习计划、实习时间、实习单位、实习内容、实习要求、实习岗位等方面的情况进行布置，号召学生在实习阶段要按照统一的安排，按时、保质、保量全面完成实习任务，了解和熟悉企业单位的组织结构、管理过程、管理方法、各职能部门的管理业务及行为规则，较好地完成各项实习任务。号召学生在生产实习过程中确保人身安全，做到遵纪守法、洁身自好，端正实习态度，全身心投入，做好吃苦耐劳的思想准备，服从实习单位的安排，用正式员工的标准严格要求自己。实习过程中有礼貌、懂尊重、善合作、注重环保、讲究公德，取得实习单位工作人员的认可，圆满完成实习任务。以饱满的热情投入生产实习中，以优良的成绩完成实习任务。

第五节　实 习 成 果

一、实习日记

要求学生在生产实习期间每天写日记，主要记录每日的实习内容，有条件的可附上工程照片反映当天在施工中所采用的施工方法、施工技术，或者针对施工中所出现的一些问题谈谈自己的见解。要求内容充实、不空洞，将所见所闻及时记录整理。

学生必须写日记。日记内容要求如下：

(1) 记载当天实习所完成的工作内容及工作成果，总结工作方法和工作步骤。

(2) 记载尚待解决的工程问题，以及解决问题的设想、建议。

(3) 记载撰写实习报告所需的资料。

(4) 每天的日记内容不得少于 300 字。

二、实习报告

实习结束后，学生应结合实习地点和具体的工程，提交一份详细的实习报告，阐述自己在实习期间的主要工作内容，在业务上、思想上有什么收获和体会，检查自己的实习态度和遵守纪律情况，针对本次实习在计划安排和实习内容各方面提出意见和建议。生产实习报告要求如下：

(1) 生产实习报告不得少于 5 000 字，必须用计算机打印，A4 纸。

(2) 生产实习报告中插图不得少于 5 幅。

第六节　实 习 管 理

一、管理制度

全校的实习工作在主管校长的统一领导下进行。具体组织管理工作由教务处、学院以及各系（教研室、研究所）负责，学校其他相关部门应协同做好有关工作。

教务处负责对全校实习工作的开展进行宏观管理，要切实履行对实习教学的质量监控职责；负责审核全校实习大纲和实习计划；监督检查全校实习情况、实习经费使用情况和实习基地建设情况；全面掌握全校的实习动态，及时向主管校领导反映存在的问题；定期组织实习教学和实习基地建设工作经验交流等。

各学院具体负责本院实习工作的组织和管理，建立相对稳定的实习基地；负责审定实习大纲、实习计划和实习指导书；负责审定实习指导教师资格；负责检查、协调、指导各系（教研室、研究所）各专业实习的组织落实情况，及时总结经验；严格按照相关规定确保实习经费到位；根据本学院及实习基地实际情况制定相应的实习规定、实习质量保障办法及学生实习安全保障措施；负责本学院实习教学的质量监控；对于分散实习的学生，要严格把控审批程序，明确实习要求，做好监督检查，不能放任自流。

各系（教研室、研究所）具体负责实习工作的实施；负责编写实习教学大纲、实习计划、实习指导书；负责审定实习教学日历；选派并考核实习指导教师，做好实习前的师生动员工作；组织教师做好实习答辩考核、实习成绩的评定及实习总结等工作。

各学院向教务处提交的实习总结应包括实习的基本情况[实习性质、实习时间、地点、班级、人数、指导教师（包括职称）及实习准备工作情况]、实习计划的落实、实习安排、学生实习任务完成情况及实习质量、实习经费使用情况、存在的问题及改进建议等。

实习开始前各学院应组建实习队，成立临时党、团支部（小组），选好实习负责人，制定实习队公约，做好组织动员，检查实习的准备情况。

实习负责人应配合临时党、团支部（小组）做好实习队的思想政治工作，对实习期间发生的失联、违纪事故等应及时会同现场有关领导进行处理，重大问题要向学院领导及时汇报。

教务处要根据实习大纲和实习教学日历随机抽查各学院的实习情况；各学院应深入实习基地现场检查实习教学情况，以加强对实习教学的监控，不断提高实习教学质量。

（一）实践教学安全管理办法

1. 生产实习安全措施责任书

甲方：××级生产实习队

乙方：

为了进一步加强生产实习安全工作，确保参与生产实习的学生的身体健康、生命安全和学校的安全稳定以及保障生产实习的顺利进行，特与本次参与生产实习的学生签订此责任书。

（1）学生进入实习现场时必须戴安全帽。

（2）在上岗操作前必须检查施工环境是否符合要求、道路是否畅通、机具是否牢固、安全措施是否配套、防护用品是否齐全，经检查符合要求后才能上岗操作。

（3）操作的台、架经安全检查部门验收合格后才能使用；经验收合格的台、架，未经批准不得随意改动。

（4）大、中、小型机电设备由持证上岗人员专职操作、管理和维修，非操作人员一律不准启动使用。

（5）同一垂直面遇有上、下交叉作业时，必须设置安全隔离层，下方操作人员必须佩戴安全帽。

（6）高处作业人员要经医生检查身体合格后才能上岗。

(7) 深基础或夜间施工应设有足够的照明设备，行灯照明必须有防护罩，并且电压不得超过 36 V；金属容器内行灯照明不得超过 12 V 安全电压。

(8) 室内外的井、洞、坑、池、楼梯应设置安全护栏或防护棚、罩等设施。

(9) 不要将钢筋集中堆放在模板或脚手架的某一部位，以保证安全；特别是悬臂构件，更要检查支撑是否稳固；在脚手架上不要随便放置工具、箍筋或钢筋，避免放置不稳而滑下伤人。

(10) 绑扎筒式结构（如烟囱、水塔等），不准踩在钢骨架上操作或上下；绑扎骨架时，绑扎架应安设牢固。

(11) 操作架上抬钢筋时，两人应同肩，动作协调，落肩要同时、慢放，防止钢筋弹起伤人。

(12) 应尽量避免在高空修整和扳弯粗钢筋，必须操作时，要系安全带，选好位置，人要站稳，防止脱板而导致摔倒。

(13) 不准乘坐龙门架、吊篮、施工电梯上下建筑物。

(14) 要注意在建筑工程的楼梯口、电梯口、预留洞口、通道口以及各种临边有无防护措施，否则不得随意靠近。

(15) 在脚手架上操作时，要注意有无挑头板，并注意防滑。

(16) 阴雨天要防雷电袭击，尽量不要靠近金属设备和电气设备。

(17) 施工现场的机械、用电设备，未经许可不得随意操作。

(18) 施工现场设有警戒标志的地区，不得随意出入。

(19) 不得随意跨越正在受力的缆绳。

(20) 不得站在正在作业的吊车的工作范围内。

(21) 在工地上行走时，应注意上下左右是否存在安全隐患，比如地面的“朝天钉”以及侧面突出的支架、钢筋头等。

甲方代表：（签字）
乙方代表：（签字）
（学生家长）（签字）
年　　月　　日

（二）实习安全责任书

为了确保安全和增强学生安全意识，根据有关规定，与学生签订安全责任书并购买实习保险。

下面为某大学的学生生产实习安全协议。

生产实习安全协议

为了确保实习能够顺利进行、增强师生的安全意识、明确安全责任和圆满完成实习任务，特签订如下安全协议。

第一条：协议主体

甲方：××大学

乙方：土木工程××××级学生（学号）

第二条：甲方权利与义务

(1) 甲方负责对乙方进行全面的安全教育和实习期间的安全管理。

(2) 甲方有权取消不接受安全教育与管理或拒绝签订安全协议同学的实习资格。

第三条:乙方权利与义务

(1) 乙方应积极接受实习队及施工现场的安全教育与管理,认真领会并严格执行实习队各项安全管理制度。

(2) 严格遵守实习单位施工现场的安全操作规程、安全制度和安全条例。

(3) 严格遵守实习队的纪律和规定。

第四条:甲、乙方的责任范围

(1) 如果甲方违反本协议第二条的1、2款而引起乙方的人身伤亡事故,由甲方承担全部责任。

(2) 如果乙方因违反安全制度、安全条例、操作规程或因学生自身原因而引起的人身伤亡事故,由乙方自己承担全部责任。

第五条:协议期限为20××年××月××日至20××年××月××日。

第六条:本协议一式两份,甲乙双方各执一份。

甲方签章:××××学院

乙方签字　　　　　　　　　　　　　　　　　　联系电话:

年　　月　　日

二、实习大纲

生产实习是土木工程专业教学计划的重要组成部分,是培养学生理论联系实际能力,提高学生动手实践能力的重要措施,也是培养学生使之成为一名优秀的专业人才所必需的实践性教学环节。

下面为某土木工程专业(建筑工程方向)生产实习大纲。

土木工程专业(建筑工程方向)生产实习大纲

一、实习目标

(1) 了解现场施工现状,熟悉现场的日常生产管理。学生通过现场工作与施工过程的实践,加深对已学课程中有关的基本理论和专业技术知识的理解;

(2) 进一步认识本专业的性质和工作内容,熟悉建筑工程的施工工艺、施工方法、施工机械、施工组织与管理等内容,了解和熟悉现场应用的新结构、新工艺、新材料、新设备等专业技术知识,为下一阶段专业课程学习提供实践知识基础;

(3) 培养学生的动手能力以及自觉应用已学习的基本原理与专业知识分析和解决实践问题的习惯,培养学生理论与实际相结合的能力。

二、课程内容、要求及学时分配

1. 主要教学内容及学时分配

本次实习安排在三年级末进行,实习时间为4周20个工作日,实习日程安排如下:

实习日程安排表

序号	实习内容	实习要求	学时/天	备注
1	实习动员、宣讲实习课程教学质量标准	(1) 学生参加实习内容中的3～4项工作即可。 (2) 实习过程中,听从实习指导人的指导和学校指导教师的安排,服从组织调配,严格遵守实习单位的相关规章制度,不得迟到、早退。 (3) 不得无故缺席,特殊情况应提前向指导人或教师请假,经批准后才可准假。 (4) 在工地现场,必须注意安全,戴好安全帽,严格遵守现场有关安全方面的规定。 (5) 在实习过程中,应尊重现场工程技术人员和工人师傅,虚心向他们学习;同学之间应互相关心帮助,加强专业知识的沟通和交流,注意个人的言行,维护学校声誉	1	
2	(1) 熟悉、读懂实习工程的建筑、结构施工图纸; (2) 参加施工准备工作,如建筑物的定位、放线、抄平等; (3) 参与实习单位的部分施工生产劳动或实验活动,了解土木工程施工公司技术管理系统及技术管理内容; (4) 参加图纸会审、木工翻样、钢筋下料等工作; (5) 参加施工现场的质量检查和管理等工作; (6) 参加施工方案讨论会议及施工组织设计的编制工作; (7) 参加新技术的调查、分析和总结工作,了解土木工程施工新工艺、新方法的实际应用; (8) 参加招标、投标、决策及其他相关工作		10～12	深入现场,参加现场有关的施工技术和管理工作,具体实习内容根据实习单位的具体情况确定
3	录像、听技术讲座、听取专题学术报告		2～3	
4	现场参观		3～5	
合计			20	

三、师资队伍

课程负责人:具有土木工程专业博士学位或副教授以上职称的教师。

校内指导教师配置要求:具有土木工程专业博士学位或受聘土木工程学科中级及以上职称,且具有累计1年以上土木工程实践经历的教师。

校外指导教师配置要求:现场指导人应具有大学本科学历或具有中级职称以上的工程技术人员,且具有从事土木工程现场作业或管理工作三年以上工作经验。

四、课程教学资源

1. 实习指导书

土木工程生产实习指导书。

2. 校内外实习基地

学校及学院建立的相关实习基地,通过校友或其他渠道联系的实习工地等。

3. 网络资源等软、硬件条件

大型或超级工程视频、图像等资料。

五、教学组织

1. 教学构思

主要通过参加现场有关的技术和管理工作、调研、阅读资料、讨论交流、听技术讲座、观看录像、编写实习报告等方式完成实习的全部任务。

2. 教学策略

本次实习突出实践性，实习内容紧密结合课堂讲授内容。

3. 教学场地与设施

本次生产实习的组织形式主要有集中实习和分散实习两种。

集中实习由学院组织，由系所委派带队教师带领学生在事先联系好的实习工地进行。学生应服从分配，积极主动地到所派遣工地进行实习，到工地后应尽快地了解所在实习工地的基本情况，主动与实习指导人联系，服从指导人的工作安排，为圆满地完成实习任务而努力工作。

分散实习由实习学生自己联系实习单位。实习生在联系好实习单位后应及时履行学校、学院关于分散实习的相关手续，经审核同意后方可进行实习。实习期间学生应在现场实习指导人的指导下，根据实习大纲要求和实习项目的特点制订实习计划；在实习期间，实习生应与指导人保持联系，并按照计划完成生产实习的各部分实习内容，写实习日记，自觉遵守实习纪律和有关规章制度，接受日常实习考评。实习结束后，应认真整理和完成有关实习成果，并进行实习答辩。

4. 教学服务

在实习中指导教师可根据现场具体情况，有针对性地安排一定的理论讲解，以便学生理论联系实际，加深理解。同时结合实习所在地典型工程，穿插安排一些相关的实习参观。

六、课程考核

对集中实习或分散实习的学生考核和成绩评定不同，具体如下：

1. 对集中实习学生的要求

(1) 在实习过程中，应听从现场实习指导人员的指导和学校实习指导教师的安排，服从组织调配，严格遵守实习单位的相关规章制度，不得迟到、早退。迟到或早退两次按一次旷课处理。

(2) 实习期间不得无故缺席。特殊情况应按照请假程序提前向实习指导教师请假，经批准后才可缺席。凡未经批准缺席者均作为旷课处理。累计缺席时间(包括经过批准)超过全期实习时间三分之一者，不论其实习成果如何，均不计实习成绩。

(3) 学生应及时撰写实习报告，内容主要包括本次实习在业务(专业知识)上和思想上的收获和体会，要求文字简练通顺，书写整齐、清洁，实习结束后按时将实习报告交给指导教师。

2. 对分散实习学生的要求

(1) 学生可根据所选择实习工地的具体情况自主确定实习的开始时间和结束时间，但实习的总时间应不少于生产实习大纲规定的实习时间。

(2) 实习结束后，学生应根据实习情况认真撰写实习报告，并填写《实习考核表》，交现场实习指导人写评语，签字并加盖公章后一并交给学校实习指导教师。

实习指导教师在实习结束后，对两类学生采取两种成绩评定方式。其中，集中实习学生的成绩由实习纪律(30%)＋实习质量(30%)＋实习报告(40%)三部分组成。分散实习的学生返校后需参加实习答辩，答辩老师由实习指导老师组成，且不得少于2人。实习成绩由现场指导人意见(10%)+答辩成绩(40%)+实习报告(50%)三部分组成。

实习成绩最终按优秀、良好、中等、及格和不及格五级计取。

七、说明

1. 根据联系工地的实际情况，实习指导教师可以酌情增减部分施工现场的实习内容和时间。

2. 本课程教学质量标准的变更需由课程负责人提出，专业负责人组织系所会议讨论通过。

制定者：

审定者：

批准者：

三、实习安排

本次生产实习具体安排见表 1-1。

表 1-1　某大学土木工程专业(建筑工程方向)____年生产实习安排表

序号	实习小组		校内指导教师		现场指导		实习单位				备注
	组别	成员	姓名	联系方式	姓名	联系方式	单位名称	项目名称	项目地点	实习岗位	
1	第 1 组										
2	第 2 组										
3	第 3 组										

注：1. 实习小组成员第一位为小组组长。

2. 第 1 组校内指导教师为生产实习负责人。

3. 实习岗位为实习单位可提供的岗位，本组同学可选择其中之一。

第二章 工程识图

众所周知，建造一栋房屋，要先进行房屋设计，然后才进行建筑施工。为了使建成的房屋符合设计要求，设计人员必须向施工人员全面介绍拟建房屋的内外形状、大小、结构、构造、用材、场地、环境等。设计人员通过施工图来进行介绍。施工图是房屋施工中最主要的也是最基本的依据。按图施工是对工程技术人员最基本的要求。可见，熟练阅读与正确理解施工图，对于工程技术人员，尤其是施工技术人员来说是极为重要的。下面介绍施工图的相关知识。

第一节 施工图的产生及组成

施工图是表示工程项目总体布局，建筑物、构筑物的外部形状、内部布置、结构构造、内外装修、材料做法以及设备、施工等要求的图样。施工图按种类可分为建筑施工图、结构施工图、水电暖施工图等。阅读施工图前要先了解建筑工程设计过程及其文件组成。

一、总图设计与单体设计

建筑工程设计分为总图设计和单体设计，二者是宏观与微观、总体与局部的关系。但通常讲的是后者，潜意识里忽略前者，这就导致学生常常“只见树木、不见森林”，从而导致他们面对建筑项目时缺乏大局意识和宏观统筹的能力。

总图设计是建筑设计中的重要组成部分，不可或缺，对建筑项目起着非常关键的综合控制作用。没有总图设计的项目必定会出现许多问题。例如：加长建设周期，增加建设投资；影响建成后的使用，甚至影响和谐和造成生命财产的损失（如滑坡、水涝，火灾、疏散交通等）。

总图设计又称为总体规划设计、总体设计。它是针对基地内建设项目的总体设计依据、建设项目的使用功能要求和规划设计条件，在基地内外的现状条件和有关法律、规范的基础上，人为组织与安排场地内各构成要素之间关系的活动，进行全面、综合的总体部署。总图设计是单体建筑设计和各专业设备设计的基本依据，也是实现经济效益、社会效益和环境效益的重要前提。其内容由总平面位置图设计、总平面竖向设计、总平面管网设计、总平面道路网设计及总平面绿化设计等的图纸及说明书组成。

二、设计阶段与施工图

建筑工程设计一般分为方案设计、初步设计和施工图设计三个阶段。民用建筑工程的方案设计文件用于办理工程建设的有关手续，施工图设计文件用于施工，二者都是必不可少的。初步设计文件用于审批（包括政府主管部门和（或）建设单位对初步设计文件的审批）。对于技术要求相对简单的民用建筑工程，当有关主管部门在初步设计阶段没有审查要求，且合同中没有进行初步设计的约定时，可在方案设计审批后直接进入施工图设计。

每个阶段产生的设计文件基本包含图纸目录、设计说明、设计图纸、计算书四个部分。其中，计算书是设计单位内部作业文件，不属于必须交付的设计文件，但是应按有关规定要求编制并归档保存，当主管部门组织设计文件审查，要求提供计算书时，设计单位应按要求提供相关的计算书。

施工图设计文件是施工图设计阶段的产品，是可以指导施工的设计文件。它是进行工程施工、编制施工图预算和施工组织设计的依据，也是进行技术管理的重要技术文件。通常所说的施工图就是施工图设计文件的简称，包含图纸目录、设计说明和设计图纸三部分。

施工图设计文件应满足设备材料采购、非标准设备制作和施工的需求。施工图具有图纸齐全、表达准确、要求具体的特点。

一套完整的施工图一般包括总平面施工图，建筑施工图，结构施工图，给排水、采暖通风施工图及电气施工图等图纸，也可将给排水、采暖通风施工和电气施工图合在一起统称为设备施工图。

有的建筑工程项目还有建筑幕墙设计、基坑与边坡工程设计、建筑智能化设计、预制混凝土构件加工图设计等专项设计产生的专项图纸。

在施工图设计阶段，总平面专业设计文件应包括图纸目录、设计说明、设计图纸、计算书。设计图纸包括总平面图、竖向布置图、土石方图、管道综合图、绿化及建筑小品布置图、详图。当工程设计内容简单时，竖向布置图可与总平面图合并；当路网复杂时，可增绘道路平面图；土石方图和管线综合图可根据设计需要确定是否出图；当绿化或景观环境另行委托设计时，可根据需要绘制绿化及建筑小品的示意性和控制性布置图。

建筑施工图是表达建筑物的外部形状、内部布置、内外装修、构造及施工要求的工程图纸，简称建筑施工图、建施图。其包括的内容及一般排列顺序为：图纸目录、建筑设计说明、建筑总平面图、建筑平面图、建筑立面图、建筑剖面图、建筑详图。对于单体建筑而言，在整套房屋施工图中，建筑施工图是最具有全局地位的图纸，是其他专业进行设计、施工的技术依据和条件。

结构施工图是表达建筑物的承重系统如何布局，各种承重构件（如梁、板、柱、墙、屋架、支撑、基础等）的形状、尺寸、材料及构造的图纸，简称结构施工图、结构图。其一般包括：图纸目录、设计说明、设计图纸。

结构设计图纸主要包括：

① 平面布置图，包括基础平面布置图、楼层结构平面布置图和屋面结构布置图。

② 结构详图，包括基础详图、构件详图和节点详图。

③ 其他施工图，包括楼梯图、预埋件图、特种结构图和构筑物图、模板图。

第二节　建筑施工图的阅读

建筑施工图主要包括平面图、立面图、剖面图和详图。从平面图可以了解房屋在水平方向的内部情况；从屋顶平面图可以了解房屋屋顶部分的外部情况；从立面图可以了解房屋在竖直方向的外部情况；从剖面图可以了解房屋在高度方向的内部情况；详图弥补前面各图由于绘图比例偏小无法表达清楚的内容。显然，这些图纸都是在表达同一栋房屋，因此它们之间必然有着密切关系。但是同时，这些单独的图纸也各有不足，比如立面图不能表达清楚内部情况，而平面图和剖面图也难以清楚表达房屋外部情况。如果将这些图纸相互联系起来综合阅读，那么就可以了解这栋房屋的内、外部情况了。

通过前面内容的介绍，我们已经掌握了一套施工图的基本组成和各种具体图纸所表达的内容。掌握了这些知识就为阅读一套施工图打下了坚实的基础。不过前面在介绍不同施工图纸的内容时都是孤立地从一个图纸的角度去认识，有了这些知识之后就能够阅读施工图纸中的施工内容，每张图纸虽有不同分工，但相互间是密切联系的。孤立地去阅读每张图纸是无法对整个房屋的施工内容进行全面的、综合的了解的。因此，要能完全理解、掌握一套施工图的内容，就必须在学会阅读每张图纸内容的基础上，掌握将一套施工图中所有施工图形联系起来进行综合阅读的能力。

一般来说，阅读一套施工图有如下一些常规知识。

一、建筑施工图看图顺序

① 先看图纸目录后看施工总说明。阅读一套施工图时应先看图纸目录，核查所见的一套图纸数量是否与图纸目录一致，有无遗漏与重复，了解该套图纸的组成及出图方式（如结构图是采用传统方法还是平法）。

一般来说，施工总说明所述及问题都是后面图纸中难以说明的内容，而这些内容对施工来说又十分重要。阅读施工总说明对以后阅读图纸和理解整个工程情况都有很大帮助。

② 先看建筑施工图后看结构施工图。建筑施工图是设计、绘制结构施工图和设备图的依据。施工时施工员要先看建筑施工图再看结构施工图，在看建筑施工图与结构施工图时应遵循先看基本图，后看详图的顺序。

阅读一套施工图应该按照上述顺序进行，但并不意味着只有把前面的图纸看懂、看好、完全理解了才能去看后面的图纸。实际上，在不少情况下，只看前面的图纸而不结合后面的图纸，前面图纸上的内容也是不能读懂、“吃透”、“吃准”的。因此，阅读施工图既要循序进行，又要前后结合。前后结合应是在循序进行的基础上开展，这个关系不能倒置。比如说，不能打开一套施工图时先去看结构施工详图，紧接着去看建筑施工详图，再看结构施工基本图，最后去看建筑施工基本图。而应该按照一套图中图纸编排的顺序或者采取看完目录与总说明之后，先去看建筑施工基本图，看建筑施工基本图时先看平面图。因为不但房屋的功能问题在平面图上有反映，而且房屋的体型特征、结构等问题在平面图上有不少反映。看建筑平面图后初步想象出房屋的立体形象，然后与进一步看图所得到的房屋立体形象相对照，通过对照不但有助于深入理解平面图内容，而且对弄懂其他有关图形的内容也有很大帮助。看了平面图可再去看剖面图，看了剖面图可再去看立面图。在看这些基本图的过程中如感到比较难以理解，则可同时交叉去看与某一基本图密切相关的详图。看了建筑施工图再看结构施工图。看结构施工图时一般是按施工先后的顺序进行的，如先看基础图，再看楼层施工图，后看屋盖施工图，同样看结构施工图基本图时也可以结合有关断面详图和构件详图一起阅读。在阅读某一结构施工图时，如感到某些问题比较难以理解，这时应回过头去翻阅有关建筑施工图；同样在阅读建筑施工图时如感觉有些问题难以理解，也可调阅有关结构施工图，如看到楼梯建筑施工详图时感到楼梯的梁、板难以理解，可以马上翻阅楼梯结构详图，而不一定等到建筑施工图全部看完后再去看结构施工图基本图，而后看楼梯结构详图。

二、建筑施工图看图方法

（一）阅图方向

施工图只能字头向上看，施工图上的字头只有两个方向：向上和向左，因此施工图也只能从这两个方向看。

（二）注写为准

图上所有的尺寸、标高都不能用尺量，所有的内容（包括尺寸、标高）都不能“估”，更不能想当然，一律以图上的注写为准。如果图上已经注写的，或根据有关注写可以推算出来的，就视为知道，否则就是不知道，如果需要了解这些内容，应与设计人员联系，由设计人员补充说明。

（三）先粗后细

阅读一套施工图时应先粗看，后细看。阅读一张图纸时也应先粗看，后细看。粗看掌握概貌，细看注意深入、全面。在看图初始阶段切忌抓住一点不顾及其余，不能钻牛角尖。无论是粗看还是细看，都不要企图一遍解决问题，而要多次看，反复看，不断深化，问题才会得到解决。工程开工前要看，工程开工后应结合工程进度再看。因为看一遍不可能将图完全理解、记住。同时，一套施工图的内容相当复杂，在开工前看了多遍，理解了，但一般不可能将施工图中所有的内容都能背出，因此在开工前已看懂图纸的基础上还必须强调在施工过程中结合工程进度看。

（四）三个对照

① 图形与文字说明对照看。

② 建筑施工图与结构施工图对照看。

③ 基本图与详图对照看。

（五）四个比较

进行比较是阅读与理解施工图的好方法，一般可将所看图纸的内容与自己所了解的工程知识相比较，与自己的工程实践相比较，与自己的生活经验相比较，与自己知道的房屋实物相比较。

（六）一个观点

阅读施工图时应带着找“错”的观点，因为施工图是由人设计并绘制的，完全可能有差错。按有错误的施工图进行施工，就可能出现工程事故，或使施工难以顺利进行。施工图中的错误可分为两类：一是图纸表达上的错误，如尺寸注错、标高标错、图例画错、详图与基本图不对应等；另一类是技术上的错误或不当，如在砖混结构房屋中，梁、板等预制构件都很小很轻，却设置了需要用大型吊装机械才能吊装的整体预制楼梯间等。但是进行设计的技术人员一般都具有一定的理论知识和实践经验，他们力求图纸没有错误，同时图纸又经各有关负责人员多次复审。因此，一般来说，图纸中不会轻易出现错误，或者说，就是有错，也是很隐蔽的，比较难发现。施工人员看图纸时发现了“错误”，那么可能图纸错了，也可能理解错了。但不管是哪种情况，看图者都应持认真严肃的态度，对所发现的“错误”多方查对，反复核实。通过查对、核实，不但可以真正找出图中的错误，而且可以深化对图纸内容的理解与记忆。因此，带着找“错”态度看图，对初学者来说十分重要，可以避免初学者看图马虎，还可以培养其看图兴趣，因为每找出图纸中的一个错误就是消除了施工中的一个漏洞。但是必须注意：施工人员不能随意修改图纸，如关于图纸有修改意见或其他合理建议，应向技术主管人员提出，并通知设计人员，由他们研究修改。

（七）知识准备

阅读成套施工图不是一件容易的事情，必须有一定的知识准备。阅读施工图的预备知识包括：

① 正投视原理。一套施工图中绝大部分图形都是按照正投视原理来绘制的，空间的实际形体通过运用正投视原理变成平面图形。掌握了正投视原理，在阅读施工图时就能清楚地将图纸上“平面图形”想象、还原成为空间实体，只有这样，才能将施工图看“活”，对图的内容有深入了解。

② 各种不同施工图形（如平、立、剖、详图等）的形成原理及其所表达的基本内容。一般来说，施工图基本上都是按正投视原理绘制的，但是施工图的表达方法与所表达的内容都根据房屋工程的需要进行处理，如果对施工图的形成原理及其所表达的基本内容、表达习惯不了解，阅读施工图是不可能的。

③ 房屋的组成与节点构造情况。因为施工图的一个主要功能是表达房屋的组成与节点构造等，如果对一般房屋的组成规律与节点构造已经了解，那么看施工图时就不会胡猜乱想，可获得事半功倍的效果。比如通过构造部分的学习，已经知道房屋墙身部分从下到上包括：防潮层、窗台、窗洞（窗）、圈梁（或过梁）、室内楼盖、室外落水管、屋盖、屋檐（或女儿墙），以及每项内容的具体要求，那么再来看墙身剖面图就容易得多。

④ 建筑材料、建筑结构、建筑施工等知识。前面已介绍了有关施工图内容，可知施工图中有不少内容是介绍拟建房屋施工时所使用的材料、技术和措施，以及房屋的结构情况。如果对于这些知识一无所知，阅读施工图将是十分困难的。比如，如果没有结构知识，对连续梁受力特征与结构组成没有一定的概念，就很难理解：连续梁中为什么受力筋有的布置在梁下部，有的布置在梁的上部？为什么受力筋在梁支座的下部可以断开，而在支座上部就不能断开？就很难弄清楚每根钢筋确切的起至位置。

⑤ 工程实践经验。经验对于从事建筑工程的人员来说是十分重要的，如果在工作中积累了丰富的实践经验，那么在看施工图时就会觉得图上的内容是活生生的，是相当亲切的。

工程实践知识，一是来源于自己的亲身操作，二是来源于对房屋实体和施工过程的观察和了解，这对没有条件参加操作的人来说很重要。有的同学可能认为自己以前没有直接从事过土建工作，无经验可言。事实上，我们几乎时时刻刻都在和房屋打交道，在每个人的头脑中都积累了或多或少的房屋工程知识，只是以前是无意识的，而现在通过学习变无意识为有意识，因此获得了很好的效果。从事房屋工程实践工作，无疑是掌握工程实践知识的一个非常好的途径，同样是变无意识为有意识，积累实践知识的速度就会加快，效果好得多。

有些初学者本身工程实践知识与理论知识不足，开始就急于看施工图而疏于理论学习，企图通过阅读施工图来解决阅图所需预备知识匮乏的问题，尽管看施工图确实也可以增加和丰富自己的工程知识，但这种缺乏理论基础的看图方式却是事倍功半，实不可取，应该理论学习和实际阅图交互进行方能事半功倍。

在理论课程学习过程中，已经学过正投视原理和房屋构造知识，已经具有看图必备的结构、施工、建材等知识，又学习了施工图的形成原理及其主要内容，现在又学习阅读施工图的基本方法，这一切都为读懂施工图奠定基础。

（八）施工图的记忆

阅读施工图时都希望把看过的施工图记住，对于初学阅读施工图的人来说，尤其关心施工图的记忆问题。有的同学看了施工图之后总觉得记不住，出现这种情况时总认为是自己的记忆力不好，其实这不是因为记忆力差，而是缺乏记忆的基础或记忆方法不对。

一般来说，一个人的知识储备量决定了其记忆的质量和效率。记忆施工图内容也是这样，如果工程方面的知识学习、积累得比较多，看了施工图之后就比较容易记住。

当然，记忆施工图的内容不仅涉及工程知识，还涉及正确的记忆方法。在工作实践中，每个人记忆图纸内容的方法不同。对于初学者来说，在没有形成自己的记忆方法之前可以从以下几个方面尝试：

1. 保持良好的精神状态

首先对自己要有信心，相信经过努力之后，是完全能记住的。有了信心，大脑处于积极状态，就容易记住所看内容。其次要有兴趣，有了兴趣，大脑就处于兴奋状态，注意力集中，工作效率就高。信心可以树立，兴趣可以培养。在平时学习看图过程中，应注意利用自己一点一滴的成功与进步不断激励自己，以增强自己的信心，培养自己的兴趣。

2. 抽象事物形象化

每个人都有这样的体会：形象化的事物容易记住。因此在阅读施工图时应使平面图形在头脑中变成立体形象，并进行一系列联想，把看施工图变成像在头脑中过电影一样，这样看施工图就印象深刻，容易记住了。

3. 要明确主攻方向

在培养记忆图纸内容能力的时候，开始阶段不要面面俱到，而要有意识地选择记忆的目标，目标集中了，看图就容易深入，就容易记住内容。开始时，记忆主攻范围可选择得小一些，之后随着能力的增强而不断扩大。比如说，若在施工图中看到外装修有贴玻璃马赛克做法的，就可选择在看图时专门弄清楚在这座拟建房屋的外装修中哪些部位是使用马赛克的；甚至缩小至某一个立面上哪些部位使用马赛克。

4. 手脑并用做摘要

阅读施工图时不要只用眼、用脑，不动手。动手可以促进大脑兴奋，可以使注意力集中，这有助于记忆。动手写摘要就逼着自己思考、分析，这也可以强化记忆。在阅读前面内容时适当做一些摘要笔录，再回顾查阅就方便多了。

5. 多比较与勤分析

比较是记忆的好方法。在看施工图时，应善于将施工图上的内容与自己掌握的工程知识进行比较，看看有哪些异同之处；与自己的实践经验进行比较，看看哪些是自己见过的、干过的，甚至分析一下施工图要求这样做有哪些优缺点，可以作哪些改进等。动脑筋之后就能牢牢记住图纸内容。通过比较，原来熟悉的内容无须下功夫去记忆，而只需回忆，这样做还可以巩固原有的知识，此时要花功夫记忆的只是陌生的内容，因此记忆的工作量可相应减少。

有的同学可能感到：自己的水平低，担心分析得不好、不对，觉得还是不分析为好，这牵涉对这里所提的“分析”作用的理解。此处所提到的“分析”，主要是希望通过分析来深入看图，加深对图纸的认识与理解。分析不是目的，而是手段。退一步讲，分析中就算有些不当之处，对分析效果的影响也不会很大。另外，分析是对自己已学过的知识进行运用。学过的知识只有通过运用才能得到巩固、提高。再者，如果只有把知识全部掌握了才能分析，是不切实际的。因此可归纳为一句话：在阅读施工图时要大胆分析。

记忆施工图的内容要特别注意对拟建房屋大概情况的记忆，记住了房屋的大概情况就在头脑中建立了这套施工图内容的骨架，有了骨架，施工图的详细内容就有了附着之处。

三、工程开工前、后的阅图

工程开工前、后阅读施工图的侧重点不同。工程开工前应该系统地、全面地看，做到全面掌握、核对无误，主要记概况、记要点、记难点、记全局性问题；工程进行过程中应结合进度看，主要记局部、记细节。

工程开工以前，看图分粗看、细看两个阶段；工程开工后主要是针对某一方面的专项，查找有关资料与数据。因此施工图的阅读可分为三个阶段：粗看、细看、分部分项看。粗看和细看是分部分项看的基础，一般根据各自的工作需要有所侧重，如钢筋翻样时对现浇钢筋混凝土部分的钢筋配置情况多看一点，而施工员可能更多地从工程进度角度综合各工种的工作与技术要求去阅读。

（一）粗看

首先将一套施工图从头到尾浏览一两遍，速度快一点，粗略一点，有意识地忽视一些次要的东西，以抓住拟建房屋的主要特征与房屋类型为主。房屋的类型可以从使用角度划分，究竟是住宅还是学校，是民用房屋还是工厂等。还可进一步判断，如住宅这一类房屋中还可再判别是一梯几户，是单元式还是独立式，有几层等；从结构角度划分，是砖混还是框架或排架；房屋的主要特征是什么，房屋是长条形的还是高低结合的，形式是对称的还是非对称的，平面是内廊的还是外廊的，立面处理是丰富的还是简洁的，等等。在判别房屋类型的基础上可以回忆自己已经掌握的有关这一类型房屋的知识，并将拟建房屋的情况与之进行对照。在确定了房屋的主要特征以后，就可想象拟建房屋将具备的内外形象，并将这粗略形象与之后细看所得出的结论对照。接着采用“参观”的方法，比较仔细地去看每张施工图，观看房屋的内外形象、结构与施工要求，以弄明白每张图中每一图形的线、符号、图例、文字的含义。这时看图的速度要慢一些，还要仔细一些，反复多看几遍。在前面“粗看”的基础上，进行分析、归纳、整理，得出本套施工图所表达的拟建房屋的建筑与结构概况，并牢牢记住，做到熟练复述。在对拟建房屋的概貌还记不牢时，不要急忙进入“细看”阶段。

（二）细看

房屋的建筑施工图与结构施工图合称为土建施工图。房屋土建施工图表达的特点：同一个问题（甚至同一个问题的同一个内容）会在多张图纸内、多个图形中反复说明，同时在一张图纸内的一个图形中又说明多个问题。比如，屋面的情况，在屋顶平面图中要说明，在基本图的建筑施工剖面图中要说明；在立面图中要说明；在墙身剖面图中要说明；在其他有关节点详图中要说明；在屋盖结构平面图中要说明。一个墙身剖面图，不仅说明屋面情况，还说明门与窗的设置、圈梁的设置、墙身防潮与防水的处理、墙身的结构与装修等。利用施工图表达的这一特点，细看时还可以采用对一套图纸中的内容详细互相核对的方法来深入地看，这一方法称为“对图”。“对图”是深入看图的突破口，“对图”是手段，深入看图是目的。

“对图”一般可以从下述几个方面进行：

1. 文字与图形对照

不少工程的施工图在图纸目录后都有施工说明和材料做法表。在阅读施工图时，除了要认真阅读这些文字说明（包括材料做法表）外，还要将这些文字和有关图形结合起来阅读。

比如，若在文字说明中看到“走道栏杆粉刷为：预制板绿豆砂水刷石，竖向栏杆以及楼梯间花格与走道两端墙上的花格均用石灰水刷白”字样，除了要弄清“绿豆砂水刷石、石灰水刷白”的操作要求外，还要在平面图、立面图、剖面图、有关详图中找到走道栏杆的预制板、竖向栏杆、楼梯间花格、走道两端的花格，弄清它们在房屋中的具体位置，进而还可以分析在预制板上粉水刷石有无困难，如有困难如何克服；栏杆、花格上石灰水刷白有无问题，如有问题如何解决。

2. 核对三道尺寸

在平面图中有三道尺寸，并且三道尺寸是封闭合拢的。在剖面图中也有三道尺寸，同样也是封闭合拢的。看到这些尺寸时应该逐一合拢核对。实际上，不仅平面图与剖面图中的三道尺寸需要核对，凡是有尺寸标注的都应尽可能合拢核对，凡是应该相等合拢的尺寸，都要相等合拢，如发现的确有不合拢的情况，应摘录，以便今后与技术主管人员、设计人员一起研究解决。

3. 核对高度数据

在施工图中对高度的标注有两种方法——标注尺寸和标注标高。有时对同一部位的高度既注写尺寸又标注标高，对图上的这些尺寸与标高要进行核对。同时，在不同图形上反映同一部位的标高都应该相等，可据此对不同图形上的高度尺寸与标高进行核对。

4. 门窗表与图核对

在施工图中，门窗一般以图例绘于平面图、剖面图、立面图以及有关详图中。在不少工程的施工图纸中还列有门窗表，显然门窗表中所列的规格、数量、洞口尺寸等应与有关图形中的门窗内容一致。据此可对图形内容与门窗表的内容核对。有些工程图纸上没有列门窗表，这时自己可以列出门窗表。在列门窗表的过程中对门窗的型号、规格、数量、洞口尺寸、安装位置、注意事项等内容加深印象。

5. 核对标高

一套施工图中，对同一部位的标高往往在多个图形中予以标注，比如可能既在基本图中标注，又在详图中标注；可能既在建筑施工图中标注，又在结构施工图中标注。显然，同一部位的标高应该是相同的，据此可以进行核对。

6. 核对轴线

为了确定承重构、部件的平面位置，在施工图中标注轴线。轴线有纵横之分。纵横轴线相交形成轴线网。在一套施工图中轴线只能命名一次，因此轴线网只能有一个。比如，一片承重墙在底层平面图中被标注为某轴线与编号以后，在这一套施工图纸中，凡是在反映这片墙的图形中，对这片墙都只能标注这一轴线，并且轴线在墙身中的位置也始终不变，据此可对不同图形中的轴线进行核对。

7. 核对构件表

在不少工程，特别是大量运用预制构件的工程中，在结构施工图上往往列有构件表。构件表就是将工程中使用的构件汇总列表。构件表中一般列有构件代号、数量、所在层数等内容。将有关图形中表达的构件使用情况与构件表中的各项内容进行核对，如果图纸准确无误的话，“图”与“表”应该是一致的。在有些工程的施工图中没有列出构件表，这就需要自己在阅读施工图时对构件情况进行汇总，列出构件表。通过核对构件表可以搞清楚构件的使用情况。

8. 核对钢筋表

施工图中对配筋复杂的构件往往将配筋情况汇总列表。钢筋表中的内容应该与图中的有关内容是一致的。当然，如果图纸上没有列出钢筋表，可在阅读有关施工图时自己列出。通过核对钢筋表搞清构件中钢筋的配置情况。

9. 建筑施工图与结构施工图核对

在一套房屋的施工图中，无论是建筑施工图还是结构施工图，表达的是同一栋房屋，仅表达分工不同，在内容和表达形式上侧重点不同。它们分工合作，互为补充，但无论在哪一方面或哪一个内容上都不能互相矛盾，据此可对一套施工图中的建筑施工图与结构施工图进行核对。

10. 核对详图与基本图

无论是建筑施工图还是结构施工图，都有详图与基本图两类，详图与基本图之间不能有任何矛盾，据此可对详图与基本图进行核对。无论是阅读建筑施工详图还是结构施工详图，都应该思考一下这个详图可以用什么方法来实现？实现的步骤如何？这个详图所示的构造方法有何优缺点？是否可以做些改进？这样做一来可以提高看图的兴趣，二来可以使看图深入，印象深刻。

以上列举了细看施工图时核对图纸内容的十个方面。实际上，在一套施工图中只要多处说明同一个施工要求、同一种构造做法、同一个构件或同一个部位等，就都可以进行核对。总之，一套施工图中出现的所有内容(图形、尺寸、标高、说明等)都应进行核对考证，使一套图纸中的所有内容不存在矛盾和不当之处。通过核对应做到：

① 将施工图中所有确实存在的错误和不当之处核对出来了。

② 将一套施工图中表达不齐、不全、不详、不清之处都发现了。

③ 拟建房屋中的每一构部件的空间位置、制作材料、施工要求、与其他构部件的关系、节点连接构造弄清楚了。

④ 在明确拟建房屋每一部分做法的基础上，结合自己掌握的工程知识，找出施工的难点和注意事项。

(三) 分部分项看

通过粗看、细看，不但掌握了拟建房屋的概貌，对一套施工图有了深入、透彻的了解，而且将施工图中的错误、遗漏之处也都找出来，并与设计人员协商进行了纠正。从这个意义上来说，这套施工图不但被熟悉了，而且可以完全信赖。一套施工图的内容是相当丰富且相当复杂的，将这些内容全部记住是相当困难的。而在施工过程中的各个阶段，这些内容又都要用到。作为一个施工人员，一般应采取在施工过程中根据工作需要及时对有关内容进行查阅的方法。比如在施工阶段做基础前，可去查阅地质勘察成果报告、基础平面图、基础断面详图以及其他与基础内容有关的图纸。例如：在砌墙时要确定门窗的平面位置，可查阅有关层的建筑施工平面图与有关房间的平面详图。施工过程中查阅图纸是在粗看与细看的基础上进行的。由于这一阶段与粗看、细看阶段的任务不同，因而采取的方法不同。这一阶段主要是针对某一进度部位或某一构件、某一专题有选择性地进行综合看图，目标确定，对与查阅目的无关的内容可以暂时忽略。但是由于查阅阶段阅读图纸是直接用于指导施工的，因此必须十分细致，做到准确无误。

第三节 结构施工图阅读

阅读建筑施工图，可以了解房屋内部空间的分隔情况及房屋的外部形象、细部构造、内外装修、房屋的位置和朝向等。但是从建筑施工图上无法全面、深入了解房屋结构方面的情况，如基础、楼层结构、屋面结构和结构构件等的详细情况。

一、结构施工图的识读方法

结构施工图应采用正投视法绘制，特殊情况下可采用仰视投影法绘制。

在识读结构施工图前，必须先阅读建筑施工图，建立建筑物的轮廓概念，了解和明确建筑施工图平面、立面、剖面的情况以及构造连接和构造做法。在识读结构施工图期间，还应反复对照结构施工图与建筑施工图对同一内容的表示方法，这样才能准确理解结构施工图中所表示的内容。

识读结构施工图也是一个由浅入深、由粗到细的渐进过程，简单的结构施工图例外。与建筑施工图一样，结构施工图的表示方法遵循投影关系，其区别在于结构施工图用粗线条表示要突出的重点内容，为了使图面清晰，通常利用套图中详图或标准图集编号或代号表示构件的名称和做法。

在识读结构施工图时，要养成记录的习惯，以便为日后的工作提供技术资料。各工种的分工不同，各工种的侧重点不同，要学会总揽全局，才能不断提高识读结构施工图的能力。

二、结构施工图的识读步骤

结构施工图的识读步骤如图 2-1 所示。

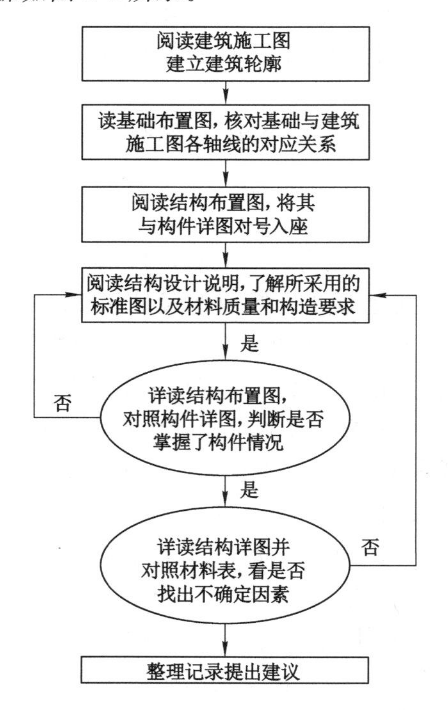

图 2-1 结构施工图的识读步骤

（一）结构设计说明的阅读

了解对结构的特殊要求，了解结构设计说明中强调的内容，掌握材料、质量以及要采取的技术措施的内容，了解所采用的技术标准和构造，了解所采用的标准图。

（二）基础布置图的识读

注意基础的标高和定位轴线的数值；了解基础的形式和区别；注意其他工种在基础上留下的预埋件和留洞情况。

（1）查阅建筑施工图，核对所有的轴线是否和基础一一对应，了解是否有的墙下无基础而用基础梁替代，基础形式有无变化，有无设备基础。

（2）对照基础的平面和断面，了解基础底面标高和基础顶面标高有无变化，有变化时是如何处理的。

（3）了解基础中预留洞和预埋件的平面位置、标高、数量。

（4）了解基础的形式和做法。

（5）了解各个部件的尺寸和配筋。

（6）重复以上过程，解决没有看清楚的问题，对遗留问题整理好记录。

（三）结构布置图的识读

结构布置图由结构平面图和构件详图或标准图组成。

（1）了解结构类型、主要构件的平面位置与标高，并与建筑施工图结合，了解各构件的位置和标高的对应情况。

（2）结合结构平面图、标准图和详图对主要构件进行分类，了解它们的共同点和不同点。

（3）了解各构件节点构造与预埋件的共同点和不同点。

（4）了解整个平面内洞口、预埋件的做法与相关专业的连接要求。

（5）了解各主要构件的细部要求和做法，重复以上步骤，逐步深入了解，遇到不清楚的地方在记录中标出，进一步详细查找相关图纸，并结合结构设计说明认定核实。

（6）了解其他构件的细部要求和做法，重复以上步骤，消除记录中的疑问，整理、汇总、提出图纸中存在的遗漏和施工中存在的困难，为技术交底或图纸会审提供资料。

（四）结构详图的识读

（1）首先将构件对号入座，即核对结构平面图上构件的位置、标高、数量是否与详图吻合，有无标高、位置和尺寸的矛盾。

（2）了解构件与主要构件的连接方法，核对能否保证其位置或标高，是否存在与其他构件相抵触的情况。

（3）了解构件中配件或钢筋的情况，掌握其主要内容。

（4）结合材料表核实以上内容。

（五）结构施工图汇总

整理记录，核对前面提出的问题，提出建议。

三、标准图集的阅读

（一）标准图集的分类

我国编制的标准图集，按其编制的单位和适用范围可分为三类：

（1）经国家相关部门批准的标准图集，在全国范围内使用。

(2) 经各省、直辖市、自治区等地方相关部门批准的通用标准图集,在本地区内使用。

(3) 各设计单位编制的图集,供本单位设计的工程使用。

标准图集的使用,有利于提高质量,降低成本和加快设计、施工进度。全国通用的标准图集中通常用“G”或“结”表示结构标准构件类图集,用“J”或“建”表示建筑标准构件类图集。

(二) 标准图集的查阅方法

(1) 根据施工图中注明的标准图集名称、编号及编制单位,查找相应的图集。

(2) 阅读标准图集的总说明,了解编制该图集的设计依据、使用范围、施工要求及注意事项等。

(3) 了解该图集编号和表示方法。图集都用代号表示,代号表明构件、配件的类别、规格及大小。

(4) 根据图集目录及构件、配件代号在该图集中查找所需详图。

四、平法施工图的识读

为了提高设计效率、简化绘图、缩减图纸量,使施工图看图、记忆和查找方便,我国推出了标准图集《混凝土结构施工图平面整体表示方法制图规则和构造详图》(96G101—1),是我国在钢筋混凝土施工图的设计表示方法方面的重大改革(目前最新版本为22G101—1)。

混凝土结构施工图平面整体表示方法,简称平法。平法的表达方式就是把结构构件的尺寸和配筋等,按照平面整体表示方法制图规则,整体直接地表达在各类构件的结构平面布置图上,再与标准构造详图配合,构成一套完整的结构设计施工图纸。平法由平法制图规则和标准构造详图两大部分组成。

混凝土结构施工图平面整体表示方法制图规则和构造详图既是设计者完成平法施工图的依据,也是施工、监理人员准确理解和实施平法施工图的依据。

平法施工图的图纸部分一般按基础、柱、剪力墙、梁、板、楼梯及其他构件的顺序排列。

在平面布置图上各构件尺寸和配筋的注写方式包括平面注写方式、列表注写方式和截面注写方式。

按平法设计绘制结构施工图时,应将所有柱、剪力墙、梁和板等构件编号,编号中含有类型代号和序号等。其中,类型代号的主要作用是指明所选用的标准构造详图;在标准构造详图上,已经按其所属构件类型注明代号,以明确该详图与平法施工图中该类型构件的互补关系,使两者结合构成完整的结构设计图。

按平法设计绘制结构施工图时,应当用表格或其他方式注明包括地下和地上各层的结构层楼(地)面标高、结构层高及相应的结构层号。其结构层楼面标高和结构层高在单项工程中必须统一,以保证基础、柱与墙、梁、楼梯等用同一标准竖向定位。

为便于施工,应将统一的结构层楼面标高和结构层高分别放在柱、墙、梁等各类构件的平法施工图中。结构层楼面标高指将建筑施工图中的各层地面和楼面标高值扣除建筑面层及垫层做法厚度后的标高,结构层号应与建筑楼层号一致。

阅读施工图时,务必注意该施工图使用平法图集的版本号,选用对应的版本号图集。

第三章　施工员应具备的基本知识

第一节　施工员的职责和要求

施工员岗位，不论是名称还是工作职责，在全国各地都有较大不同。有些地方施工员与技术员的职责没有明确的界限，只设施工员或技术员岗位。有些地方则有施工员和技术员两个岗位，技术员主要从事技术管理等工作，施工员主要负责进度协调等工作。但各地一般都设置技术负责人(即项目总工程师)。

本书所指施工员是指在建筑工程施工现场，从事施工组织策划、施工技术与管理，以及施工进度、成本、质量和安全控制等工作的专业人员。施工员在技术负责人的领导下参与技术管理等工作。施工员是建筑施工企业各项组织管理工作的基层具体实践者，是完成建筑安装的最基层的技术和组织管理人员。

施工员的主要职责是协调施工进度，参与施工技术、质量、安全和成本等管理，具体分为5类14项。施工员的主要职责和专业技能要求见表3-1。施工员应具备的专业知识见表3-2。工作职责就是职业岗位的工作范围和责任。专业技能指通过学习和训练掌握的，运用相关知识完成专业工作的能力。专业知识指完成专业工作应具备的通用知识、基础知识和岗位知识。通用知识指在建筑工程施工现场从事专业技术管理工作时应具备的相关法律法规及专业技术与管理知识。基础知识指与职业岗位工作相关的专业基础理论和技术知识。岗位知识指与职业岗位工作相关的专业标准、工作程序、工作方法和岗位要求。

表3-1　施工员的工作职责及专业技能要求

分类	主要工作职责	专业技能
施工组织策划	1. 参与施工组织管理策划； 2. 参与制定管理制度	能够参与编制施工组织设计和专项施工方案
施工技术管理	1. 参与图纸会审、技术核定； 2. 负责施工作业班组的技术交底； 3. 负责组织测量放线，参与技术复核	1. 能够识读施工图和其他工程设计、施工等文件； 2. 能够编写技术交底文件，并实施技术交底； 3. 能够正确使用测量仪器，进行施工测量
施工进度、成本控制	1. 参与制订并调整施工进度计划、施工资源需求计划，编制施工作业计划； 2. 参与施工现场组织协调工作，合理调配生产资源，落实施工作业计划； 3. 参与现场经济技术签证、成本控制及成本核算； 4. 负责施工平面布置的动态管理	1. 能够正确划分施工区段，合理确定施工顺序； 2. 能够进行资源平衡计算，参与编制施工进度计划和资源需求计划，控制调整计划； 3. 能够进行工程量计算和初步的工程计价

表 3-1(续)

分类	主要工作职责	专业技能
质量、安全、环境管理	1. 参与质量、环境与职业健康安全的预控； 2. 负责施工作业的质量、环境与职业健康安全过程控制，参与隐蔽、分项、分部和单位工程的质量验收； 3. 参与质量、环境与职业健康安全问题的调查，提出整改措施并监督落实	1. 能够确定施工质量控制点，参与编制质量控制文件，实施质量交底； 2. 能够确定施工安全防范重点，参与编制职业健康安全与环境技术文件，实施安全和环境交底； 3. 能够识别、分析、处理施工质量缺陷和危险源； 4. 能够参与施工质量、职业健康安全与环境问题的调查分析
施工信息资料管理	1. 负责编写施工日志、施工记录等相关施工资料； 2. 负责汇总、整理和移交施工资料	1. 能够记录施工情况，编制相关工程技术资料； 2. 能够利用专业软件处理工程信息资料

表 3-2　施工员应具备的专业知识

分类	专业知识
通用知识	1. 熟悉国家工程建设相关法律法规； 2. 熟悉工程材料的基本知识； 3. 掌握施工图识读、绘制的基本知识； 4. 熟悉工程施工工艺和方法； 5. 熟悉工程项目管理的基本知识
基础知识	1. 熟悉相关专业的力学知识； 2. 熟悉建筑构造、建筑结构和建筑设备的基本知识； 3. 熟悉工程预算的基本知识； 4. 掌握计算机和相关资料信息管理软件的应用知识； 5. 熟悉施工测量的基本知识
岗位知识	1. 熟悉与本岗位相关的标准和管理规定； 2. 掌握施工组织设计及专项施工方案的内容和编制方法； 3. 掌握施工进度计划的编制方法； 4. 熟悉环境与职业健康安全管理的基本知识； 5. 熟悉工程质量管理的基本知识； 6. 熟悉工程成本管理的基本知识； 7. 了解常用施工机械的性能

建筑工程施工现场专业人员专业知识的认知目标要求分为了解、熟悉、掌握三个层次：

(1) 掌握是最高水平要求，包括能记忆所列知识，并能对所列知识加以叙述和概括，同时能运用知识分析和解决实际问题。

(2) 熟悉是次高水平要求，包括能记忆所列知识，并能对所列知识加以叙述和概括。

(3) 了解是最低水平要求，其内涵是对所列知识有一定的认识和记忆。

下面对施工员的部分工作职责进行解释。

施工组织管理策划主要指施工组织管理实施规划（施工组织设计）的编制，由项目经理负责组织，技术负责人实施，施工员参与。编制完成后经企业技术部门及技术负责人审批后，报总监理工程师批准后实施。

图纸会审、技术核定、技术交底、技术复核等工作由项目技术负责人负责，施工员等参与。

施工员组织测量放线，有两个方面的工作职责：一是为测量员进行测量工作时提供支持和便利，二是在测量员测量工作完成后组织技术、质量等有关人员进行“验线”。

技术核定是项目技术负责人针对某个施工环节，提出具体的方案、方法、工艺、措施等建议，经发包方和有关单位共同核定并确认的一项技术管理工作。

技术交底由项目技术负责人负责实施。技术交底必须包括施工作业条件、工艺要求、质量标准、安全及环境注意事项等内容，交底对象为项目部相关管理人员和施工作业班组长等。对施工作业班组的技术交底应由施工员实施。重要或关键分项工程可由技术负责人分别进行质量、安全和环境交底，质量员、安全员实施检查、监督。

技术复核是指技术人员对工程的重要施工环节进行检查、验收、确认的过程，主要包括工程定位放线，轴线、标高的检查与复核，混凝土与砂浆配合比的检查与复核等工作。

施工员协助项目经理和技术负责人制订和调整施工进度计划，负责编制作业性进度计划，协助项目经理完成施工现场组织协调工作，落实作业计划。

施工平面布置的动态管理是指对于建设规模较大的项目，随着施工的进行，施工现场的面貌不断改变，在这种情况下，应按不同阶段分别绘制不同的施工总平面图，并付诸实施，或根据工地的实际情况，及时对施工总平面图进行调整和修正。

施工员协助技术负责人做好质量、安全与环境管理的预控工作，参与安全员或质量员的安全检查和质量检查工作，并落实预控措施和检查后提出的整改措施。

质量控制点是指施工过程中需要对质量进行重点控制的对象或实体。

施工员的专业知识按土建施工、装饰装修、设备安装、市政工程四个子专业突出本专业的要求。

关于工程材料的基本知识，土建施工专业应以建筑材料为主，装饰装修专业应以装饰材料为主，设备安装专业应以建筑设备安装材料为主，市政工程专业应以市政工程材料为主。

关于施工图识读与绘制的基本知识，土建施工、装饰装修、市政工程专业应以建筑施工图、结构施工图为主，设备安装专业应以设备施工图为主。

关于工程施工工艺、方法的要求，土建施工专业应以结构施工（装饰装修只涉及一次装修施工），装饰装修专业应以装饰装修施工为主，设备安装专业应以建筑设备安装为主，市政工程专业应以市政工程施工为主。

对于土建施工、装饰装修、设备安装、市政工程四个子专业的施工员，其力学知识的要求是不一样的，应根据专业提出相应要求。

关于建筑构造、建筑结构和建筑设备的基本知识，土建施工、装饰装修、市政工程等专业应以建筑构造、建筑结构知识为重点，设备安装专业应以建筑设备知识为重点。

第二节　施工员的表现与特征

一、 施工员的具体表现

施工员是单位工程施工现场的管理者，是施工现场动态管理的体现者，是单位工程生产要素合理投入和优化组合的组织者，对单位工程的施工负有直接责任。

施工员负责协调施工现场基层专业管理人员、劳务人员等各方关系。

施工员负责其分管工程施工现场的对外联系，施工员对分管工程施工进度等进行控制。

二、施工员的工作特性

施工员的工作场所是工地，施工员的工作对象是单位工程或分部分项工程。施工员从事的是基层专业管理工作，是技术管理和施工组织与管理工作。其工作具有很强的专业性和技术性。施工员的工作繁杂，基层需要管理的工作很多。项目经理和项目经理部以及有关方面的组织管理意图都要通过基层施工员实现。施工员的工作任务具有明确的期限和目标。施工员的工作负担沉重，条件艰苦，生活紧张。

三、施工员与其他部门之间的关系

（一）施工员与工程建设监理之间的关系

监理单位与施工单位存在着监理与被监理的关系，所以施工员应积极配合现场监理人员在施工质量控制、施工进度控制、工程投资控制等方面所进行的各种工作和检查，全面履行工程承包合同。

（二）施工员与设计单位之间的关系

施工单位与设计单位之间存在着工作关系。设计单位应积极配合施工单位，负责交代设计意图，解释设计文件，及时解决施工时设计文件中出现的问题，负责设计变更和修改预算，并参加工程竣工验收。同时，施工员在施工过程中发现了新情况，使工程或其中的任何部位在数量、质量和形式上发生了变化，应及时向上反映，由建设单位、设计单位和施工单位三方协商解决，办理设计变更与洽商。

（三）施工员与劳务管理部门之间的关系

施工员是施工现场劳动力动态管理的直接责任者，负责按计划要求向项目经理或劳务管理部门申请派遣劳务人员，并签订劳务合同；按计划分配劳务人员，并下达施工任务单或承包任务书；在施工中不断进行劳动力平衡、调整，并按合同支付劳务报酬。

四、施工员的权利与义务

（一）施工员的权利

(1) 在分部分项工程、单位工程施工中，在行政管理上（如劳动人员组合、人员调动、规章制度等）有权处理和决定，发现问题应及时请示和报告有关部门。

(2) 根据施工要求，有权合理使用和调配劳动力、施工机具和材料等。

(3) 对于上级已批准的施工组织设计、施工方案和技术安全措施等文件，施工班组应认真贯彻执行。未经有关人员同意，不得随意变动。

(4) 对不服从领导和指挥，违反劳动纪律和操作规程的人员，经多次说服教育仍不改者，有权停止其工作，并作出严肃处理。

(5) 发现不按施工程序施工，不能保证工程质量和安全生产时，有权予以制止，并提出改进意见和措施。

(6) 督促检查施工班组，做好考勤日报，检查验收施工班组的施工任务书，发现问题时进行处理。

(二) 施工员的义务

(1) 认真贯彻建筑施工方针政策和努力学习有关部门规定，熟悉相关部门的技术标准、施工规范、操作规程和先进单位的施工经验，不断提高施工技术和施工管理水平。

(2) 牢固树立“百年大计，质量第一”的思想，以为用户服务和对国家、对人民负责的态度，坚持工程回访制度和质量回访制度，虚心听取用户的意见和建议。

(3) 对上级下达的各项经济技术指标，应积极、主动地组织施工人员完成。

(4) 正确树立经济效益、社会效益和环境效益相统一的观念。

(5) 信守合同、协议，做到文明施工，保证工期，信誉第一，不留尾巴，工完场清。

(6) 主动、积极地做好施工班组的思想政治工作，关心职工的生活。

(三) 施工员的任务

施工全过程中施工员的主要任务：结合多变的现场施工条件，将参与施工的劳动力、机具、材料、构配件等，科学地、有序地组织起来，以取得最好的经济效果，保质、保量、保工期地完成任务。

五、施工员的工作内容

(一) 工程施工准备阶段的工作内容

建筑工程施工员在工程施工准备阶段的工作内容如下：

1. 技术准备

(1) 熟悉审查施工图纸、有关技术规范和操作规程，了解设计要求及细部、节点做法，并放大样，做配料单，弄清工程质量要求。

(2) 调查搜集必要的原始资料。

(3) 熟悉或制订施工组织设计和有关技术经济文件中对施工顺序、施工方法、技术措施、施工进度及现场施工总平面布置的要求，并清楚完成施工任务时的薄弱环节和关键工序。

(4) 熟悉有关合同、招标资料及现行消耗定额等，计算工程量，弄清人、财、物在施工中的需求和消耗情况，制定工资分配和奖励制度，签发工程任务单、限额领料单等。

2. 现场准备

(1) 现场“四通一平”(水通、电通、路通、通信通，场地平整)的检验。

(2) 进行现场抄平，测量放线，并进行检验。

(3) 根据进度要求组织现场临时设施的搭建施工；做好职工的住、食、行等后勤保障工作。

(4) 根据计划和施工平面图，合理组织材料、构件、半成品、机具相继进场，进行检验和试运转。

(5) 做好施工现场的安全、防汛、防火工作。

3. 组织准备

(1) 根据施工进度计划和劳动力需求量计划，分期分批组织劳动力的进场教育和配备各工种技术工人等。

(2) 确定各工种工序在各施工阶段的搭接,流水、交叉作业的开工、完工时间。

(3) 全面安排好施工现场的一、二线,前、后台,施工生产和辅助作业,现场施工和场外协作之间的协调配合。

(二) 工程施工阶段的主要工作内容

建筑工程施工员在工程施工阶段的主要工作内容:

1. 工程施工技术交底

(1) 施工任务交底。向工人班组交代清楚任务、工期要求、关键工序、交叉配合关系等。

(2) 施工技术措施和操作要领交底。交代清楚与工程有关的技术规范、操作规程,重点施工部位、细部、节点的做法以及质量和技术措施。

(3) 施工消耗定额和经济分配方式的交底。交代清楚各施工项目劳动工日、材料消耗、机械台班数量、经济分配和奖罚制度等。

(4) 安全和文明施工交底。提出有关的防护措施和要求,明确责任。

2. 有目标地组织协调控制

在施工过程中,依照施工组织设计,有关技术、经济文件以及当地的实际情况,围绕质量、工期、成本等既定施工目标,在每一阶段、每一工序实施综合平衡和协调控制,使施工中的各项资源和各种关系能够配合最佳,以确保工程顺利进行。为此,要抓好以下几个环节:

(1) 检查班组作业前的各项准备工作。

(2) 检查外部供应、专业施工等协作条件是否满足需求,检查进场材料和构件质量。

第三节 建筑施工现场管理

一、现场管理基本知识

(一) 基本概念

建筑施工现场指用以从事建筑施工活动且经批准占用的施工场地,既包括红线以内占用的建筑用地和施工用地,又包括红线以外现场附近经批准占用的临时施工用地。

建筑施工现场管理就是运用科学的管理思想、管理组织、管理方法和管理手段,对建筑施工现场的各种生产要素,如人(操作者、管理者)、机(设备)、料(原材料)、法(工艺、检测)、环境、资金、能源、信息等,进行合理的配置和优化组合,通过计划、组织、控制、协调、激励等管理职能,保证现场能按预定的目标,实现优质、高效、低耗、按期、安全、文明生产。

(二) 施工现场管理的任务

(1) 全面完成生产计划规定的任务(包括产量、产值、质量、工期、资金、成本、利润和安全等)。

(2) 按施工规律组织生产,优化生产要素的配置,实现高效率和高效益。

(3) 搞好劳动组织和班组建设,不断提高施工现场人员的思想素质和技术水平。

(4) 加强定额管理,降低物料和能源的消耗,减少生产储备和资金占用,不断降低生产成本。

(5) 优化专业管理,建立完善管理体系,有效控制施工现场的投入和产出。

(6) 加强施工现场的标准化管理,使人流、物流高效且有序。

(7) 治理施工现场环境,改变脏、乱、差的状况,注意保护施工环境,做到施工不扰民。

（三）施工现场管理的内容

1. 平面布置与管理

（1）施工现场的布置是指完成建筑施工所需的各项设施和永久性建筑（拟建和已有的建筑）之间的合理布置，按照施工部署、施工方案和施工进度的要求，对施工用临时房屋建筑，临时加工预制场，材料仓库堆场，临时水、电、动力管道和交通运输道路等做出周密规划和布置。

（2）施工现场平面管理是指在施工过程中对施工场地的布置进行合理调节，也是对施工总平面图全面落实的过程。

2. 材料管理

全部材料和零部件的供应已列入施工计划。现场管理的主要内容包括：确定供料和用料目标；确定供料、用料方式及措施；组织材料及制品的采购、加工和储备，做好施工现场的进料安排；组织材料进场、保管及合理使用；完工后及时退料及办理结算等。

3. 合同管理

现场合同管理是指施工全过程中的合同管理工作，包括两个方面：① 承包商与业主之间的合同管理工作；② 承包商与分包商之间的合同管理工作。现场合同管理人员应及时填写并保存有关方面签证的文件。

4. 质量管理

（1）按照工程设计要求和国家有关技术规定，如施工质量验收规范、技术操作规程等，对整个施工过程中的各个工序进行有组织的工程质量检验，不合格的建筑材料不能进入施工现场，不合格的分部分项工程不能转入下一道工序。

（2）采用全面质量管理方法，进行施工质量分析，找出各种施工质量缺陷的原因，随时采取预防措施，减少或尽量避免工程质量事故的发生，将质量管理工作贯穿于整个施工过程，形成完整的质量保证体系。

5. 安全生产管理与文明施工

安全生产管理贯穿于施工整个过程，交融于各项专业技术管理，关系着现场全体人员的安全和施工环境安全。现场安全生产管理的主要内容包括：安全教育、建立安全管理制度、安全技术管理、安全检查与安全分析等。

文明施工是指在施工现场管理中，按照现代化施工的客观要求，使施工现场保持良好的施工环境和施工秩序。

（四）施工现场管理的意义

（1）施工现场管理是贯彻执行有关法规的集中体现。施工现场管理不仅是一个工程管理问题，还是一个严肃的社会问题。它涉及许多城市建设管理法规，诸如城市绿化、消防安全、交通运输、工业生产保障、文物保护、居民安全、人防建设、居民生活保障、精神文明建设等。

（2）施工现场管理是体制改革的重要保证。在从计划经济向市场经济转变过程中，原来的建设管理体制必须进行深入改革，而每个改革措施必然通过施工现场反映出来。在市场经济条件下，在施工现场建立新的责、权、利结构，对施工现场进行有效管理，既是建设体制改革的重要内容，又是其他改革措施能否成功的重要保障。

（3）施工现场是施工企业与社会的主要接触点。施工现场管理是一项科学的、综合的系统管理工作，施工企业的各项管理工作都通过现场管理来反映。企业可以通过施工现场这个接触点体现自身实力，获得良好的声誉。

(4) 施工现场管理是施工活动正常进行的基本保证。在建筑施工中，大量的人流、物流、资金流和信息流汇集于施工现场，其是否畅通决定施工生产活动能否顺利进行，而现场管理是人流、物流、资金流和信息流畅通的基本保证。

(5) 施工现场是各专业管理联系的纽带。在施工现场，各项专业管理工作既按合理分工分头进行，又密切协作，相互影响，相互制约。施工现场管理直接关系到各项专业管理的经济效益。

二、施工现场平面布置

(一) 施工总平面图设计

1. 施工总平面图的设计依据

(1) 设计资料。

(2) 收集到的地区资料。

(3) 施工部署和主要工程施工方案。

(4) 施工总进度计划。

(5) 资源需要量表。

(6) 建筑工程量计算参考资料。

2. 施工总平面图设计的主要内容

(1) 施工用地范围。

(2) 一切地上和地下的已有和拟建的建筑物、构筑物及其他设施的平面位置与尺寸。

(3) 永久性与非永久性坐标位置，必要时标出建筑场地的等高线。

(4) 场内取土和弃土的区域位置。

(5) 为施工服务的各种临时设施的位置。这些设施包括：① 各种运输业务用的建筑物和运输道路。② 各种加工厂、半成品制备站及机械化装置等。③ 各种建筑材料、半成品及零件的仓库和堆置场。④ 行政管理及文化生活福利用的临时建筑物。⑤ 临时给水排水管线、供电线路、管道等。⑥ 保安及动火设施。

3. 施工总平面图设计原则

施工总平面图是建设项目或群体工程的施工布置图。栋号多、工期长、施工场地紧张及分批交工等，使施工平面图设计难度大，应坚持以下原则：

(1) 在满足施工要求的前提下布置紧凑，少占地，不挤占交通道路。

(2) 最大限度缩短场内运输距离，尽可能避免二次搬运。物料应分批进场，大件置于起重机下。

(3) 在满足施工需要的前提下，临时工程的工程量应尽量小，以降低临时工程费，故应利用已有房和管线，前期完工的永久工程为后期工程使用。

(4) 临时设施布置应有利于生产和生活，减少工人往返时间。

(5) 充分考虑劳动保护、环境保护、技术安全、防火要求等。

4. 施工总平画图的设计步骤

施工总平面图的设计步骤为：引入场外交通道路→布置仓库→布置加工厂和混凝土搅拌站(采用商品混凝土时不布置搅拌站)→布置内部运输道路→布置临时房屋→布置临时水

电管线网和其他动力设备→绘制正式的施工总平面图。

5. 施工总平面图的设计要求

(1) 场外交通道路的引入与场内布置

① 一般大型工业企业都有永久性铁路建筑，可提前修建为工程服务，但应恰当确定起点和进场位置，考虑转弯半径和坡度限制，有利于施工场地的利用。

② 当采用公路运输时，公路应与加工厂、仓库的位置结合布置，与场外道路连接，符合标准要求。

③ 当采用水路运输时，卸货码头不应少于2个，宽度不应小于2.5 m，江河距工地较近时，可在码头附近布置主加工厂和仓库。

(2) 仓库的布置

仓库一般应接近使用地点，其纵向宜与交通线路平行，装卸时间长的仓库应远离路边。

(3) 加工厂和混凝土搅拌站的布置

总的指导思想是使材料和构件的运输量小，有关联的加工厂适当集中。

(4) 内部运输道路的布置

① 提前修建永久性道路的路基和简单路面为施工服务；临时道路要把仓库、加工厂、堆场和施工点贯穿起来。

② 按货运量设计双线环行干道或单行支线，道路末端设置回车场。路面一般为土路、砂石路或礁碴路。

③ 尽量避免临时道路与铁路、塔轨交叉，必须交叉时，其交叉角宜为直角，至少应大于30°。

(5) 临时房屋的布置

① 尽可能利用已建的永久性房屋为施工服务，不足时再修建临时房屋。临时房屋应尽量利用活动房屋。

② 全工地行政管理用房宜设置在全工地入口处。工人用的生活福利设施，如商店、俱乐部等，宜设置在工人较集中的地方，或者出入必经之处。

③ 工人宿舍一般设在场外，并避免设在低潮地和有烟尘不利于身体健康的地方。

④ 食堂宜布置在生活区，也可视条件设在工地与生活区之间。

(6) 临时水电管线网和其他动力设备的布置

① 尽量利用已有的和提前修建的永久线路。

② 临时总变电站应设在高压线进入工地处，避免高压线穿过工地。

③ 临时水池、水塔应设在用水中心和地势较高处。管网一般沿道路布置，供电线路应避免与其他管道设在同一侧。主要供水、供电管线采用环状，孤立点可设枝状。

④ 管线穿过道路处均要套铁管，一般电线用ϕ51 mm～ϕ76 mm管，电缆用ϕ102 mm管，并埋入地下0.6 m处。

⑤ 过冬的临时水管须埋在冰冻线以下或采取保温措施。

⑥ 排水沟沿道路布置，纵坡不小于0.2%，通过道路处须设管，在山地建设时应有防洪设施。

⑦ 消火栓间距不大于120 m；距拟建房屋不小于5 m，不大于25 m；距路边不大于2 m。

⑧ 各种管道间距符合规定要求。

（二）单位工程施工平面图设计要求

1. 设计要求

布置紧凑，占地要省，不占或少占农田；短运输，少搬运；临时工程要在满足需要的前提下少占用资金；利于生产、生活、安全、消防、环保、市容、卫生、劳动保护等，符合国家有关规定和法规。

2. 设计步骤

设计步骤：确定起重机的位置→确定搅拌站、仓库、材料和构件堆场、加工厂的位置→布置运输道路→布置行政管理、文化、生活、福利用临时设施→布置水电管线→计算技术经济指标。

3. 设计要点

(1) 起重机布置

井架、门架等固定式垂直运输设备的布置，要结合建筑物的平面形状、高度、材料、构件的重量，考虑机械的负荷能力和服务范围，做到便于运送，便于组织分层分段流水施工，便于楼层和地面的运输，运距要短。

塔式起重机的布置要结合建筑物的形状和四周的场地情况。起重高度、幅度及起重量要满足要求，使材料和构件可达到建筑物的任何使用地点。路基按规定进行设计和建造。

履带吊和轮胎吊等自行式起重机的行驶路线要考虑吊装顺序、构件重量、建筑物的平面形状、高度、堆放场地位置以及吊装方法，避免机械能力的浪费。

(2) 运输道路的修筑

应按材料和构件运输的需要，沿着仓库和堆场进行布置，使之畅行无阻。宽度要符合规定，单行道不小于 3～3.5 m，双车道不小于 5.5～6 m。木材场两侧应有 6 m 宽通道，端头处应有 12 m×12 m 回车场。消防车道宽度不小于 3.5 m。

(3) 供水设施的布置

临时供水首先要经过计算、设计，然后进行设置，包括水源选择、取水设施、贮水设施、用水量计算（生产用水、机械用水、生活用水、消防用水）、配水布置、管径的计算等。单位工程施工组织设计的供水计算和设计可以简化或根据经验进行。一般 5 000～10 000 m^2 的建筑物施工用水主管径为 50 mm，支管径为 40 mm 或 25 mm。消防用水一般利用城市或建设单位的永久消防设施。

(4) 临时供电设计

临时供电设计包括用电量计算、电源选择、电力系统选择和配置。用电量包括电动机用电量、电焊机用电量、室内和室外照明容量。

（三）临时建筑平面布置

1. 临时行政、生活用房的平面布置

(1) 主要类别

① 行政管理和辅助用房：包括办公室、会议室、门卫、消防站、汽车库及修理车间等。

② 生活用房：包括职工宿舍、食堂、卫生设施、工人休息室、开水房等。

③ 文化福利用房：包括医务室、浴室、理发室、文化活动室、小卖部等。

(2) 布置原则

临时行政、生活用房的布置应尽量利用永久性建筑，延缓现场原有建筑的拆除。尽量采用活动式临时房屋，可根据施工不同阶段利用已建好的工程建筑，应视场地条件和周围环境条件对所设临时行政、生活用房进行合理取舍。

在大型工程和场地宽松的条件下，工地行政管理用房宜设在工地入口处或中心地区，现场办公室应靠近工地，生活区应设置在工人较集中的地方和工人出入必经地方，工地食堂和卫生设施应设在不受影响且有利于文明施工的地方。

市区内的工程，往往由于场地狭窄，应尽量减少临时建设项目，且尽量沿场地周边集中布置，一般只考虑设置办公室、工人宿舍或休息室、食堂、门卫和卫生设施等。

(3) 面积确定

各类临时用房和使用人数确定后，可根据表 3-3、现行定额或实际经验数值，确定临时建筑面积，计算公式如下：

$$A = NP \tag{3-1}$$

式中　A——建筑面积；

N——人数；

P——建筑面积定额。

表 3-3　行政、生活、福利临时建筑面积指标

<table>
<tr><th></th><th colspan="2">临时房屋名称</th><th>指标使用方法</th><th>参考指标</th></tr>
<tr><td>一</td><td colspan="2">办公室</td><td>按干部人事</td><td>3～4 m²/人</td></tr>
<tr><td rowspan="3">二</td><td rowspan="3">宿舍</td><td>单层通铺</td><td rowspan="3">按高峰年(季)职工平均人数(扣除不在工地住宿人数)</td><td>2.5～3 m²/人</td></tr>
<tr><td>双层床</td><td>2.0～2.5 m²/人</td></tr>
<tr><td>单层床</td><td>3.5～4 m²/人</td></tr>
<tr><td>三</td><td colspan="2">家属宿舍</td><td></td><td>16～25 m²/户</td></tr>
<tr><td>四</td><td colspan="2">食堂</td><td>按高峰年职工平均人数</td><td>0.5～0.8 m²/人</td></tr>
<tr><td>五</td><td colspan="2">食堂兼礼堂</td><td>按高峰年职工平均人数</td><td>0.6～0.9 m²/人</td></tr>
<tr><td rowspan="10">六</td><td rowspan="10">其他</td><td>医务室</td><td>按高峰年职工平均人数</td><td>0.05～0.07 m²/人</td></tr>
<tr><td>浴室</td><td>按高峰年职工平均人数</td><td>0.07～0.1 m²/人</td></tr>
<tr><td>理发室</td><td>按高峰年职工平均人数</td><td>0.01～0.03 m²/人</td></tr>
<tr><td>浴室兼理发室</td><td>按高峰年职工平均人数</td><td>0.08～0.1 m²/人</td></tr>
<tr><td>俱乐部</td><td>按高峰年职工平均人数</td><td>0.1 m²/人</td></tr>
<tr><td>小卖部</td><td>按高峰年职工平均人数</td><td>0.03 m²/人</td></tr>
<tr><td>招待所</td><td>按高峰年职工平均人数</td><td>0.06 m²/人</td></tr>
<tr><td>托儿所</td><td>按高峰年职工平均人数</td><td>0.03～0.06 m²/人</td></tr>
<tr><td>子弟小学</td><td>按高峰年职工平均人数</td><td>0.06～0.08 m²/人</td></tr>
<tr><td>其他公用</td><td>按高峰年职工平均人数</td><td>0.05～0.10 m²/人</td></tr>
<tr><td rowspan="3">七</td><td rowspan="3">现场小型设施</td><td>开水房</td><td></td><td>10～40 m²</td></tr>
<tr><td>厕所</td><td>按高峰年职工平均人数</td><td>0.02～0.07 m²/人</td></tr>
<tr><td>工人休息室</td><td>按高峰年职工平均人数</td><td>0.15 m²/人</td></tr>
</table>

2. 临时仓库

(1) 现场仓库的形式

现场仓库按其储存材料的性质和重要程度，有露天堆场、半封闭式（棚）或封闭式（仓库）三种形式。

① 露天堆场。用于堆放不受自然气候影响而损坏质量的材料，如砂、石、砖、混凝土构件。

② 半封闭式（棚）。用于堆放防止雨、雪、阳光直接侵蚀的材料，如油毡、沥青、钢材等。

③ 封闭式（库）。用于堆放受气候影响易变质的制品、材料等，如水泥、五金零件、器具等。

(2) 现场仓库的布置

应尽量利用永久性仓库为现场服务。仓库应布置在使用地点，位于平坦、宽敞、交通方便之处，且距各使用地点距离比较适中，使运输造价或运输吨公里最小，还应考虑材料运入方式（铁路、船运、汽运）及应遵守安全技术和防火规定。

一般材料仓库邻近公路和施工地区布置；钢筋、木材仓库应布置在加工厂附近；水泥库、砂石堆场布置在搅拌站附近；油库、氧气库、电石库、危险品库宜布置在僻静、安全之处；大型工业企业的主要设备仓库一般应与建筑材料仓库分开设置；易燃材料的仓库应设在拟建工程的下风方向；车库和机械站应布置在现场入口处。

(3) 仓库材料储备量的确定

确定材料的储备量，要在保证正常施工的前提下，不宜储存过多，减小仓库占地面积，降低临时设施费用。通常的储备量应根据现场条件、材料的供需要求、运输条件和资金的周转情况等确定，同时考虑季节性施工的影响（如雨季、冬季运输条件不便，可多储备一些）。

在求得计划期间内材料的使用量后，其储备量可按储备期计算：

$$P=\frac{K_1 T_i Q}{T} \tag{3-2}$$

式中 P——材料的储备量；

K_1——材料使用不均匀系数，见表 3-4；

T_i——某种材料的储备期，d，见表 3-5；

Q——某种材料的计划用量，m^3 或 t；

T——某种材料的工天数。

(4) 仓库面积的确定

① 按材料储备量计算：

$$F=\frac{P}{qK_2} \tag{3-3}$$

式中 F——仓库总面积，m^2；

P——材料的储备量，m^3 或 t；

q——每 1 m^2 仓库面积上存放材料数量，见表 3-4；

K_2——仓库面积使用系数，见表 3-4。

表 3-4　材料使用不均匀系数和仓库面积使用系数

序号	材料名称	材料使用不均匀系数 K_1	仓库面积使用系数 K_2
1	砂子	1.2～1.4	1.5～1.8
2	碎、卵石	1.2～1.4	1.6～1.9
3	石灰	1.2～1.4	1.7～2.0
4	砖	1.4～1.8	1.6～1.9
5	瓦	1.6～1.8	2.2～2.5
6	块石	1.5～1.7	2.5～2.8
7	炉渣	1.4～1.6	1.7～2.0
8	水泥	1.2～1.4	1.3～1.6
9	型钢及钢板	1.3～1.5	1.7～2.0
10	钢筋	1.2～1.4	1.6～1.9
11	木材	1.2～1.4	1～1.0
12	沥青	1.3～1.5	2.4～2.8
13	卷材	1.5～1.7	2.4～2.8
14	玻璃	1.2～1.4	2.7～3.0

表 3-5　仓库面积计算数据参考资料

序号	材料名称	单位	储备天数/d	每 1 m^2 储备量	堆置高度/m	仓库类型
1	钢材	t	40～50	1.5	1.0	
	槽钢	t	40～50	0.8～0.9	0.5	露天
	角钢	t	40～50	1.2～1.8	1.2	露天
	钢筋(直径)	t	40～50	1.8～2.4	1.2	露天
	钢筋(盘径)	t	40～50	0.8～1.2	1.0	库或棚约占 20%
	钢板	t	40～50	2.4～2.7	1.0	露天
	钢管 ϕ200 mm 以上	t	40～50	0.5～0.6	1.2	露天
	钢管 ϕ200 mm 以下	t	40～50	0.7～1.0	2.0	露天
	钢轨	t	20～30	2.3	1.0	露天
	铁皮	t	40～50	2.4	1.0	库或棚
2	生铁	t	40～50	5	1.4	露天
3	铸铁管	t	20～30	0.6～0.8	1.2	露天
4	暖气片	t	40～50	0.5	1.5	露天或棚
5	水暖零件	t	20～30	0.7	1.4	库或棚
6	五金	t	20～30	1.0	2.2	库
7	钢丝绳	t	40～50	0.7	1.0	
8	电线电缆	t	40～50	0.3	2.0	库或棚

表 3-5(续)

序号	材料名称	单位	储备天数/d	每 1 m^2 储备量	堆置高度/m	仓库类型
9	木材	m^3	40～50	0.8	2.0	露天
	原材	m^3	40～50	0.9	2.0	露天
	成材	m^3	20～30	0.7	3.0	露天
	枕木	m^3	20～30	1.0	2.0	露天
	灰板条	千根	20～30	5	3.0	棚
10	水泥	t	30～40	1.4	1.5	库
11	生石灰(块)	t	20～30	1～1.5	1.5	棚
	生石灰	t	10～20	1～1.3	1.5	棚
	石膏	t	10～20	1.2～1.7	2.0	棚
12	砂、石子(人工堆置)	m^3	10～30	1.2	1.5	露天
	砂、石子(机械堆置)	m^3	10～30	2.4	3.0	露天
13	石块	m^3	10～20	1.0	1.2	露天
14	红砖	千块	10～30	0.5	1.5	露天
15	耐火砖	t	20～30	2.5	1.8	棚
16	黏土瓦、水泥瓦	千块	10～30	0.25	1.5	露天
17	石棉瓦	张	10～30	25	1.0	露天
18	水泥管、陶土管	t	20～30	0.5	1.5	露天
19	玻璃	箱	20～30	6～10	0.8	棚或库
20	卷材	卷	20～30	15～24	2.0	库
21	沥青	t	20～30	0.8	1.2	露天
22	液体燃料润滑油	t	20～30	0.3	0.9	库
23	电石	t	20～30	0.3	1.2	库
24	炸药	t	10～30	0.7	1.0	库
25	雷管	箱	10～30	0.7	1.0	库
26	煤	t	10～30	1.4	1.5	露天
27	炉渣	m^3	10～30	1.2	1.5	露天
28	钢筋混凝土构件	m^3				
	板	m^2	3～7	0.14～0.24	2.0	露天
	梁、柱	m	3～7	0.12～0.18	1.2	露天
29	钢筋骨架	t	3～7	0.12～0.18	—	露天
30	金属结构	t	3～7	0.16～0.24	—	露天
31	铁件	t	10～20	0.9～1.5	1.5	露天或棚
32	钢门窗	t	10～20	0.65	2	棚
33	木门窗	m^3	3～7	30	2	棚
34	木屋架	m^3	3～7	0.3	—	露天

表 3-5(续)

序号	材料名称	单位	储备天数/d	每 1 m^2 储备量	堆置高度/m	仓库类型
35	模板	m^3	3～7	0.7	—	露天
36	大型砌块	m^3	3～7	0.9	1.5	露天
37	轻质混凝土制品	m^3	3～7	1.1	2	露天
38	水、电及卫生设备	t	20～30	0.35	1	棚、库各约占 1/4
39	工艺设备	t	20～30	0.6～0.8	—	露天约占 1/2
40	多种劳保用品	件		250	2	库

注：1. 采用散装水泥时设水泥罐，其容积按水泥周转量计算，不再设集中水泥库；
2. 块石、砖、水泥管等以在建筑物附近堆放为原则，一般不设集中堆场。

② 按系数计算：

$$F = \psi m \tag{3-4}$$

式中　F——仓库总面积，m^2；

ψ——系数，见表 3-6；

m——计算基数，见表 3-6。

表 3-6　按系数计算仓库面积参考资料

序号	名称	计算基数	单位	系数 ψ
1	仓库(综合)	按年平均全员人数(工地)	m^2/人	0.7～0.8
2	水泥库	按当年水泥用量的 40%～50%	m^2/t	0.7
3	其他仓库	按当年工作量	m^2/万元	1～1.5
4	五金杂品库	按年建安工作量计算时	m^2/万元	0.1～0.2
		按年平均在建面积计算时	m^2/百 m^2	0.5～1
5	土建工具库	按高峰年(季)平均全员人数	m^2/人	0.1～0.2
6	水暖器材库	按年平均在建建筑面积	m^2/百 m^2	0.2～0.4
7	电器器材库	按年平均在建建筑面积	m^2/百 m^2	0.3～0.5
8	化工油漆危险品库	按年建安工作量	m^2/万元	0.05～0.01
9	三大工具堆场(脚手、跳板，模板)	按年平均在建建筑面积	m^2/百 m^3	1～2
		按年建安工作量	m^2/万元	0.3～0.5

3. 临时加工厂

(1) 种类

根据工程的性质、规模、施工方法、工程所处环境条件(包括场地条件、材料、构件供应条件等)，工程所需的临时加工厂不尽相同。通常设有钢筋、混凝土、木材(包括板、门窗等)、金属结构等加工厂。

(2) 布置要求

布置加工厂时应使材料及构件的总运输费用最少，减少进入现场的二次搬运量，同时使加工厂有良好的生产条件，做到加工与施工互不干扰，一般情况下把加工厂布置在工地的边缘，这样既便于管理，又降低铺设道路、动力管线及给排水管道的费用。

（3）面积

常见临时加工厂和现场作业所需面积参考指标见表 3-7、表 3-8。

表 3-7　临时加工厂所需面积参考指标

序号	加工厂名称	年产量		单位产量所需建筑面积	占地总面积/m^2	备注
		单位	数量			
1	混凝土搅拌站	m^3	3 200	0.022 m^2/m^3	按砂石堆场考虑	400 L 搅拌机 2 台
		m^3	4 800	0.021 m^2/m^3		400 L 搅拌机 3 台
		m^3	6 400	0.020 m^2/m^3		400 L 搅拌机 4 台
2	临时性混凝土预制厂	m^3	1 000	0.25 m^2/m^3	2 000	生产屋面板和中小型梁板柱等，配有蒸养设施
		m^3	2 000	0.20 m^2/m^3	3 000	
		m^3	3 000	0.15 m^2/m^3	4 000	
		m^3	5 000	0.125 m^2/m^3	＜6 000	
3	半永久性混凝土预制厂	m^3	3 000	0.6 m^2/m^3	9 000～12 000	
		m^3	5 000	0.4 m^2/m^3	12 000～15 000	
		m^3	10 000	0.3 m^2/m^3	15 000～20 000	
4	木材加工厂	m^3	15 000	0.024 4 m^2/m^3	1 800～3 600	进行圆木、方木加工
		m^3	24 000	0.019 9 m^2/m^3	2 200～4 800	
		m^3	30 000	0.018 1 m^2/m^3	3 000～5 500	
	综合木工加工	m^3	200	0.30 m^2/m^3	100	加工门窗、模板、地板、屋架等
		m^3	500	0.25 m^2/m^3	200	
		m^3	1 000	0.20 m^2/m^3	300	
		m^3	2 000	0.15 m^2/m^3	420	
	粗木加工厂	m^3	5 000	0.12 m^2/m^3	1 350	加工屋架、模板
		m^3	10 000	0.10 m^2/m^3	2 500	
		m^3	15 000	0.09 m^2/m^3	3 750	
		m^3	2 000	0.08 m^2/m^3	4 800	
	细木加工厂	万 m^3	5	0.014 0 m^2/m^3	7 000	加工门窗、地板
		万 m^3	10	0.011 4 m^2/m^3	10 000	
		万 m^3	15	0.010 6 m^2/m^3	14 000	

表 3-7(续)

序号	加工厂名称	年产量		单位产量所需建筑面积	占地总面积/m^2	备注
		单位	数量			
5	钢筋加工厂	t	200	0.35 m^2/t	280～560	加工、成型、焊接
		t	500	0.25 m^2/t	380～750	
		t	1 000	0.20 m^2/t	400～800	
		t	2 000	0.15 m^2/t	450～900	
		所需场地(长×宽)				包括材料和成品堆放
	现场钢筋调直或冷拉	(70～80) m×(3～4) m				
	拉直场卷扬机棚	15～20 m^2				
	冷拉场	(4～60) m×(3～4) m				
	时效场	(3～40) m×(6～8) m				
	钢筋对焊	所需场地(长×宽)				包括材料和成品堆放
	对焊场地	(3～40) m×(4～5) m				
	对焊棚	15～20 m^2				
	钢筋冷加工	所需场地(m^2/台)				
	冷拔、冷轧机	40～50				
	剪断机	30～40				
	弯曲机(ϕ12 以下)	50～60				
	弯曲机(ϕ40 以下)	60～70				
6	金属结构加工(包括一般铁件)	所需场地(m^2/t)				按一批加工数量计算
		所产 500 t 为 10				
		年产 1 000 t 为 8				
		年产 2 000 t 为 6				
		年产 3 000 t 为 5				
7	石灰消化储灰池	5×3=15 m^2				第二个储灰池配一套淋灰池和淋灰槽，每 600 kg 石灰可消化 1 m^3 石灰膏
	石灰消化淋灰池	4×3=12 m^2				
	石灰消化淋灰槽	3×2=6 m^2				
8	沥青锅场地	20～40 m^2				台班产量为 1～1.5 t/台

表 3-8 现场作业棚所需面积参考指标

序号	名称	单位	数值	备注
1	木工作业棚	m^2/人	2	占地为建筑面积的 2～3 倍
2	电锯房	m^2	80	34～36 的圆锯 1 台
		m^2	40	
3	钢筋作业棚	m^2/人	3	小圆锯 1 台
4	搅拌棚	m^2/台	10～18	占地为建筑面积的 3～4 倍
5	卷扬机棚	m^2/台	6～12	
6	烘炉房	m^2	30～40	
7	焊工房	m^2	20～40	
8	电工房	m^2	15	
9	白铁工房	m^2	20	
10	油漆工房	m^2	20	
11	机、钳工修理房	m^2	20	
12	立式锅炉房	m^2/台	5～10	
13	发电机房	m^2/kW	0.2～0.3	
14	水泵房	m^2/台	3～8	
15	空压机房(移动式)	m^2/台	18～30	
	空压机房(固定式)	m^2/台	9～15	

(4) 钢筋加工厂的布置

钢筋加工厂应尽量采用集中加工布置方式，有利于提高加工设备的工效，保证质量，降低加工成本。当施工场地不足，难以形成钢筋堆放与加工的集中生产线时，可设置部分分散的临时钢筋加工棚。

(5) 混凝土搅拌站的布置

混凝土搅拌站的布置，可采用集中、分散、集中与分散相结合三种方式。集中布置可以提高混凝土加工的机械化程度，通常采用二阶式搅拌站。当要求供应的混凝土有多种标号时，可配置适当的小型搅拌机，采用集中与分散相结合方式。集中布置方式，加工量大，混凝土质量有保证，便于管理专业化。当采用二阶式搅拌站时，通常要设置砂、石集中储料仓，可减少砂、石堆放占用的施工场地，但由于储料仓往往设置较高，因此分仓挡墙要有足够的强度、刚度和稳定性，保证安全施工。

当在城市内施工，采用商品混凝土时，现场只需布置泵车和输送管道位置。

(6) 木材加工厂的布置

木材加工厂的布置，在大型工程中，根据木料情况一般设置原木、锯材、成材、粗细木等集中联合加工厂，布置在铁路、公路或水路沿线。设备集中，便于实现生产的机械化、自动化，节约劳动力，降低成本。对于城市内的工程项目，通常现场狭窄，木材加工宜在场外进行或购入成材，现场的木材加工厂布置只需考虑门窗、模板的制作。木材加工厂的布置还应考虑远离火源和残料锯屑的处理。

(7) 其他加工厂的布置

① 金属结构、锻工、机修等车间，密切联系，应尽可能布置在一起。

② 产生有害气体和污染环境的加工厂，如熬制沥青、石灰熟化等，应位于场地下风向。

（四）施工机械的布置

1. 砂浆及混凝土搅拌站的布置

在一般的砖结构房屋中，砂浆的用量比混凝土用量大，要以砂浆搅拌站位置为主。在现浇混凝土结构中，混凝土用量大，要以混凝土搅拌站为主来进行布置。

砂浆及混凝土的搅拌站位置，要根据房屋类型、场地条件、起重机和运输道路的布置来确定。

(1) 搅拌站应设有后台上料的场地，尤其是混凝土搅拌机，要与砂石堆场、水泥库一起考虑布置，既要互相靠近，又要便于材料的运输和装卸。

(2) 搅拌站应尽可能布置在垂直运输机附近或其服务范围内，以减小水平运距。

(3) 搅拌站应设置在施工道路近旁，使小车、翻斗车运输方便。

(4) 搅拌站场地四周应设置排水沟，以有利于清洗机械和排除污水，避免现场积水。

(5) 混凝土搅拌台所需面积约 25 m^2，砂浆搅拌台所需面积约 15 m^2。

双阶式混凝土搅拌站的设置：当现场较窄，混凝土需求量大或采用现场搅拌混凝土时，为保证混凝土供应量和减少砂石料的堆放场地，宜建双阶式混凝土搅拌站，骨料堆于扇形贮仓。图 3-1 为一座双阶式小型混凝土搅拌站示意图。

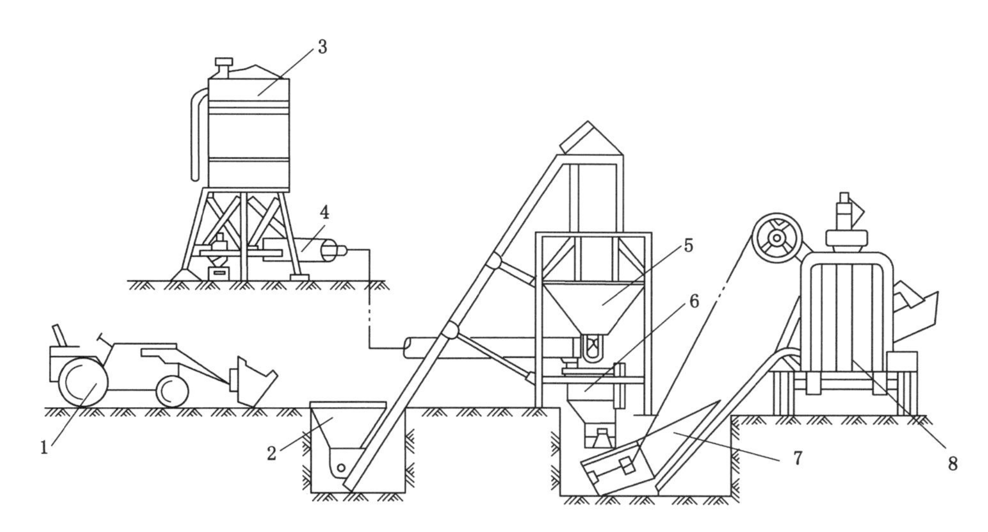

1—小型装载车；2—提升料斗；3—水泥贮罐；4—螺旋输送机；
5—砂、石贮料斗；6—砂、石、水泥称量斗；7—搅拌机提升料斗；8—混凝土搅拌机。

图 3-1　双阶式小型混凝土搅拌站

2. 起重机械与施工电梯的布置

(1) 基本规定

现场的起重机械有塔吊、履带吊起重机、井架、龙门架、平台式起重机等。其位置直接影响仓库、料堆、砂浆和混凝土搅拌站的位置以及场地道路和水电管网的位置等，因此要首先考虑。

当高空有高压电线通过时，高压线必须高出起重机，并保证规定的安全距离，否则采取安全防护措施。

（2）塔式起重机的布置

① 塔式起重机的布置要结合建筑物的平面形状和四周场地条件综合考虑。

② 轨道式塔吊一般在场地较宽的一面沿建筑物的长度方向布置，以充分发挥其效率。图 3-2 为轨道式塔吊单侧布置示意图。根据工程具体情况，还可以双侧布置或跨内布置。塔轨路基必须坚实可靠，两旁应设排水沟，在满足使用条件下，缩短塔轨的长度，同时注意安塔、拆塔是否有足够的地方。

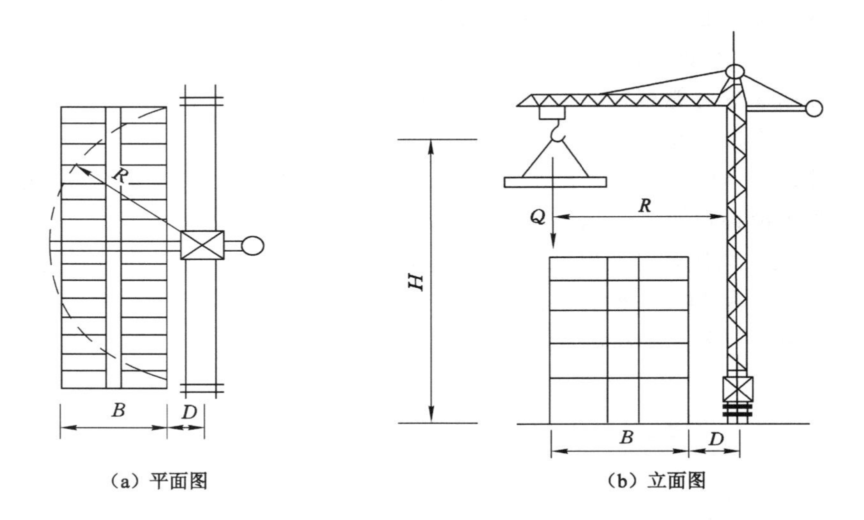

图 3-2　塔吊的单侧布置示意图

③ 轨道中心线与外墙边线的距离取决于凸出墙的雨篷、阳台以及脚手架尺寸，还取决于所选择塔吊的有关技术参数（如轨距等），吊装构件的重量和位置。

④ 塔吊单侧布置时，其回转半径应满足下式要求：

$$R \geqslant B + D \tag{3-5}$$

式中　R——塔吊的最大回转半径，m；

B——建筑平面的最大宽度，m；

D——轨道中心线与外墙边线的距离，m。

⑤ 塔吊的布置要尽量使建筑物处于其回转半径覆盖范围之内，并尽可能覆盖最大面积的施工现场，使起重机能将材料构件运至施工各个地点，避免出现“死角”。塔吊服务范围及布置如图 3-3 所示。图 3-4 为塔吊布置的“死角”。

（3）垂直运输设备的布置

① 布置固定式垂直运输设备（如井架、龙门架、桅杆、固定式塔吊）时，主要根据机械性能、建筑物平面形状和大小、施工段划分情况、起重高度、材料和构件的重量及运输道路等确定，做到使用方便、安全，便于组织流水施工，便于楼层和地面运输，并使其运距尽可能短。

② 井架或门架宜布置在高低分界线、施工分段及门窗口处。井架布置如图 3-5 所示。

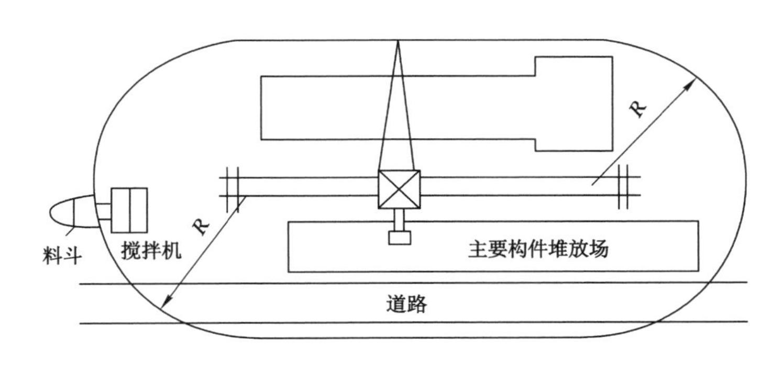

图 3-3　塔吊服务范围及布置

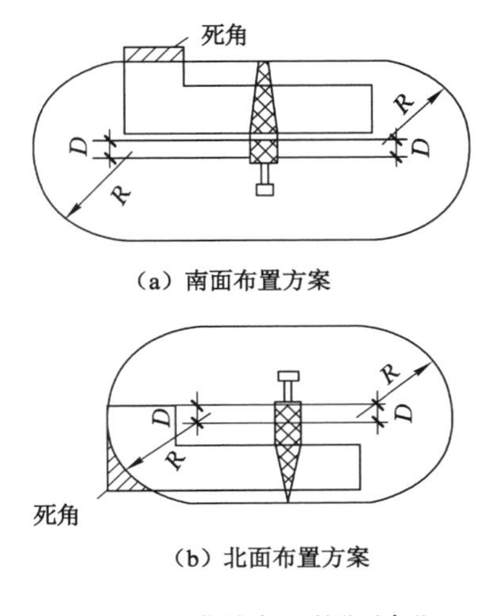

图 3-4　塔吊布置的“死角”

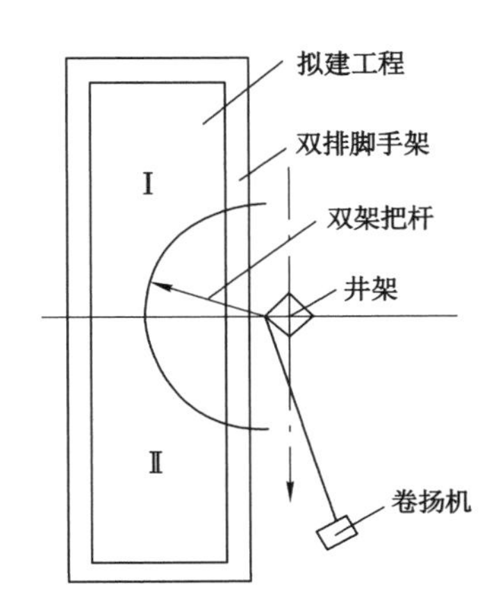

图 3-5　井架布置示意图

③ 井架的高度应根据拟建工程屋面高度和井架形式确定，一般按下式计算(图 3-6)：

$$H = h_1 + h_2 + h_3$$

式中　H——井架高度，m。

h_1——室内、室外地面高差，m。

h_2——屋面至室内地面高度，m。

h_3——屋面至井架高度，m；当只设吊篮时，h_3 取 3～5 m；当设拨杆时，取 $\alpha = 45°$，$h_3 = 2r = \sqrt{2}L$。

④ 当井架装有摇头拔杆时，则有一定的吊装半径，可将一部分楼板等构件直接吊到安装位置。图 3-7 左图为一根拨杆为两个施工段服务的布置形式，右图为一个井架两根拨杆的布置。

(4) 施工电梯的布置

进行高层建筑施工时，为方便施工人员的上下及携带工具和运送少量材料，一般设施工电梯。施工电梯的基础及其与建筑物的连接基本可按固定式塔吊设置。与塔吊相比，施工电梯是一种辅助性垂直运输机械，布置时主要依附主楼结构，宜布置在窗口处，并应考虑易进行基础处理的地方。

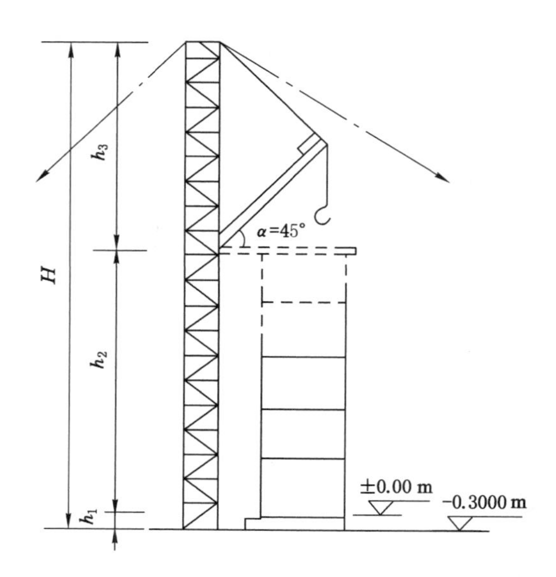

图 3-6　井架高度计算简图

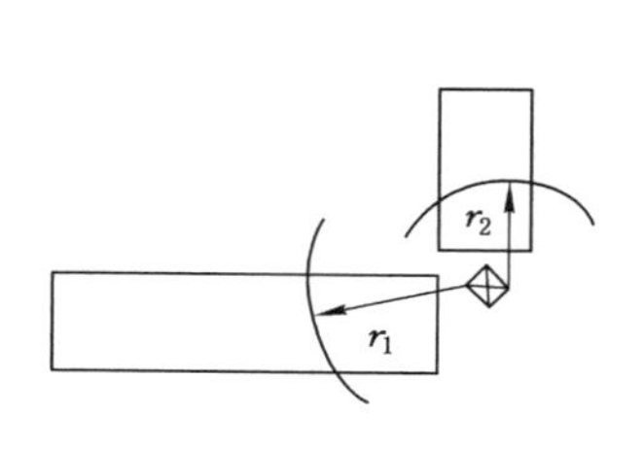

图 3-7　一个井架为两段服务

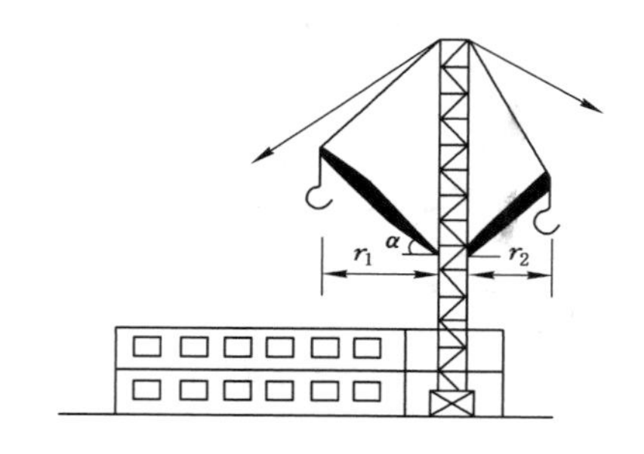

图 3-8　一个井架装 2 根拔杆示意图

（五）运输道路的布置

建筑施工现场运输道路的布置要求如下。

(1) 一般规定

施工运输道路应按材料和构件运输的需要，沿仓库和堆场布置，使之畅通无阻。

(2) 技术要求

① 道路的最小宽度和最小转弯半径。道路的最小宽度和最小转弯半径见表 3-9、表 3-10。架空线及管道下面的道路，其通行空间宽度应比道路宽度大 0.5 m，空间高度应大于 4.5 m。

表 3-9　施工现场道路的最小宽度　　单位：m

车辆类别及要求	道路宽度
汽车单行道	≥3.0
汽车双行道	≥6.0
平板拖车单行道	≥4.0
平板拖车双行道	≥8.0

表 3-10　施工现场道路的最小转弯半径　　单位：m

<table>
<tr><th rowspan="2">车辆类型</th><th colspan="3">路面内侧的最小转弯半径</th></tr>
<tr><th>无拖车</th><th>有一辆拖车</th><th>有二辆拖车</th></tr>
<tr><td>小客车、三轮汽车</td><td>6</td><td></td><td></td></tr>
<tr><td rowspan="2">一般二轴载重汽车</td><td>9(单车道)</td><td rowspan="2">12</td><td rowspan="2">15</td></tr>
<tr><td>7(双车道)</td></tr>
<tr><td>二轴载重汽车</td><td rowspan="2">12</td><td rowspan="2">15</td><td rowspan="2">18</td></tr>
<tr><td>重型载重汽车</td></tr>
<tr><td>起重型载重汽车</td><td>15</td><td>18</td><td>21</td></tr>
</table>

② 道路的做法。一般砂质土可采用碾压土路方法。为土质黏或泥泞、翻浆时，可采用加骨料碾压路面的方法。骨料应尽量就地取材，如碎砖、炉渣、卵石、碎石及大石块等。

为了排除路面积水，保证正常运输，道路路面应高出自然地面 0.1～0.2 m，雨量较大的地区约高出 0.5 m，道路的两侧设置排水沟，一般沟深和底宽不小于 0.4 m。

(3) 施工道路的布置要求

① 应满足材料、构件等的运输要求，使道路通到各个仓库及堆场，并距离其装卸区越近越便于装卸。

② 应满足消防要求，使道路靠近建筑物、木料场等易发生火灾的地方，以便于车辆能开到消防栓处。消防车道宽度不小于 3.5 m。

③ 为提高车辆的行驶速度和通行能力，应尽量将道路布置成环路。如果不能设置环形路，则路端设置掉头场地。

④ 应尽量利用已有道路或永久性道路。根据建筑总平面图上永久性道路的位置，先修筑作为临时道路。工程结束后，再修筑路面。

⑤ 施工道路应避开拟建工程和地下管道等，否则工程后期施工时，将切断临时道路，给施工带来困难。

(六) 施工现场布置示意图

某施工现场布置示例见表 3-11。

表 3-11　某施工现场布置示例

项目	内容
简要说明	某工程地处市中心，根据场地条件、周围环境和施工进度计划，现场布置拟分三个阶段进行
第一阶段	为±0.00 m 以下工程，即完成两层地下室前的现场布置。这时基坑(建筑物)占地面积较大，场内剩余区域较小，且又只能在基坑的东北和东南两侧布置。因此，除在地面上布置外，部分加工厂设置在基坑内(做完混凝垫层后)。另外，为减缓暂设房屋的搭建，施工人员不全部进场，但工期稍延长。由于本工程采用商品混凝土，现场不需设置混凝土搅拌站和砂、石、水泥堆场。其布置如图 3-9 所示
第二阶段	首层拆模及全部清理完毕前。根据施工图的要求，地面上建筑物的范围由西南向内移 6 m，由东北局部向内移 6～14 m，场地条件得到改善，尤其是为钢筋加工提供了便利。现场布置如图 3-10 所示

表 3-11(续)

项目	内容
第三阶段	首层模板拆除并全部清理后。这时钢筋的堆放与加工全部进入首层楼内,原办公室拆除,设置砂浆搅拌站及围护材料中转堆场,并在主楼北角设置施工电梯一台。施工人员大量增加,新增人员住负一层地下室。设备安装的材料堆放与加工,除部分固定在首层外,大部分(如通风管道)随楼层向上。现场布置如图 3-11 所示

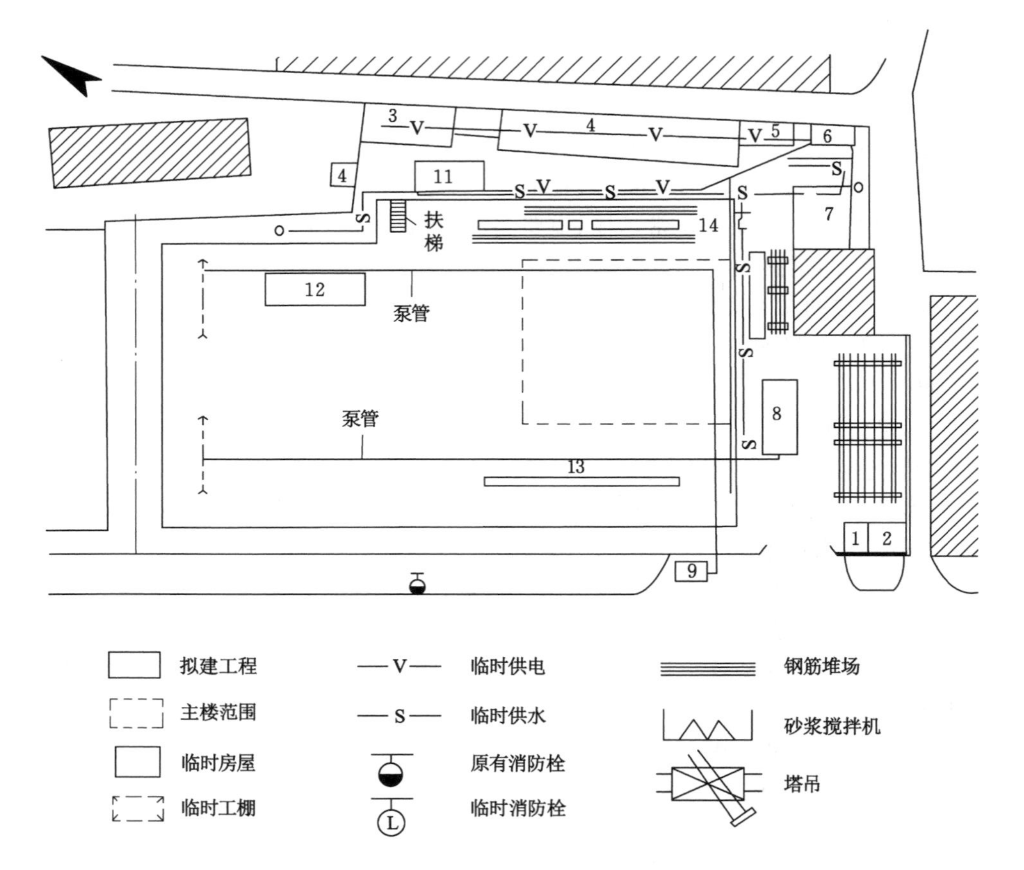

1—门卫;2—五金库;3—办公室;4—宿舍;5—工具房;6—配电间 7—食堂;8—汽车泵;9—地泵;
10—钢筋加工;11—木工棚;12—模板加工;13—钢筋冷挤压;14—钢筋对焊连接。

图 3-9　施工现场平面布置阶段一

三、施工现场材料管理

(一) 材料、构件的堆放与布置

建筑施工现场材料、构件的堆放与布置要求如下:

(1) 基本规定。① 材料的堆放应尽量靠近使用地点,减少或避免二次搬运,并考虑运输及卸料方便,基础施工用的材料可堆放在基坑四周,但不宜离基坑(槽)太近,以防压塌土壁;② 如用固定式垂直运输设备,则材料、构件场地应尽量靠近垂直运输设备以减少二次运输,或布置在塔吊起重半径之内。

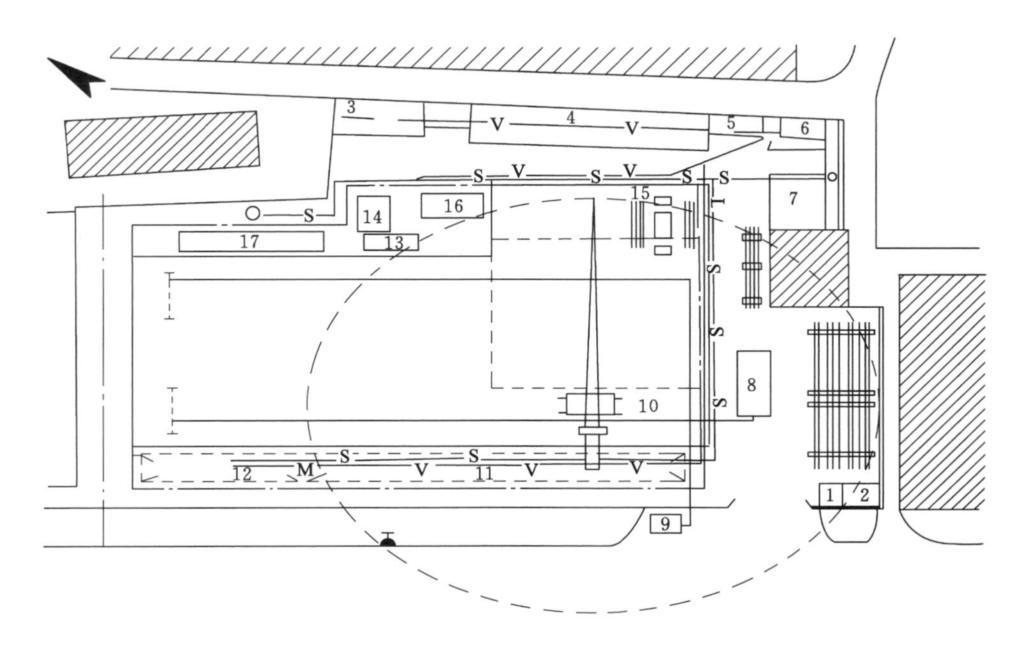

1—门卫；2—五金库；3—办公室；4—宿舍；5—工具房；6—配电间 7—食堂；8—汽车泵；9—地泵；10—塔吊；11—钢筋加工棚；12—木工、模板加工棚；13—箍筋加工；14—钢筋堆放；15—钢筋锥螺纹连接加工；16—施工电梯架堆放；17—安装用绑线堆放。

图 3-10　施工现场平面布置阶段二

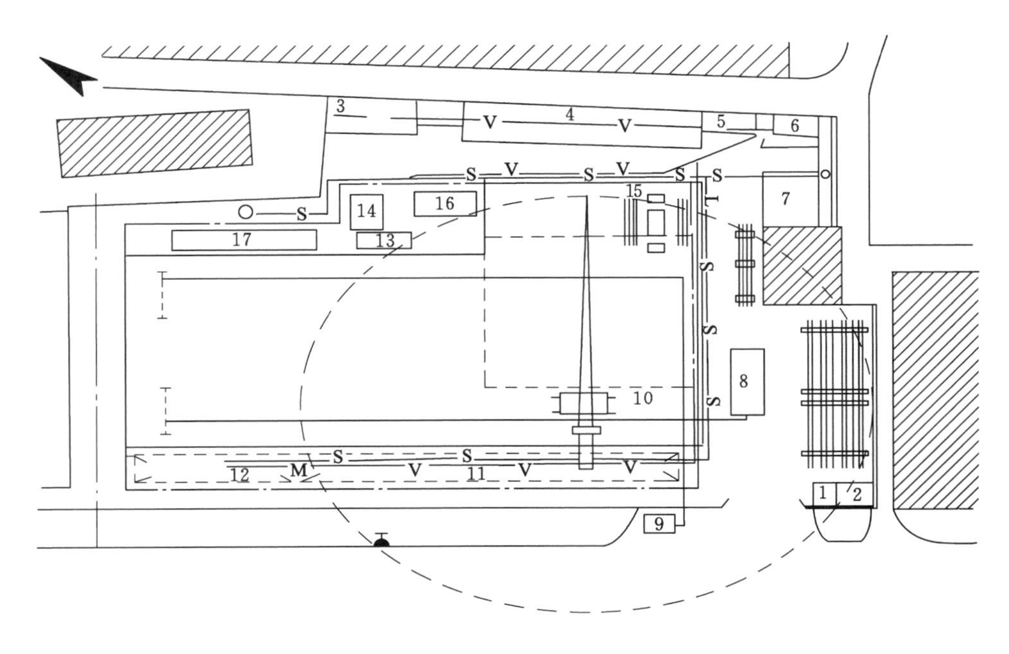

1—门卫；2—五金库；3—办公室；4—宿舍；5—工具房；6—配电间 7—食堂；8—汽车泵；9—地泵；10—塔吊；11—施工电梯；12—砂浆搅拌机；13—砂堆；14—中转堆场；15—厕所；16—泵管；17—钢筋加工；18—木工厂。

图 3-11　施工现场平面布置阶段三

(2) 预制构件。预制构件的堆放位置要考虑吊装顺序。先吊的放在上面,吊装构件进场时间应与吊装密切配合,力求直接卸到就位位置,避免二次搬运。

(3) 石灰、砂石、水泥、沥青等。砂石应尽可能布置在搅拌站后台附近,石子堆场更应靠近搅拌机,并按石子粒径分别设置。袋装水泥,要设专门干燥、防潮的水泥库房;采用散装水泥时,一般设置圆形储罐。

(4) 石灰、淋灰池要接近灰浆搅拌站布置。沥青堆放和熬制地点均应布置在下风向,远离易燃、易爆库房。

(5) 模板、脚手架。模板、脚手架等周转材料,应布置在装卸、取用整理方便和靠近拟建工程的地方。

(6) 钢筋。钢筋应与钢筋加工厂统一考虑布置,并应注意进场、加工和使用的先后顺序。应按型号、直径、用途分类堆放。其堆放及加工布置如图 3-12 所示。

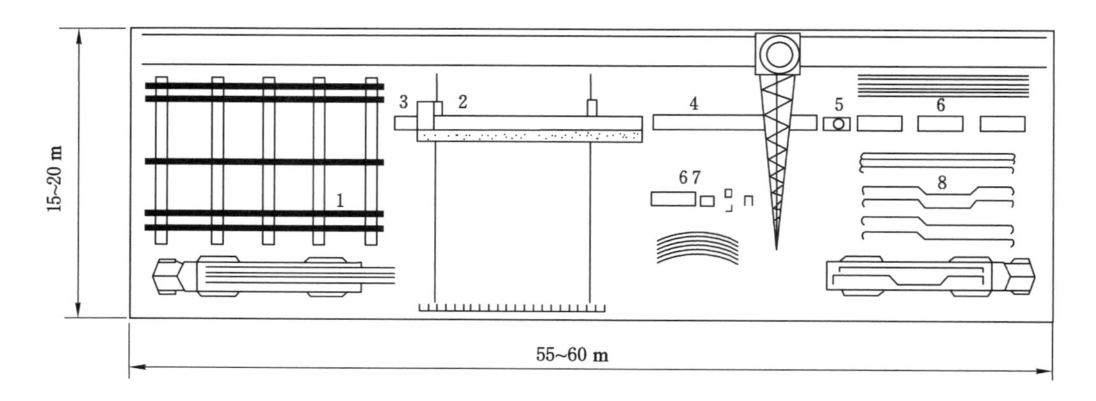

1—钢筋堆放;2—下料台;3—切割机;4—弯曲台;5—弯曲机;6—小型弯曲台;7—箍筋加工;8—成品堆放。

图 3-12 钢筋堆放及加工布置

(二) 材料管理工作

建筑施工现场材料管理工作如下。

1. 施工准备阶段

建筑工程施工现场是建筑材料的消耗场所,现场材料管理是材料使用过程中的管理。施工准备阶段的现场材料管理工作包括:

(1) 了解工程概况,调查现场条件。

① 查设计资料,了解工程基本情况和对材料供应工作的要求。

② 查工程合同,了解工期、材料供应方式、付款方式、供应分工。

③ 查自然条件,了解地形、气候、运输、资源情况。

④ 查施工组织设计,了解施工方案、施工进度、施工平面、材料需求量。

⑤ 查货源情况,了解供应条件。

⑥ 查现场管理制度,了解对材料管理工作的要求。

(2) 计算材料用量,编制材料使用计划。

① 按施工图纸计算材料用量或者查预算资料摘录材料用量。根据需用量、现场条件、货源情况确定申请量、采购量、运输量等。材料需用量包括现场所需各种原材料、结构件、周

转材料、工具用具等的数量。

② 按施工组织设计确定材料使用时间。

③ 按需用量、施工进度、储备要求计算储备量及占地面积。

④ 编制现场材料的各类计划，包括需用计划、供应计划、采购计划、申请计划、运输计划等。

(3) 设计平面规划，布置材料堆放。材料平面布置是施工平面布置的组成部分。材料管理部门应配合施工管理部门积极做好布置工作，满足施工的需要。材料平面布置包括库房和料场面积计算及选择位置两项内容。选择平面位置应遵循以下原则：

① 靠近使用场地，尽量使材料一次就位，避免二次或多次搬运。如果无法避免二次搬运，也要尽量缩短搬运距离。

② 库房(堆场)附近道路畅通，便于进料和出料。

③ 库房(堆场)的地点有足够的面积，能满足储备面积的需要。

④ 库房(堆场)附近有良好的排水系统，能保证材料的安全与完好。

⑤ 按施工进度分阶段布置，先用先进，后用后进。

⑥ 在满足上述原则的前提下尽量节约用地。

2. 施工阶段

进入现场的材料不可能直接用于工程中，必须经过验收、保管、发料等环节才能被施工生产所消耗。现场材料的验收、保管、发料工作和仓库管理的业务类似，但是施工现场的材料杂，堆放地点多数为临时仓库或料场，保管条件差，给材料管理工作带来许多困难。

施工阶段的现场材料管理工作如下：

(1) 进场材料的验收

现场材料管理人员应全面检查验收入场的材料。除了仓库管理入库验收的一般要求外，应特别注意下面几点：

① 材料的代用。现场材料都是将要被工程消耗的材料，其品种、规格、型号、质量、数量必须与现场材料需用计划吻合，不允许有差错。少量的材料因规格不符而要求代用，必须办理技术和经济签证手续，分清责任。

② 材料的计量。现场材料中有许多地方材料，计量时容易出现差错，应事先做好计量准备，约定验量的方法，保证进场材料的数量。比如砂石计量，应事先约好是车上验方还是堆场验方，堆场验方时还应确定堆方方法等。

③ 材料的质量。入场材料的质量，必须严格检查，确认合格后才能验收。因此，要求现场材料管理人员熟悉各种材料质量的检验方法。对于有的材料，必须附质量合格证明才能验收；有的材料虽然有质量合格证明，但是材料过期也不能验收。

(2) 现场材料的保管

现场材料的堆放，由于受场地限制一般较仓库零乱一些，再加上进出料频繁，使保管工作更困难，应重点抓住以下几个问题：

① 材料的规格型号。对于规格易混淆的材料，应分别堆放，严格管理。比如钢筋，应按钢材牌号和规格分开，避免出错。再比如水泥，除了规格外，还应分清生产地、进场时间等。

② 材料的质量。对于受自然环境影响易变质的材料，应特别注意保管，防止变质损坏，如木材应注意支垫、通风等。

③ 材料的散失。由于现场保管条件差，多数材料都是露天堆放的，容易散失，要采取相应的防范措施。比如砂石堆放，应平整好场地，否则因场地不平会损失一些材料。

④ 材料堆放的安全。现场材料中有许多结构件体大量重，不好装卸，容易发生安全事故。因此要选择恰当的搬运和装卸方法，防止事故发生。

(3) 现场材料的发放

现场材料发放工作的重点是限额。现场材料需方多数是施工班组或承包队，限额发料的具体方法视承包组织形式而定。

现场材料的发放主要有以下几种方式：

① 计件班组的限额领料。材料管理人员根据班组完成的实物工程量和材料需用计划确定班组施工所需材料用量，限额发放。班组领料时应填写限额领料单。

② 按承包合同发料。实行内部承包经济责任制，按定包合同核定的预算包干材料用量发料。承包形式有栋号承包、专业工程承包、分项工程承包等。

3. 竣工收尾阶段

现场材料管理随着工程竣工而结束。在工程收尾阶段，材料管理也应进行各项收尾工作，保证工完场清。

(1) 控制进料。工程进入收尾阶段时，应全面清点余料，核实领用数，对照计划需用量计算缺料数据，按缺料数量进货，避免盲目进料而造成现场材料积压。

(2) 退料与利废。

① 退料。工程竣工后的余料，应办理实物退料手续，冲减原领用数量，核算实际耗用量与节约、超耗数量。办理退料手续时，材料管理人员要注意退料的品种和质量，以便再次使用。对于退回的旧、次材料，应按质分等折价后办理手续。

② 利废。修旧利废是增加企业经济效益的有力措施，应作为用料单位的考核指标。现场材料的利废措施很多，应结合实际条件加强管理，建立相应的利废制度。例如，钢筋断头、水泥纸袋等各种包装物、碎砖头等的回收利用。

(3) 现场清理。工程全部竣工后，材料管理部门应全面清理现场，将多余材料整理归类，运出现场以作他用。

清理时尤其要注意周转材料，特别是易丢失的脚手架扣件及钢模板的配件等的收集。现场清理是建筑企业退出施工项目的最后一项工作，必须足够重视。现场清理不仅可以回收大量多余及废旧材料，还可以做到工完场清，交给用户一个整洁的产品和提高企业自身信誉。

四、施工现场合同管理

(一) 合同分析

建筑施工现场合同分析工作内容如下：

合同分析是将合同目标和合同规定落实到具体问题和事件上，用以指导具体工作，使合同符合现场日常工程项目管理工作的要求。承包合同分析主要包括合同总体分析和合同详细分析两个方面。

合同总体分析的主要对象是合同协议书和合同条件等。通过合同总体分析，将合同条款和合同规定落实到一些具有全局性的具体事件上。

合同总体分析的内容一般包括：

(1) 合同的法律基础，即分析合同签订和实施的法律背景。

（2）词语含义。合同词语可以分成两大类：一类主要是要求在协议条款中明确作出约定；另一类主要是要求明确词语的定义和包括的范围，统一双方对这些词语的理解，使双方在签订和履行合同过程中使用这些词语时有所规范。这是正确理解合同的基础。

（3）双方权利和义务。不但要详细分析双方的权利、义务的具体内容，还要分析义务履行标准和双方职责权限的制约，责任的承担、费用的承担和损失的赔偿等。

（4）合同价格。主要分析合同价格所包括的范围、价格的调整条件、价格调整方法和工程款结算方法等。

（5）合同工期。重点分析合同规定的开、竣工日期，主要工程活动的工期，工期的影响因素，工期的奖惩条件，获得工期补偿的条件和可能性等。

（6）质量保证。重点分析质量要求、工程检查和验收、已完工程的保护和保修、质量资料的提供、材料设备的供应等。

（7）合同实施保证。主要分析暂停施工的条件、违约责任的追究、合同纠纷的解决。这既是保证合同得到全面履行的条件，也是承包商制定索赔策略的依据。

合同的实施过程由许多具体的工程活动和合同双方的其他经济活动构成，这些活动都是为了履行合同责任，受到合同的制约，所以称为合同事件。合同事件之间存在着一定的技术经济的、时间上的和空间上的逻辑关系。为了使这些活动有计划和有秩序地按合同实施，必须将合同目标、要求和合同双方的责、权、利关系落实到具体活动上，这个过程就是合同详细分析。它主要是通过合同事件表、网络图、横道图和工程活动的工期表等定义工程活动。所以，合同详细分析应该在工程项目结构分析、施工组织计划、施工方案和工程成本计划的基础上进行。

（二）合同实施的控制

合同实施控制的主要任务包括两个方面：一是将合同实施的情况与合同实施计划进行比较，找出差异，对比较的结果进行分析，分析产生差异的原因，使总体目标得以实现。这个过程可归纳为出现偏差→纠偏→再偏→再纠偏……，称为被动控制。二是预先找出合同实施计划的干扰因素，预先控制中间结果对计划目标的偏离，以保证合同目标的实现，称为主动控制。

1. 合同实施被动控制

（1）监督。即从合同实施的各个活动中收集信息，准确掌握合同实施活动状况。

（2）比较。将收集的信息加以处理并与合同目标联系起来，按合同实施计划进行对比评价。

（3）调整。根据评价结果，决定对合同实施目标、合同实施计划或合同实施活动进行调整。

2. 合同实施主动控制

预先对特定条件下的合同实施干扰因素进行分析，并主动地采取决策措施，以尽可能减少甚至避免计划值与实际值的偏离。这种控制是主动的、积极的，因此称为主动控制。合同实施的干扰因素一般包括以下几个方面：

（1）内部干扰。包括施工组织错误、机械效率低、操作人员不熟悉新技术、经济责任不落实等。

（2）外部干扰。包括图纸出错、设计修改频繁、气候条件、场地狭窄、施工条件（如水、电、道路等）受到影响。

（3）不可预见的事件发生。包括政治事件、工人罢工、自然灾害等。

在实施合同之前和实施过程中应加强对干扰因素的分析，并做出预先性决策，以实现合同实施主动控制。

（三）合同实施保证体系

合同实施保证体系的具体内容如下：

（1）保证体系建立的目的。建立合同实施的保证体系，是为了保证合同实施过程中的日常事务性工作有序进行，使工程项目的全部合同事件处于受控状态，以保证合同目标的实现。

（2）合同交底，分解合同责任，实行目标管理。在总承包合同签订后，具体的执行者是项目部人员。项目部从项目经理、项目班子成员、项目中层到项目各部门管理人员，都应该认真学习合同各条款，对合同进行分析、分解，项目经理、主管经理要向项目各部门负责人进行“合同交底”，对合同的主要内容及存在的风险作出解释和说明。项目各部门负责人要向本部门管理人员进行较详细的合同交底，实行目标管理。

① 对项目管理人员和各工程小组负责人进行合同交底，组织大家学习合同和合同总体分析结果，对合同的主要内容作出解释和说明，使大家熟悉合同中的主要内容、各种规定、管理程序，了解承包商的合同责任、工程范围及各种行为的法律后果等。

② 将各种合同事件的责任分解落实到各工程小组或分包商，使他们对合同事件表（任务单、分包合同）、施工图纸、设备安装图纸、详细的施工说明等有十分详细的了解，并对工程实施的技术的和法律的相关问题进行解释和说明，如工程的质量、技术要求和实施中的注意事项、工期要求、消耗标准、相关事件之间的搭接关系、各工程小组（分包商）责任界限的划分、完不成任务的影响和法律后果等。

③ 在合同实施前与相关方（如业主、监理工程师、承包商）沟通，召开协调会议，落实各种安排。

④ 在合同实施过程中必须进行经常性检查、监督，对合同进行解释。

⑤ 合同责任的完成必须通过其他经济手段来保证。

（3）建立合同管理的工作程序。在工程实施过程中，合同管理的日常事务性工作很多，要协调好各方面关系，使总承包合同的实施工作程序化、规范化，按质量保证体系进行工作。具体来说，应制定如下工作程序：

① 制订定期或不定期的协商会议制度。在工程实施过程中，业主、工程师和各承包商之间，承包商和分包商之间以及承包商的项目管理职能人员和各工程小组负责人之间都应有定期的协商会办。通过会议可以解决以下问题：a. 检查合同实施进度和各个计划落实情况。b. 协调各方工作，对后期工作进行安排。c. 讨论和解决目前已经发生的和以后可能发生的各种问题，并做出相应的决议。d. 讨论合同变更问题，做出合同变更决议，落实变更措施，决定合同变更的工期和费用补偿数量等。

对工程中出现的特殊问题可不定期地召开特别会议讨论解决方法，保证合同实施一直得到很好的协调和控制。

② 建立特殊工作程序。对于一些经常性工作应制定工作程序，使大家有章可循。合同

管理人员也不必进行经常性解释和指导，如图纸批准程序，工程变更程序，分包商的索赔程序，分包商的账单审查程序，材料、设备、隐蔽工程、已完工程的检查验收程序，工程进度付款账单的审查批准程序，工程问题的请示报告程序等。

(4) 建立文档系统。项目上要设专职或兼职的合同管理人员。合同管理人员负责各种合同资料和相关的工程资料的收集、整理和保存。这些工作非常烦琐，需要花费大量的时间和精力。工程的原始资料都是在合同实施过程中产生的，是由业主、分包商及项目的管理人员提供的。

建立文档系统的具体工作应包括以下几个方面：

① 各种数据、资料的标准化，如各种文件、报表、单据等应有规定的格式和数据结构要求。

② 将原始资料收集整理的责任落实到人。资料的收集工作必须落实到工程现场，必须对工程小组负责人和分包商提出具体要求。

③ 各种资料的提供时间。

④ 准确性要求。

⑤ 建立工程资料的文档系统等。

(5) 建立报告和行文制度。总承包商和业主、监理工程师、分包商之间的沟通都应该以书面形式进行，或以书面形式为最终依据，这既是合同的要求，也是经济法律的要求，更是工程管理的需求。这些内容包括：

① 定期的工程实施情况报告，如日报、周报、旬报、月报等。应规定报告内容、格式、报告方式、时间以及负责人。

② 工程实施过程中发生的特殊情况及其处理的书面文件(如特殊的气候条件、工程环境的变化等)，并由监理工程师签署。

③ 工程实施过程中所有涉及双方的工程活动，如材料、设备、各种工程的检查验收，场地、图纸的交接，各种文件(如会议纪要、索赔和反索赔报告、账单)的交接，都应有相应的手续，应有签收证据。

工程实施过程中合同双方的任何协商、意见、请示、指示都应落实在纸上，这样双方的各种工程活动才有依据。

五、施工现场质量管理

(一) 施工现场质量管理内容

施工现场质量管理一般包括施工前的质量管理、施工中的质量管理、施工后的质量管理。

(1) 施工前的质量管理

施工前的质量管理是指施工准备工作的质量控制，其主要内容包括：

① 对影响现场质量的因素(施工队伍、机械、材料、施工方案及质量保证措施等)进行控制。

② 建立施工现场质量保证体系，使现场质量目标得到实现和措施得到落实。

③ 审核开工报告书，准备工作完成后，经检查合格填写开工报告，经批准方可开工。

(2) 施工过程中的质量管理

工序质量的控制，就是对工序活动条件的质量管理和工序活动效果的质量管理，据此进行整个施工过程的质量管理。在进行工序质量管理时要着重以下几个方面的工作：

① 确定工序质量控制工作计划。一方面要求对不同的工序活动制定专门的保证质量的技术措施，做出物料投入和活动顺序的专门规定；另一方面必须规定质量控制工作流程和质量检验制度等。

② 主动控制工序活动条件的质量。工序活动条件主要指影响质量的五大因素，即人、材料、机械设备、工艺和环境。

③ 及时检验工序活动效果的质量。主要是实行班组自检、互检、上下道工序交接检，特别是对隐蔽工程和分项(部)工程的质量检验。

④ 设置工序质量控制点(工序管理点)，实行重点控制。工序质量控制点是针对影响质量的关键部位或薄弱环节确定的重点控制对象。正确设置控制点并严格实施是进行工序质量控制的重点。

(3) 施工结束后的质量管理

施工结束后的质量管理主要包括以下内容：

① 竣工预验收。单位工程完工后，施工单位应组织有关人员进行自检。总监理工程师应组织各专业监理工程师对工程质量进行竣工预验收。存在施工质量问题时，应由施工单位整改。整改完毕，由施工单位向建设单位提交工程竣工报告，申请工程竣工验收。

② 竣工验收。单位工程竣工验收是依据国家有关法律、法规及规范、标准的规定，全面考核建设工作成果，检查工程质量是否符合设计文件和合同约定的各项要求。

单位工程质量验收应由建设单位项目负责人组织监理、施工、设计、勘察等单位项目负责人参加。竣工验收通过后及时办理竣工验收相关签证。

(二) 工序质量控制过程

1. 工序质量控制内容

工序质量控制主要包括对工序施工条件的控制和对工序施工效果的控制，如图 3-13 所示。

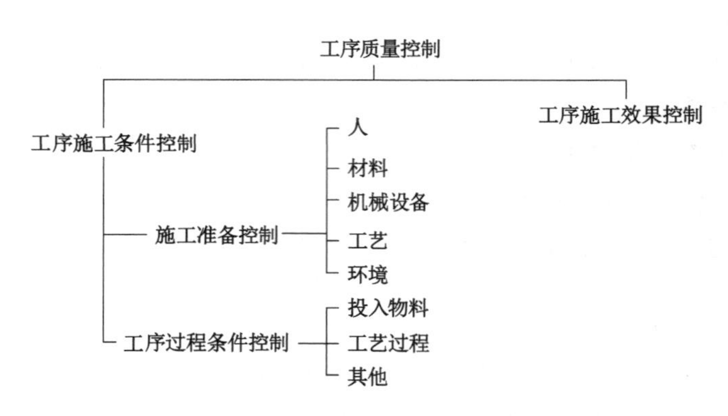

图 3-13　施工工序质量控制内容

2. 工序施工条件的控制

工序施工条件是指从事工序活动的各种生产要素和生产环境条件。

(1) 控制方法：控制方法主要指检查、测试、试验、跟踪监督等方法。

(2) 控制依据：控制依据是设计质量标准、材料质量标准、机械设备技术性能标准、操作规程等。

(3) 控制方式:控制方式是指对工序准备的各种生产要素和环境条件宜采取事前质量控制的模式(即预控)。

(4) 控制内容。① 施工准备方面的控制,即在工序施工前,应对影响工序质量的因素或条件进行监控。控制的内容一般包括:a. 人的因素,如施工操作者和有关人员是否符合上岗要求;b. 材料因素,如材料质量是否符合标准,能否使用;c. 施工机械设备的条件,如其规格、性能、数量能否满足要求,质量有无保障;d. 采用的施工方法及工艺是否合适,产品质量有无保证;e. 施工的环境条件是否良好等。这些因素或条件应当符合规定的要求或保持良好状态。② 施工过程中对工序活动条件的控制。对影响工序产品质量的各因素的控制不仅体现在开工前的施工准备中,还应贯穿于整个施工过程中,包括各工序、各工种的质量保证与强制活动。在施工过程中,工序活动是在经过审查认可的施工准备条件下展开的,要注意各因素或条件的变化,如果发现某种因素或条件向不利于工序质量方面变化,应及时予以控制或纠正。在各种因素中,投入施工的物料,如材料、半成品等,以及施工操作或工艺,是易变化的因素,应予以特别的监督与控制,使它们的质量始终处于控制之中,符合标准及要求。

3. 工序施工效果的控制

工序施工效果的控制如下:

(1) 控制目标。工序施工效果主要反映在工序产品的质量特征和特性指标方面。对工序施工效果控制就是控制工序产品的质量特征和特性指标是否达到设计要求和施工验收标准。

(2) 控制步骤。工序施工效果质量控制一般属于事后质量控制,其控制的基本步骤包括实测、分析、判断、认可或纠正。

① 实测。采用必要的检测手段,对抽取的样品进行检验,测定其质量特性指标(例如混凝土的抗拉强度)。

② 分析。对检测所得数据进行整理、分析并找出规律。

③ 判断。根据数据分析结果,判断该工序产品是否达到了规定的质量标准,如果未达到,应找出原因。

④ 认可或纠正。如果发现质量不符合规定标准,应采取措施纠正,如果质量符合要求则予以认可。

(三) 成品质量保护

建筑成品质量的保护如下:

(1) 基本要求。成品质量保护一般是指在施工过程中某些分项工程已经完成,而其他一些分项工程尚处于施工状态;或者是在其分项工程施工过程中某些部位已完成,而其他部位处于施工状态。在这种情况下,施工单位必须对已完成部分采取妥善措施予以保护,以免因成品缺乏保护或保护不善而造成损伤或污染,影响工程整体质量。

(2) 合理安排施工顺序。合理安排施工顺序,按正确的施工流程组织施工,是进行成品保护的有效途径之一。

① 遵循“先地下后地上”和“先深后浅”的施工顺序,就不会破坏地下管网和道路路面。

② 地下管道与基础工程相配合进行施工,可避免基础完工后再打洞挖槽安装管道,影

响质量和进度。

③ 在房心回填土后再做基础防潮层，则可保护防潮层不致因填土夯实而损伤。

④ 装饰工程施工采取自上而下的顺序，可以使房屋主体工程完成后有一定沉降期；已做好的屋面防水层，可防止雨水渗漏。这些都有利于保证装饰工程质量。

⑤ 先做地面，后做顶棚、墙面抹灰，可以保护下层顶棚、墙面抹灰不致受渗水污染；但是在已做好的地面上施工时，需对地面加以保护。若先做顶棚、墙面抹灰后做地面，要求楼板灌缝密实，以免漏水污染墙面。

⑥ 楼梯间和踏步饰面，宜在整个饰面工程完成后再自上而下进行；门窗扇的安装通常在抹灰后进行；一般先喷油漆，后安装玻璃。这些施工顺序均有利于成品保护。

⑦ 当采用单排外脚手架砌墙时，由于砖墙上面有脚手洞眼，故一般情况下内墙抹灰需待同一层外粉刷完成，脚手架拆除，洞眼填补后才能进行，以免影响内墙抹灰的质量。

⑧ 先喷浆后安装灯具，可避免安装灯具后又修理浆活，从而污染灯具。

⑨ 当铺贴连续多跨的卷材防水面时，应按先高跨、后低跨，先远（离交通进出口）后近，先天窗油漆、玻璃，后铺贴卷材屋面的顺序进行。这样可避免在铺好的卷材屋面上行走和堆放材料、工具等，有利于保护屋面的质量。

（3）成品的保护措施。根据建筑产品特点，可以分别对成品采取防护、包裹、覆盖、封闭等保护措施，以及合理安排施工顺序以达到保护成品的目的。

① 防护——针对被保护对象的特点采取各种防护措施。例如，对于清水楼梯踏步，可以采用护棱角铁上下连接固定；对于进出口台阶，可采用垫砖或方木搭脚手板供人通过的方法来保护台阶；对于门口易碰部位，可以钉上防护条或槽型盖铁保护；门扇安装后可加楔固定等。

② 包裹——将被保护物包裹起来，以防损伤或污染。例如，对镶面大理石柱可用立板包裹捆扎保护；铝合金门窗可用塑料布包扎保护等。

③ 覆盖——用表面覆盖的方法防止堵塞或损伤。例如，对地漏、落水口、排水管等安装后可加以覆盖，以防止异物落入而堵塞；预制水磨石或大理石楼梯可用木板覆盖加以保护；地面可用锯末、苫布等覆盖以防止喷浆等污染；其他需要防晒、防冻、保温养护等项目也应采取适当的防护措施。

④ 封闭——采取局部封闭的方法进行保护。例如，垃圾道完成后，可将其进口封闭，以防止建筑垃圾堵塞通道；房间水泥地面或地面砖完成后，可将该房间局部封闭，防止人们随意进入而损害地面；房内装修完成后，应加锁封闭，防止人们随意进入而受到损害等。

总之，在建筑工程施工过程中，必须充分重视成品的保护工作。

六、施工现场安全管理

（一）施工项目安全检查与验收

施工项目安全检查与验收应以《建筑施工安全检查标准》(JGJ 59—2019)为准。

（二）施工项目安全检查要求

1. 安全检查的内容

安全检查的内容主要包括查思想、查制度、查机械设备、查安全设施、查安全教育培训、查操作行为、查劳保用品使用、查伤亡事故的处理等。

2. 安全检查的形式

(1) 项目每周或每旬由主要负责人带队组织定期的安全大检查。

(2) 施工班组每天上班前由班组长和安全值日人员组织的班前安全检查。

(3) 季节更换前由安全生产管理人员、安全专职人员、安全值日人员等组织的季节劳动保护安全检查。

(4) 由安全管理小组、职能部门人员、专职安全员和专业技术人员组成联合检查组对电气、机械设备、脚手架、登高设施等专项设施设备、高处作业、用电安全、消防保卫等进行的专项安全检查。

(5) 由安全管理小组成员、安全专职人员和安全值日人员进行日常的安全检查。

(6) 对塔式起重机等起重设备、井架、龙门架、脚手架、电气设备、吊篮、现浇混凝土模板及支撑等设施设备在安装搭设完成后进行安全验收检查。

3. 安全检查的要求

(1) 各种安全检查都应根据检查要求配备足够的资源。特别是大范围、全面性的安全检查,应明确检查负责人,选调专业人员,并明确分工、检查内容、标准等。

(2) 每种安全检查都应有明确的目的、项目、内容及标准。特殊过程、关键部位应重点检查。检查时应尽量采用检测工具,用数据说话。检查现场管理人员和操作人员是否有违章指挥和违章作业的行为,还应对其应知应会知识进行抽查,以便了解管理员和操作工人的安全素质。

(3) 记录是安全评价的依据,要做到认真详细,真实可靠,特别是对隐患的检查记录要具体,如隐患的部位、危险程度及处理意见等。采用安全检查评分表的,应记录每项扣分的原因。

(4) 全部检查记录要用定性或定量的方法,认真进行系统分析与安全评价。哪些检查项目已达标,哪些项目没有达标,哪些方面需要改进,哪些问题需要整改,受检单位应根据安全检查评价及时制定改进的对策和措施。

4. 安全检查的方法

(1) 看:主要查看管理记录,持证上岗,现场标识,交接验收资料,“三宝”使用情况,洞口、临边防护情况,设备防护装置等。

(2) 量:主要用尺实测实量。

(3) 测:用仪器、仪表实地进行测量。

(4) 现场操作:由司机对各种限位装置进行实际动作,检验其灵敏程度。

5. 注意事项

(1) 检查要深入基层,依靠职工,坚持领导与群众相结合的原则,组织好检查工作。

(2) 建立检查的组织领导机构,配备适当的检查力量,挑选具有较高技术业务水平的专业人员参与。

(3) 做好检查的各项准备工作,包括思想、业务知识、法规政策、检查设备、奖金。

(4) 明确检查的目的和要求。

(5) 将自查与互查有机结合起来。

(6) 坚持查改结合。

(7) 建立检查档案。

(8) 制订安全检查表时,应根据用途和目的具体确定安全检查表的种类。

(三) 施工安全验收

施工安全验收包括验收制度、验收程序与安全隐患处理。

1. 验收制度

施工安全验收坚持“验收合格才能使用”的原则。

验收范围:① 各类脚手架、井字架、龙门架、料架。② 临时设施及沟槽支撑与支护。③ 支搭好的水平安全网和立网。④ 临时电气工程设施。⑤ 各种起重机械、路基轨道、施工电梯及中小型机械设备。⑥ 安全帽、安全带和护目镜、防护面罩、绝缘手套、绝缘鞋等个人防护用品。

2. 验收程序

(1) 脚手架杆件、扣件、安全网、安全帽、安全带以及其他个人防护用品,应有出厂证明或验收合格的凭据,由项目经理、技术负责人、施工队长共同审验。

(2) 各类脚手架、堆料架、井字架、龙门架和支搭的安全网、立网由项目经理或技术负责人申报支搭方案并牵头,会同工程和安全主管部门进行检查验收。

(3) 临时电气工程设施,由安全主管部门牵头,会同电气工程师、项目经理、方案制订人员、安全员进行检查验收。

(4) 起重机械、施工用电梯由安装单位和使用工地的负责人牵头,会同有关部门检查验收。

(5) 工地使用的中小型机械设备,由工地技术负责人和工长牵头,进行检查验收。

(6) 所有验收,必须办理书面确认手续,否则无效。

3. 安全隐患处理

(1) 检查中发现的隐患应进行登记,不但作为整改的备查依据,而且提供安全动态分析的重要信息渠道。如多数单位安全检查都发现同类型隐患,说明是“通病”;若某单位在安全检查中重复出现隐患,说明整改不彻底,形成“顽症”。根据检查隐患记录分析,制定指导安全管理的预防措施。

(2) 安全检查中查出的隐患,还应发出隐患整改通知单。对存在即发性事故危险的隐患,检查人员应责令停工,被查单位必须立即整改。

(3) 对于违章指挥、违章作业行为,检查人员可以当场指出,立即纠正。

(4) 被检查单位的领导,对查出的隐患应立即研究制定整改方案,按照三定(定人、定期限、定措施),限期完成整改。

(5) 整改完成后及时通知有关部门派人进行复查验证,经复查整改合格后即可销案。

七、施工现场文明施工

(一) 现场文明施工基本要求

施工工地文明施工水平是企业各项工作管理水平的综合体现,其基本要求如下。

1. 对现场场容管理方面的要求

(1) 工地主要入口要设置简朴、规整的大门,门旁必须设立明显的标牌,标明工程名称、施工单位和工程负责人姓名等内容。

(2) 建立文明施工责任制,划分区域,明确负责人,实行挂牌制,做到现场清洁整齐。

(3) 施工现场场地平整,道路坚实畅通,有排水措施,基础、地下管道施工完成后要及时回填平整,清除积土。

(4) 现场施工临时水电要有专人管理,不得有长流水、长明灯。

(5) 施工现场的临时设施,包括生产、办公、生活用房,仓库,料场,临时上下水管道以及照明、动力线路,要严格按照施工组织设计确定的施工平面图布置、搭设或埋设整齐。

(6) 工人操作地点和周围必须清洁、整齐,做到活完脚下清,丢洒在楼梯、楼板上的砂浆、混凝土要及时清除,落地灰回收过筛后使用。

(7) 在搅拌、运输、使用砂浆和混凝土过程中,要做到不洒、不漏、不剩,使用地点放砂浆、混凝土时必须有容器或垫板,如有洒、漏,要及时清理。

(8) 要有严格的成品保护措施,严禁损坏、污染成品,堵塞管道。高层建筑要设置临时便桶,严禁在建筑物内大小便。

(9) 建筑物内清除的垃圾渣土,要通过临时搭设的竖井、利用电梯井或采取其他措施稳妥下卸,严禁从门口向外抛掷。

(10) 施工现场不准乱堆垃圾及余物。应在适当地点设置临时堆放点,并定期外运。清运渣土垃圾及流体物品,要采取盖防措施,运送途中不得遗撒。

(11) 根据工程性质和所在地区的不同情况,采取必要的围护和遮挡措施,并保持外观整洁。

(12) 针对施工现场情况设置宣传标语和黑板报,并适时更换内容,切实起到表扬先进、促进后进的作用。

(13) 施工现场严禁居住家属,严禁居民、家属、小孩在施工现场穿行、玩耍。

2. 对现场机械管理方面的要求

(1) 现场使用的机械设备,要按平面布置规划固定点存放,遵守机械安全规程,经常保持机身和周围环境的清洁,机械的标记、编号明显,安全装置可靠。

(2) 清洗机械排出的污水要有排放措施,不得随地流淌。

(3) 在用的搅拌机、砂浆机旁必须设有沉淀池,不得将浆水直接排放下水道和河流等处。

(4) 塔吊轨道按规定铺设整齐稳固,塔边要封闭,道砟不外溢,路基内外排水畅通。

总之,要从安全防护、机械安全、用电安全、保卫消防、现场管理、料具管理、环境保护、环境卫生八个方面进行定期检查。每个方面的检查都有现场状况、管理资料和职工应知三个方面的内容。

3. 施工现场安全色管理

(1) 安全色

安全色是表达信息含义的颜色,用来表示禁止、警告、指令、指示等,其作用是使人们能迅速发现或分辨安全标志,提醒人们注意,预防事故发生。

① 红色:表示禁止、停止、消防和危险的意思。

② 蓝色:表示指令,必须遵守的规定。

③ 黄色:表示通行、安全和提供信息的意思。

(2) 安全标志

安全标志是指在操作人员容易产生错误,有造成事故危险的场所,为了确保安全所采取的一种标志。此标示由安全色、几何图形符号构成,是用以表达特定安全信息的特殊标志,设置安全标志的目的是为了引起人们对不安全因素的注意，预防事故发生。

① 禁止标志：是不准或制止人们的某种行为（图形为黑色，禁止符号与文字底色为红色）。

② 警告标志：是使人们注意可能发生的危险（图形警告符号及字体为黑色，图形底色为黄色）。

③ 指令标志：是告诉人们必须遵守的意思（图形为白色，指令标志底色均为蓝色）。

④ 提示标志：是向人们提示目标的方向，用于消防提示（消防提示标志的底色为红色，文字、图形为白色）。

（二）文明施工的组织与管理

1. 组织和制度管理

（1）施工现场应成立以项目经理为第一责任人的文明施工管理组织。分包单位应服从总包单位的文明施工管理组织的统一管理，并接受监督检查。

（2）各项施工现场管理制度应有文明施工的规定。包括个人岗位责任制、经济责任制、安全检查制度、持证上岗制度、奖惩制度、竞赛制度和各项专业管理制度等。

（3）加强和落实现场文明检查、考核及奖惩管理，以促进施工文明管理工作提升。检查范围和内容应全面周到，包括生产区、生活区、场容场貌、环境文明及制度落实等内容。检查发现问题时应采取整改措施。

2. 建立收集文明施工的资料及其保存措施

（1）上级关于文明施工的标准、规定、法律、法规等资料。

（2）施工组织设计（方案）中对文明施工的管理规定，各阶段施工现场文明施工措施。

（3）文明施工自检资料。

（4）文明施工教育、培训、考核计划资料。

（5）文明施工活动各项记录资料。

3. 加强文明施工的宣传和教育

（1）在坚持岗位练兵基础上，要采取派出去、请进来、短期培训、上技术课、登黑板报、广播、看录像、看电视等方法狠抓教育工作。

（2）特别注意对临时工的岗前教育。

（3）专业管理人员应熟练掌握文明施工的规定。

（三）施工现场特殊情况的处理

1. 征用临时道路、架设临时电网及施工必需的封路、停水、停电

（1）建设工程施工应在批准的施工场地内组织进行。需要临时征用施工场地或者临时占用道路的，应依法办理有关批准手续。

（2）建设工程施工中需要架设临时电网、移动电缆等，施工单位应向有关主管部门提出申请，经批准后在有关专业技术人员指导下进行。

（3）施工中需要停水、停电、封路而影响到施工现场周围的单位和居民时，必须经有关主管部门批准，并事先通告受影响的单位和居民。

2. 爆破作业

建设工程施工中需要进行爆破作业的，必须经上级主管部门审查同意，并持说明使用爆破器材的地点、品名、数量、用途、四邻距离的文件和安全操作规程，向所在地县、市公安局申

请《爆破物品使用许可证》方可使用。爆破作业时必须遵守爆破安全规程。

3. 发现文物、古化石等特殊物品

施工单位在进行地下或者基础工程施工中发现文物、古化石、爆炸物、电缆等时，应当暂停施工，保护好现场，并及时向有关部门报告，在按照有关规定处理后方可继续施工。

(四) 安全事故的处理与调查

1. 常见职工伤亡事故类型

建筑工程施工中，常见职工伤亡事故种类有：高处坠落、物体打击、触电、机械伤害、坍塌事故等。

2. 事故处理程序

伤亡事故处理的程序一般为：(1) 迅速抢救伤员并保护好事故现场。(2) 组织调查组。(3) 现场勘察。(4) 分析事故原因，明确责任者。(5) 制定预防措施。(6) 提出处理意见，写调查报告。(7) 事故的审定和结案。(8) 员工伤亡事故登记记录。

3. 事故处理结案

事故处理结案后需保存的资料有：(1) 职工伤亡事故登记表。(2) 职工伤亡、重伤事故调查报告及批复。(3) 现场调查记录、图纸、照片。(4) 技术鉴定和试验报告。(5) 物证、人证材料。(6) 直接和间接经济损失材料。(7) 事故责任者自述材料。(8) 医疗部门对伤亡人员的诊断书。(9) 发生事故时工艺条件、操作情况和设计资料。(10) 有关事故的通报、简报及文件。(11) 注明参加调查组的人员名单、职务、单位。

4. 工程重大事故的分级

工程重大事故分级见表 3-12。

表 3-12　工程重大事故分级

类别	内容及说明(具备条件之一)		
	死亡人数/人	重伤人数/人	直接经济损失/万元
一级	≥30		≥300
二级	≥10,<29		≥100,<300
三级	≥3,<9	≥20	≥30,<100
四级	≤2	≥3,<19	≥10,<30

5. 工程重大事故报告

(1) 事故报告程序

① 重大事故发生后，事故发生单位必须以最快方式，将事故的简要情况向上级主管部门和事故发生地的市、县级建设行政主管部门及检察、劳动(如有人身伤亡)部门报告；事故发生单位属于国务院部委的，应同时向国务院有关主管部门报告。

② 事故发生地的市、县级建设行政主管部门接到报告后，应当立即向人民政府和省、自治区、直辖市建设行政主管部门报告；省、自治区、直辖市建设行政主管部门接到报告后，应当立即向人民政府、住房和城乡建设部报告。

(2) 书面报告内容

重大事故发生后，事故发生单位应当在 24 h 内写出书面报告，书面报告包括以下内容：

① 事故发生的时间、地点、工程项目、企业名称。② 事故发生的简要经过、伤亡人数和直接经济损失的初步估计。③ 事故发生原因的初步判断。④ 事故发生后采取的措施及事故控制情况。⑤ 事故报告单位。

6. 重大事故调查

(1) 事故调查要求

① 重大事故的调查由事故发生地的市、县级以上建设行政主管部门或国务院有关主管部门组织成立调查组负责进行。

② 一、二级重大事故由省、自治区、直辖市建设行政主管部门提出调查组组成意见，报请人民政府批准；三、四级重大事故由事故发生地的市、县级建设行政主管部门提出调查组组成意见，报请人民政府批准。

事故发生单位属于国务院部委的，由国务院有关主管部门或其授权部门会同当地建设行政主管部门提出调查组组成意见。

(2) 调查组人员组成与工作要求

① 调查组由建设行政主管部门、事故发生单位的主管部门和劳动等有关部门的人员组成，并应该邀请人民检察机关和工会派人参加。必要时，调查组可以聘请有关方面的专家协助进行技术鉴定、事故分析和财产损失的评估工作。

② 重大事故调查组的职责：a. 组织技术鉴定；b. 查明事故发生的原因、过程、人员伤亡及财产损失情况；c. 查明事故的性质、责任单位和主要责任者；d. 提出事故处理意见及防止类似事故再次发生所应采取措施的建议；e. 提出对事故责任者的处理建议；f. 写出事故调查报告。

③ 调查组有权向事故发生单位、各有关单位和个人了解事故的有关情况，索取有关资料，任何单位和个人不得拒绝和隐瞒。

④ 任何单位和个人不得以任何方式阻碍、干扰调查组的正常工作。

⑤ 调查组应在调查工作结束后 10 d 内将调查报告报送批准组成调查组的人民政府和建设行政主管部门以及调查组其他成员部门。经组织调查的部门同意，调查工作即告结束。

⑥ 事故处理完毕，事故发生单位应尽快写出详细的事故处理报告，按程序逐级上报。

第四章　质量员应具备的基本知识

质量是一组固有特性满足要求的程度。建筑工程质量是反映建筑工程满足相关标准、规定或合同约定的要求，包括其在安全性能、使用功能、耐久性能、环境保护等方面所有明显和隐含能力的特性总和。建筑工程作为特殊产品，不但要满足一般产品共有的质量特性，而且具有其特殊的含义：

(1) 安全性——这是建筑工程质量最重要的特性，主要是指建筑工程建成后，在使用过程中要保证结构安全，保证人身和财产安全。其中包括建筑工程组成部分及各附属设施都要保证使用者的安全。

(2) 适用性——即功能性，这也是建筑工程质量的重要特性，是指建筑工程满足使用要求的各种性能。如住宅要具有满足人们居住生活的功能，商场要具有满足人们购物的功能，剧场要满足人们视听观感的功能，厂房要具有满足人们生产活动的功能，道路、桥梁、铁路、航道要具有满足相应的通达便捷的功能。

(3) 耐久性——即寿命，是指建筑工程在规定条件下满足规定功能要求的使用年限，也就是工程竣工后的设计使用年限。由于各类建筑工程的使用功能不同，因此国家对不同的建筑工程的耐久性有不同的要求。如《建筑结构可靠性设计统一标准》(GB 50068—2018)规定建筑结构设计使用年限分为四级(5 年、25 年、50 年、100 年)，铁路工程结构设计使用年限应分为 100 年、60 年和 30 年三个等级。

(4) 可靠性——是指建筑工程在规定的时间和条件下具备规定功能的能力。即建筑工程不但在交工验收时要达到规定的指标，而且在一定使用时期内要保持应有的正常功能。

(5) 经济性——是指工程从规划、勘测、设计、施工到整个产品使用寿命周期内的成本和消耗的费用。其具体表现为设计成本、施工成本、使用成本三者之和，包括从征地、拆迁、勘察、设计、采购(材料、设备)、施工、配套设施等建设全过程的总投资和工程使用阶段的能耗、水耗、维护、保养乃至改建更新的使用维修费用。通过分析比较，判断工程是否符合经济性要求。

(6) 环保性——是指工程是否满足其周围环境的生态环保要求，是否与所在地区经济环境相协调，以及与周围已建工程相协调，是否满足可持续发展的要求。

上述建筑工程质量特性彼此相互联系、相互依存，是建筑工程必须要达到的质量要求，缺一不可，只是根据不同的工程用途选择不同的侧重方面而已。

第一节　质量员的职责和要求

质量员是指在建筑工程施工现场从事施工质量策划、过程控制、检查、监督、验收等工作的专业技术人员。

质量员的主要职责是质量计划准备、材料质量控制、工序质量控制、质量问题处理和质量资料管理。其具体工作职责和专业技能要求见表4-1,应具备的专业知识见表4-2。

表4-1　质量员的工作职责和专业技能

分类	主要工作职责	专业技能
质量计划准备	1. 参与施工质量策划。 2. 参与制定质量管理制度	能够参与编制施工项目质量计划
材料质量控制	1. 参与材料、设备的采购。 2. 负责核查进场材料、设备的质量保证资料,监督进场材料的抽样复验。 3. 负责监督、跟踪施工试验,负责计量器具的符合性审查	1. 能够评价材料、设备质量。 2. 能够判断施工试验结果
工序质量控制	1. 参与施工图会审和施工方案审查。 2. 参与制定工序质量控制措施。 3. 负责工序质量检查和关键工序、特殊工序的旁站检查,参与交接检验、隐蔽验收、技术复核。 4. 负责检验批和分项工程的质量验收、评定,参与分部工程和单位工程的质量验收、评定	1. 能够识读施工图。 2. 能够确定施工质量控制点。 3. 能够参与编写质量控制措施等质量控制文件,并实施质量交底。 4. 能够进行工程质量检查、验收、评定
质量问题处置	1. 参与制定质量通病预防和纠正措施。 2. 负责监督质量缺陷的处理。 3. 参与质量事故的调查、分析和处理	1. 能够识别质量缺陷,并进行分析和处理。 2. 能够参与调查、分析质量事故,提出处理意见
质量资料管理	1. 负责质量检查的记录,编制质量资料。 2. 负责汇总、整理、移交质量资料	能够编制、收集、整理质量资料

表4-2　质量员应具备的专业知识

分类	专业知识
通用知识	1. 熟悉国家工程建设相关法律法规。 2. 熟悉工程材料的基本知识。 3. 掌握施工图识读、绘制的基本知识。 4. 熟悉工程施工工艺和方法。 5. 熟悉工程项目管理的基本知识
基础知识	1. 熟悉相关专业力学知识。 2. 熟悉建筑构造、建筑结构和建筑设备的基本知识。 3. 熟悉施工测量的基本知识。 4. 掌握抽样统计分析的基本知识
岗位知识	1. 熟悉与本岗位相关的标准和管理规定。 2. 掌握工程质量管理的基本知识。 3. 掌握施工质量计划的内容和编制方法。 4. 熟悉工程质量控制的方法。 5. 了解施工试验的内容、方法和判定标准。 6. 掌握工程质量问题的分析、预防和处理方法

下面对质量员的部分工作职责进行解释。

（1）施工质量策划是质量管理的一部分，是指制定质量目标并规定必要的运行过程和相关资源的活动。质量策划由项目经理主持，质量员参与。

（2）材料和设备的采购由材料员负责。质量员参与采购，主要是参与材料和设备的质量控制，以及材料供应商的考核。这里的材料指工程材料，不包括周转材料；设备指建筑设备，不包括施工机械。

（3）进场材料的抽样复验由材料员负责，质量员监督实施。进场材料和设备的质量保证资料包括：① 产品清单（规格、产地、型号等）；② 产品合格证、质量保证书、准用证等；③ 检验报告、复检报告；④ 生产厂家的资信证明；⑤ 国家和地方规定的其他质量保证资料。

（4）施工试验由施工员负责，质量员进行监督、跟踪。施工试验包括：① 砂浆、混凝土的配合比，试块的强度、抗渗、抗冻试验；② 钢筋（材）的强度试验、疲劳试验、焊接（机械连接）接头试验、焊缝强度检验等；③ 土工试验；④ 桩基检测试验；⑤ 结构、设备系统的功能性试验；⑥ 国家和地方规定需要进行试验的其他项目。

（5）计量器具符合性审查主要包括：计量器具是否按照规定进行送检、标定；检测单位的资质是否符合要求；受检器具是否进行有效标识等。

（6）工序质量是指每道工序完成后的工程产品质量。工序质量控制措施由项目技术负责人主持制定，质量员参与。

（7）关键工序是指施工过程中对工程主要使用功能、安全状况有重要影响的工序。特殊工序是指施工过程中对工程主要使用功能不能由后续的检测手段和评价方法加以验证的工序。

（8）质量员工作职责中所提到的质量问题是质量通病、质量缺陷和质量事故的统称。质量通病是建筑与市政工程中经常发生的、普遍存在的一些工程质量问题；质量缺陷是施工过程中出现的较轻微的、可以修复的质量问题；质量事故则是造成较大经济损失甚至一定人员伤亡的质量问题。

质量通病预防和纠正措施由项目技术负责人主持制定，质量员参与；质量缺陷的处理由施工员负责，质量员进行监督、跟踪；对于质量事故，应根据损失严重程度，由相应级别住房和城乡建设行政主管部门牵头调查处理，质量员应按要求参与。

（9）质量员在资料管理中的职责是：① 进行或组织进行质量检查的记录；② 负责编制或组织编制与本岗位相关的技术资料；③ 汇总、整理本岗位相关技术资料，并向资料员移交。

（10）质量计划是针对特定的产品、项目或合同规定专门的质量措施、资源和活动顺序的文件。质量计划通常是质量策划的一个成果。

要求质量员能够根据质量保证资料和进场复验资料，对材料和设备质量进行评价；能够根据施工试验资料，判断相关指标是否符合设计和有关技术标准的要求。

（11）检验批、分项分部工程和单位工程的划分见《建筑工程施工质量验收统一标准》（GB 50300—2013）。

第二节　工程质量抽样统计分析

质量检验又称为技术检验，是指采用一定检验测试手段和检查方法测定产品的质量特性，并将测定结果同规定的质量标准进行比较，从而对产品或一批产品作出合格或不合格判断的质量管理方法。质量检验按检验的数量划分为全数检验和抽样检验。全数检验能提供产品完整的检验数据和较为充分、可靠的质量信息。但缺点是检验的工作量相对较大，检验的周期长，需要配置的资源数量较多（人力、物力、财力），检验涉及的费用也较高，增加质量成本，可能导致较大的错检率和漏检率，因此工程质量检验常采用抽样检验。下面仅介绍抽样检验。

抽样检验方案的分类如图 4-1 所示。

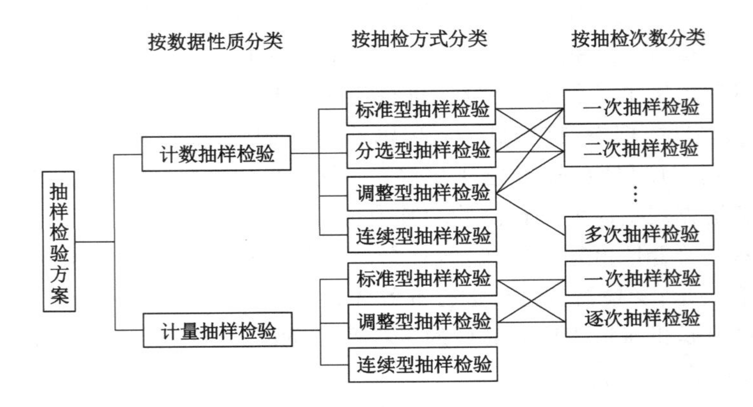

图 4-1　抽样检验方案的类型

抽样检验方案：抽样检验方案是根据检验项目特性所确定的抽样数量、接受标准和方法。例如在简单的计数值抽样检验方案中，主要是确定样本容量 n 和合格判定数，即允许不合格品件数 c，记为方案（n，c）。

计数检验：通过确定抽样样本中不合格的个体数量，对样本总体质量做出判定的检验方法。

计量检验：以抽样样本的检测数据计算总体均值、特征值或推定值，并以此判断或评估总体质量的检验方法。

《建筑工程施工质量验收统一标准》（GB 50300—2013）对于抽样有如下规定：检验批抽样样本应随机抽取，满足分布均匀和具有代表性的要求，抽样数量应符合有关专业验收规范的规定。当采用计数抽样时，最小抽样数量应符合表 4-3 的要求。

表 4-3　检验批最小抽样数量　　单位：个

检验批的容量	2～15	16～25	26～90	91～150	151～280	281～500	501～1 200	1 201～3 200
最小抽样数量	2	3	5	8	13	20	32	50

明显不合格的个体可不纳入检验批，但应进行处理，使其满足有关专业验收规范的规定，对处理的情况应予以记录并重新验收。

实际抽样检验方案中也都存在以合格质量水平 P 的概率 α 为拒收概率将合格批判为不合格，以及以不合格质量水平 P_1 的概率 β 为接收概率将不合格批判为合格两类判断错误，前者称为错判概率 α，后者称为漏判概率 β。对于计量抽样，α 和 β 可按下列规定采取：

① 主控项目：对应于合格质量水平的 α 和 β 均不宜超过 5%；

② 一般项目：对应于合格质量水平的 α 不宜超过 5%，β 不宜超过 10%。

对于计数抽样的一般项目，正常检验一次抽样可按表 4-4 判定，正常检验二次抽样可按表 4-5 判定。抽样方案应在抽样前确定。

表 4-4　一般项目正常检验一次抽样判定　　单位：个

样本容量	5	8	13	20	32	50	80	125
合格判定数	1	2	3	5	7	10	14	21
不合格判定数	2	3	4	6	8	11	15	22

表 4-5　一般项目正常检验二次抽样判定　　单位：个

抽样	样本容量	合格判定数	不合格判定数	抽样	样本容量	合格判定数	不合格判定数
第 1 次	3	0	2	第 1 次	20	3	6
第 1 次+第 2 次	6	1	2	第 1 次+第 2 次	40	9	10
第 1 次	5	0	3	第 1 次	32	5	9
第 1 次+第 2 次	10	3	4	第 1 次+第 2 次	64	12	13
第 1 次	8	1	3	第 1 次	50	7	11
第 1 次+第 2 次	16	4	5	第 1 次+第 2 次	100	18	19
第 1 次	13	2	5	第 1 次	80	11	16
第 1 次+第 2 次	26	6	7	第 1 次+第 2 次	160	26	27

样本容量在表 4-4 或表 4-5 给出的数值之间时，合格判定数可通过插值并四舍五入取整数确定。

第三节　建筑工程质量管理和控制

一、质量管理基本知识

（一）影响因素

影响建筑工程质量的因素有很多，但归纳起来主要为人员素质、工程材料、机械设备、方法和环境条件五个方面。

1. 人员素质

人是生产经营活动的主体，也是工程项目建设的决策者、管理者、操作者。工程建设的全过程，如项目的规划、决策、勘察、设计和施工，都是由人来完成的。人员素质，即人的文化水平、技术水平、决策能力、管理能力、组织能力、作业能力、控制能力、身体素质及职业道德等，都将直接或间接地对规划、决策、勘察、设计和施工的质量产生影响，而规划是否合理，决策是否正确，设计是否符合所需要的质量功能，施工能否满足合同、规范、技术标准的要求等，都将对工程质量产生不同程度的影响，所以人员素质是一个影响工程质量的重要因素。

因此，建筑行业实行经营资质管理和各类专业从业人员持证上岗制度是保证人员素质的重要管理措施。

2. 工程材料

工程材料是指构成工程实体的各类建筑材料、构配件、半成品等，是工程建设的物质条件，是工程质量的基础。工程材料选用是否合理、产品是否合格、材质是否经过检验、保管使用是否得当等，都将直接影响建设工程结构的强度和刚度、外表及观感、使用功能、使用安全性。

3. 机械设备

机械设备可分为两类：(1) 组成工程实体及配套的工艺设备和各类机具，如电梯、泵机、通风设备等，它们构成了建筑设备安装工程或工业设备安装工程，形成完整的使用功能。(2) 施工过程中使用的各类机具设备，包括大型垂直与横向运输设备、各类操作工具、各种施工安全设施、各类测量仪器和计量器具等，简称施工机具设备，是施工生产的手段。

机具设备对工程质量也有重要的影响。工程用机具设备的质量优劣直接影响工程使用功能质量。施工机具设备的类型是否符合工程施工特点、性能是否先进稳定、操作是否方便安全等，都将影响工程项目的质量。

4. 方法

方法是指施工方案、施工工艺和操作方法。在工程施工过程中，施工方案是否合理、施工工艺是否先进、施工操作是否正确，都将对工程质量产生重大的影响。大力推进采用新技术、新工艺、新方法，不断提高工艺技术水平，是保证工程质量稳定提高的重要因素。

5. 环境条件

环境条件是指对工程质量起重要作用的环境因素，包括：(1) 工程技术环境，如工程地质、水文、气象等；(2) 工程作业环境，如施工环境作业面大小、防护设施、通风照明和通信条件等；(3) 工程管理环境，主要指工程实施的合同结构与管理关系的确定；(4) 组织体制及管理制度等周边环境，如工程邻近的地下管线、建(构)筑物等。环境条件往往对工程质量产生特定的影响。加强环境管理，改善作业条件，把握好技术环境，辅以必要的措施，是控制环境对质量影响的重要保证。

(二) 质量管理

质量管理是指确定质量方针、目标和职责并在质量体系中通过诸如质量策划、质量控制、质量保证和质量改进使其实施的全部管理职能的所有活动。质量管理是为了使产品和服务质量能满足不断更新的质量要求而开展的策划、组织、计划、实施、检查、监督审核、改进等所有管理活动的总和。质量管理应由企业的最高管理者负责和推动，同时要求企业全体人员参与并承担义务。只有每一位员工都参加有关的质量活动并承担义务，才能实现所期望的质量目标。质量管理包括质量策划、质量控制、质量保证、质量改进等活动。在质量管理活动中要考虑经济性，有效的质量管理活动可以为企业带来降低成本、提高市场占有率、增加利润等经济效益。

(三) 质量方针

质量方针是由组织的最高管理者正式发布的该组织总的质量宗旨和质量方向。质量方针是企业的质量政策，是企业全体职工必须遵守的准则和行动纲领。它是企业长期或较长时期内质量活动的指导原则，反映了企业领导的质量意识和质量决策。质量方针是企业总方针的组成部分，由企业的最高管理者批准和正式颁布。

（四）质量目标

质量目标是指组织在质量方面为满足要求和持续改进质量管理体系有效性方面的承诺和追求的目标。质量目标建立在企业质量方针的基础之上，质量方针为质量目标提供了框架。质量目标需与质量方针以及质量改进的承诺一致。由企业的最高管理者确保在企业的相关职能和各个层次上建立质量目标。在作业层次，质量目标应是定量描述的且包括满足产品或服务要求所需的内容。

（五）质量体系

质量体系是指实现质量管理所需的组织结构、程序、过程和资源等组成的有机整体。

(1) 组织结构是一个组织为行使其职能按某种方式建立的职责、权限及其相互关系，通常以组织结构图予以规定。一个组织的组织结构图应能显示其机构设置、岗位设置以及它们之间的相互关系。

(2) 资源包括人员、设备、设施、资金、技术和方法，质量体系应提供适宜的各项资源以确保过程和产品的质量。

(3) 一个组织所建立的质量体系应既满足本组织管理的需要，又满足顾客对本组织的质量体系要求，但是其主要目的应是满足本组织管理的需要。顾客仅评价组织质量体系中与顾客订购产品有关的部分，而不是组织质量体系的全部。

(4) 质量体系和质量管理的关系：质量管理需通过质量体系来进行，即建立质量体系并使之有效运行是质量管理的主要任务。

（六）质量策划

质量策划是指质量管理中致力于设定质量目标并规定必要的作业过程和相关资源以实现其质量目标的部分。

最高管理者应对实现质量方针、目标和要求所需的各项活动和资源进行质量策划，并且策划的输出应文件化。质量策划是质量管理中的筹划活动，是组织领导和管理部门的质量职责之一。组织要在市场竞争中处于优胜地位，就必须根据市场信息、用户反馈意见、国内外发展动向等，对老产品改进和新产品开发进行筹划。就研制什么样的产品，应具有什么样的性能，达到什么样的水平，提出明确的目标和要求，并进一步为达到这样的目标和实现这些要求从技术、组织等方面进行策划。

（七）质量控制

质量控制是指为达到质量要求所采取的作业技术和活动。质量控制的对象是过程控制的结果，应能使被控制对象达到规定的质量要求。为了使控制对象达到规定的质量要求，就必须采取适宜的有效措施，包括作业技术和方法。

（八）质量保证

质量保证是指为了提供足够的信任，以表明企业能够满足质量要求，在质量体系中实施并根据需要进行证实的全部有计划和系统的活动。

质量保证定义的关键是“信任”，对达到预期质量要求的能力提供足够的信任。质量保证不是买到不合格产品以后的保修、保换、保退。

信任的依据是质量体系的建立和运行。因为这样的质量体系将所有影响质量的因素，包括技术、管理和人员方面的，都采取了有效的方法进行控制，因而具有减少、消除及预防不合格的机制。质量保证体系具有持续稳定地满足规定质量要求的能力。

供方规定的质量要求，包括产品的、过程的和质量体系的要求，必须完全反映顾客的需求，才能给顾客以足够的信任。

质量保证总是在有两方的情况下才存在，由一方向另一方提供信任。由于两方的具体情况不同，质量保证分为内部和外部两种。内部质量保证是为了使企业内部各级管理者确信本企业、本部门能够达到并保持预定的质量要求而进行的质量活动；外部质量保证是使顾客确信企业提供的产品或服务能够达到预定的质量要求而进行的质量活动。

（九）质量改进

质量改进是指为了向本企业及其顾客提供增加的效益，在整个企业范围内所采取的旨在提高过程的效率和效益的各种措施。质量改进是通过改进产品或服务的形成过程来实现。因为纠正过程输出的不良结果只能消除已经发生的质量缺陷，只有改进过程才能从根本上消除产生缺陷的原因，因而可以提高过程的效率和效益。质量改进不但纠正偶发性事故，而且要改进长期存在的问题。为了有效地实施质量改进，必须对质量改进活动进行组织、策划和度量，并对所有的改进活动进行评审。通常质量改进活动由以下环节构成：组织质量改进小组、确定改进项目、调查可能的原因、确定因果关系、采取预防或纠正措施、确认改进效果、保持改进成果、持续改进。

（十）全面质量管理

全面质量管理是指一个组织以质量为中心，以全员参与为基础，目的是通过让顾客满意和本组织所有成员及社会受益而达到长期成功的管理途径。

全面质量管理的特点是针对不同企业的生产条件、工作环境及工作状态等多方面因素的变化，将组织管理、数理统计方法以及现代科学技术、社会心理学、行为科学等综合运用于质量管理，建立适用和完善的质量工作体系，对每一个生产环节加以管理，做到全面运行和控制。通过改善和提高工作质量来保证产品质量；通过对产品的形成和使用的全过程管理，全面保证产品质量；通过形成生产（服务）企业全员、全企业、全过程的质量工作系统，建立质量体系以保证产品质量始终满足用户需求，使企业用最少的投入获得最佳的效益。

二、质量管理原则

（1）质量第一。建筑产品作为一种特殊的商品，使用年限较长，是“百年大计”，直接关系人民生命财产的安全。所以，工程项目在施工过程中应自始至终地把质量第一作为质量控制的基本原则。

（2）以人为本。人是质量的创造者，质量控制必须以人为本，把人作为控制的动力，调动人的积极性、创造性；增强人的责任感，树立“质量第一”观念；提高人的素质，避免人的失误；以人的工作质量保工序质量、促工程质量。

（3）预防为主。就是要从对质量的事后检查把关，转向对质量的事前控制、事中控制；从对产品质量的检查，转向对工作质量的检查、对工序质量的检查、对中间产品质量的检查。这是确保施工项目成功的有效措施。

（4）坚持质量标准，严格检查，一切用数据说话。质量标准是评价产品质量的尺度，数据是质量控制的基础和依据。产品质量是否符合质量标准，必须通过严格检查，用数据说话。

（5）贯彻科学、公正、守法的职业规范。建筑施工企业的项目经理，在处理质量问题的过程中，应尊重客观事实，尊重科学，客观、公正，不持偏见；遵纪守法，杜绝不正之风；既要坚持原则、严格要求、秉公办事，又要谦虚谨慎、实事求是、以理服人、热情帮助他人。

三、质量控制原理

作为质量员，首先要弄清建筑工程质量控制的基本原理，才能有效地实施工程项目质量控制，在这里着重介绍常用的三种质量控制原理。

（一）PDCA循环原理

PDCA循环是人们在管理实践中形成的基本理论方法。通俗地讲，该原理认为管理就是确定任务目标，并按照PDCA循环原理来实现预期目标。

1. 计划(pan)

质量计划阶段，其作用是明确目标并制订实现目标的行动方案。包括确定质量控制的组织制度、工程程序、技术方法、业务流程、资源配置、检验试验要求、质量记录方式、不合格处理、管理措施等具体内容和做法的文件。

2. 实施(do)

实施包括两个环节，即计划行动方案的交底和按计划规定的方法与要求展开工程作业技术活动。使具体的作业者和管理者，明确计划的意图和要求，掌握标准，从而规范行为，全面地执行计划的行动方案，步调一致地去努力实现预期的目标。

3. 检查(cheek)

检查是指对计划实施过程中进行各种检查，包括作业者的自检、互检和专职管理者专检。各类检查都包括两大方面：一是检查是否严格执行了计划的行动方案，实际条件是否发生了变化，不执行计划的原因；二是检查计划执行的结果，即对产品的质量是否达到标准的要求进行确认和评价。

4. 处置(action)

对于质量检查所发现的质量问题或质量不合格，及时进行原因分析，采取必要的措施，予以纠正，保持质量形成的受控状态。

（二）三阶段控制原理

三阶段控制指事前控制、事中控制和事后控制。三阶段控制构成了质量控制的系统过程。

（1）事前控制

事前控制要求预先进行周密的质量控制。事前控制的内涵包括两层意思：一是强调质量目标的计划预控；二是按质量计划进行质量活动前的准备工作状态的控制。

（2）事中控制

事中控制包括自控和监控两大环节。自控是指对质量形成过程中各项技术作业活动操作者在相关制度的管理下的自我行为约束，完成预定质量目标的作业任务；监控是指来自他人的对质量活动过程与结果的监督控制，包括来自企业内部管理者（如质量员）的检查检验和来自企业外部的工程监理及政府质量监督部门的监控等。

但事中控制的关键还是要增强质量意识，发挥作业者的自我约束、自我控制作用，即坚持质量标准是根本、他人监控或控制是必要补充的原则。

（3）事后控制

事后控制包括对质量活动结果的评价认定和对质量偏差的纠正。在实施过程中不可避免存在一些计划时难以预料的影响因素，造成质量实际值与目标值之间超出运行偏差，这时必须分析原因，采取措施纠正偏差，以保证质量处于受控状态。

（三）三全控制管理

三全控制管理来自全面质量管理 TQC 思想。其基本原理是生产企业的质量管理应该是全面、全过程和全员参与的。

1. 全面质量控制

全面质量控制是指工程（产品）质量和工作质量的全面控制。对于建筑工程而言，全面质量控制包括建设工程各参与主体的工程质量与工作质量的全面控制。如业主、监理、勘察、设计、施工总包、施工分包、材料设备供应商等，任何一方某个环节的怠慢疏忽或质量责任不到位都会对建设工程质量产生影响。

2. 全过程质量控制

全过程质量控制是指根据工程质量的形成规律，从源头抓起全过程推进。通常情况下，建筑工程质量控制主要的过程包括：项目策划与决策过程、勘察设计过程、施工采购过程、施工组织与准备过程、检测设备控制与计量过程、施工生产的检验试验过程、工程质量的评定过程、工程竣工验收与交付过程、工程回访维修服务过程。

以上每个环节又由诸多相互关联的活动构成相应的具体过程，因此必须掌握识别过程和应用“过程方法”进行全过程质量控制。

3. 全员参与质量控制

全员参与质量控制作为全面质量管理不可或缺的重要手段是目标管理。即总目标逐步分解，直到最基层岗位，从而形成自下而上，自岗位个体到部门团体的层层控制和保证关系，使质量总目标逐级分解落实到每个部门和岗位。

四、质量管理体制

（一）工程质量责任体制

在工程项目建设中，参与工程建设的各方应根据国家颁布的《建设工程质量管理条例》以及合同、协议和有关文件规定承担相应的质量责任。

1. 建设单位的质量责任

建设单位按有关规定选择相应资质等级的勘察、设计单位和施工单位。在相应的合同中必须有质量条款，明确质量责任，并真实、准确、齐全地提供与建设工程有关的原始资料。凡建设工程项目的勘察、设计、施工、监理以及工程建设有关重要设备材料等的采购，均应按规定实行招标，依法确定程序和方法，择优选定中标者。不得将应由一个承包单位完成的建设工程项目肢解成若干部分发包给几个承包单位；不得迫使承包方以低于成本的价格投标；不得任意压缩合理工期；不得明示或暗示设计单位或施工单位违反建设强制性标准，降低建设工程质量。建设单位对其自行选择的设计、施工单位发生的质量问题承担相应责任。

建设单位应根据工程特点配备相应的质量管理人员。对国家规定强制实行监理的工程项目，必须委托有相应资质等级的工程监理单位进行监理。

建设单位在工程开工前负责办理有关施工图设计文件审查、工程施工许可证和工程质量监督手续，组织设计单位和施工单位认真进行设计交底和图纸会审。在工程施工中，应按国家现行有关工程建设法规、技术标准和合同规定，对工程质量进行检查，涉及建筑主体和承重结构变动的装饰工程，建设单位应在施工前委托原设计单位或者相应资质等级的设计单位提出设计方案，方可施工。工程项目竣工后，应及时组织设计、施工、工程监理等有关单位进行施工验收，未经验收备案或验收备案不合格的，不得交付使用。

建设单位按合同的约定负责采购供应的建筑材料、建筑构配件和设备，应符合设计文件和合同要求，对发生的质量问题应承担相应的责任。

2. 勘察、设计单位的质量责任

勘察、设计单位属于质量自控主体，以法律、法规及合同为依据，对勘察、设计的整个过程进行控制，以满足建设单位对勘察、设计质量的要求。

勘察、设计单位必须在其资质等级许可范围内承揽相应的勘察、设计任务，不允许承揽超越其资质等级许可范围以外的任务，不得将承揽工程转包或违法分包，也不得以任何形式用其他单位的名义承揽业务或允许其他单位或个人以本单位的名义承揽业务。

勘察、设计单位必须按照国家现行的有关规定、工程建设强制性技术标准和合同要求进行勘察、设计工作，并对所编制的勘察、设计文件的质量负责。勘察单位提供的地质、测量、水文等勘察成果文件必须真实、准确。设计单位提供的设计文件应当符合国家规定的设计深度要求，其质量必须符合国家规定的标准。除有特殊要求的建筑材料、专用设备、工艺生产线外，不得指定生产厂家、供应商。设计单位应就审查合格的施工图文件向施工单位作出详细说明，解决施工中对设计提出的问题，负责设计变更。参与工程质量事故分析，并对因设计造成的质量事故提出相应的技术处理方案。

3. 施工单位的质量责任

施工单位属于质量自控主体，以工程合同、设计图纸和技术规范为依据，对施工准备阶段、施工阶段、竣工验收交付阶段等施工全过程的工作质量和工程质量进行控制。

施工单位必须在其资质等级许可范围内承揽相应的施工任务，不允许承揽超越其资质等级业务范围以外的任务，不得将承揽的工程转包或违法分包，也不得以任何形式用其他施工单位的名义承揽工程或允许其他单位或个人以本单位的名义承揽工程。

施工单位对所承包的工程项目的施工质量负责。应当建立健全质量管理体系，落实质量责任制。实行总承包的工程，总承包单位应对全部建设工程质量负责。建设工程勘察、设计、施工、设备采购的一项或多项实行总承包的，总承包单位应对其承包的建设工程或采购的设备的质量负责。实行总分包的工程，分包应按照分包合同约定对其分包工程的质量向总承包单位负责，总承包单位与分包单位对分包工程的质量承担连带责任。

施工单位必须按照工程设计图纸和施工技术规范、标准组织施工。在施工过程中必须按照工程设计要求、施工技术规范、标准和合同约定，对建筑材料、构配件、设备和商品混凝土进行检验，不得偷工减料，不使用不符合设计和强制性技术标准要求的产品，不使用未经检验和试验或检验不合格的产品。

4. 工程监理单位的质量责任

工程监理单位属于质量监控主体，受建设单位的委托，代表建设单位对工程实施全过程进行质量监督和控制，以满足建设单位对工程质量的要求。

工程监理单位应按其资质等级许可的范围承担工程监理业务，不允许超越本单位资质等级许可的范围或以其他工程监理单位的名义承担工程监理业务，不得转让工程监理业务，不允许其他单位或个人以本单位的名义承担工程监理业务。

工程监理单位代表建设单位对工程质量实施监理，并对工程质量承担监理责任。监理责任主要有违法责任和违约责任两种。如果工程监理单位故意弄虚作假，降低工程质量标准，造成质量事故的，要承担法律责任。若工程监理单位与承包单位串通，牟取非法利益，给建设单位造成损失的，应当与承包单位承担连带赔偿责任。如果监理单位在责任期内不按照监理合同约定履行监理职责，给建设单位或其他单位造成损失的，属违约责任，应当向建设单位赔偿。

5. 建筑材料、构配件及设备生产或供应单位的质量责任

建筑材料、构配件及设备生产或供应单位对其生产或供应的产品质量负责。生产厂家、供应商必须具备相应的生产条件、技术装备和质量管理体系，所生产或供应的建筑材料、构配件及设备的质量应符合国家和行业现行的技术规定的合格标准和设计要求，并与说明书和包装上的质量标准相符，且应有相应的产品检验合格证，设备应有详细的使用说明等。

（二）工程质量政府监督管理体制

政府的监督管理属于质量控制主体，以法律、法规为依据，通过抓工程报建、施工图设计文件审查、施工许可、材料和设备准用、工程质量监督、重大工程竣工验收备案等主要环节进行的。

1. 监督管理体制

政府的工程质量监督管理具有权威性、强制性、综合性的特点。

国务院建设行政主管部门对全国的建设工程质量实施统一监督管理。国务院铁路、交通、水利等有关部门按国务院规定的职责分工，负责对全国的有关专业建设工程质量进行监督管理。县级以上人民政府建设行政主管部门对本行政区域内的建设工程质量实施监督管理。县级以上人民政府交通、水利等有关部门在各自职责范围内负责对本行政区域内的专业建设工程质量进行监督管理。

县级以上政府建设行政主管部门和其他有关部门履行检查职责时，有权要求被检查的单位提供有关工程质量的文件和资料，有权进入被检查单位的工程现场进行检查，检查中发现工程质量存在问题时有权责令改正。

2. 管理职能

建立和完善工程质量管理法规：包括行政性法规和工程技术规范、标准，前者如《中华人民共和国建筑法》《中华人民共和国招标投标法》《建筑工程质量管理条例》等，后者如工程设计规范、建筑工程施工质量验收统一标准、工程施工质量验收规范等。

建立和落实工程质量责任制：包括工程质量行政领导的责任、项目法定代表人的责任、参建单位法定代表人的责任和工程质量终身负责制等。2014 年 8 月 25 日，住房和城乡建设部以建质〔2014〕124 号文的形式，发布了关于印发《建筑工程五方责任主体项目负责人质量终身责任追究暂行办法》的通知，为工程质量追责提供了依据和实施办法。

建设活动主体资格的管理：国家对从事建设活动的单位实行严格的从业许可证制度，对从事建设活动的专业技术人员实行严格的执业资格制度。建设行政主管部门及有关专业部门按各自分工，负责各类资质标准的审查、从业单位的资质等级的认定、专业技术人员资格等级的核查和注册，并对资质等级和从业范围等实施动态管理。

工程承发包管理：包括规定工程招投标承发包的范围、类型、条件，对招投标承发包活动的依法监督和工程合同管理。

控制工程建设程序：包括工程报建、施工图设计文件审查、工程施工许可、工程材料和设备准用、工程质量监督、施工验收备案等。

五、质量管理制度

(一)施工图审查制度

施工图设计文件(以下简称施工图)审查是政府主管部门对工程勘察、设计质量监督管理的重要环节。施工图审查是指国务院建设行政主管部门和省、自治区、直辖市人民政府建设行政主管部门委托依法认定的设计审查机构,根据国家法律、法规、技术标准与规范,对施工图的结构安全和强制性标准、规范执行情况等进行的独立审查。

1. 施工图审查的范围

建筑工程设计等级分级标准中的各类新建、改建、扩建的建筑工程项目均属于审查范围。省、自治区、直辖市人民政府建设行政主管部门,可结合本地的实际情况,确定具体的审查范围。建设单位应将施工图报送建设行政主管部门,由建设行政主管部门委托有关审查机构进行结构安全和强制性标准、规范执行情况等内容的审查。建设单位将施工图报请审查时,应同时提供下列资料:批准的立项文件或初步设计批准文件;主要的初步设计文件;工程勘察成果报告;结构计算书及计算软件名称等。

2. 施工图审查有关各方的职责

国务院建设行政主管部门负责全国施工图审查管理工作。省、自治区、直辖市人民政府建设行政主管部门负责组织本行政区域内的施工图审查工作的具体实施和监督管理工作。建设行政主管部门在施工图审查工作中主要负责制定审查程序、审查范围、审查内容、审查标准并颁发审查批准书;负责制定审查机构和审查人员条件,批准审查机构,认定审查人员,对审查机构和审查工作进行监督并对违规行为进行查处,对施工图设计审查负依法监督管理的行政责任。

勘察、设计单位必须按照工程建设强制性标准进行勘察、设计,并对勘察、设计质量负责。审查机构按照有关规定对勘察成果、施工图设计文件进行审查但不改变勘察、设计单位的质量责任。

审查机构接受建设行政主管部门的委托对施工图设计文件涉及安全和强制性标准执行情况进行技术审查。建设工程经施工图设计文件审查后因勘察、设计原因发生工程质量问题的,审查机构承担审查失职的责任。

3. 施工图审查管理

审查机构应当在收到审查材料后 20 个工作日内完成审查工作,并提出审查报告。特级和一级项目应当在 30 个工作日内完成审查工作,并提出审查报告,其中重大及技术复杂项目的审查时间可适当延长。审查合格的项目,审查机构向建设行政主管部门提交项目施工图审查报告,由建设行政主管部门向建设单位通报审查结果,并颁发施工图审查批准书。对审查不合格的项目,提出书面意见后由审查机构将施工图退回建设单位,并由原设计单位修改,重新送审。

施工图一经审查批准,不得擅自进行修改。如遇特殊情况需要进行涉及审查主要内容的修改时,必须重新报请原审批部门,由原审批部门委托审查机构审查后再批准实施。建设单位或者设计单位对审查机构做出的审查报告如有重大分歧时,可由建设单位或者设计单位向所在省、自治区、直辖市人民政府建设行政主管部门提出复查申请,由后者组织专家论证并给出复查结果。

建筑工程竣工验收时,有关部门应按照审查批准的施工图进行验收。建设单位要对报送的审查材料的真实性负责；勘察、设计单位对提交的勘察报告、设计文件的真实性负责，并积极配合审查工作。

（二）质量监督制度

工程质量监督管理的主体是各级政府建设行政主管部门和其他有关部门。工程质量监督管理由建设行政主管部门或其他有关部门委托的工程质量监督机构具体实施。

工程质量监督机构是经省级以上建设行政主管部门或有关专业部门考核认定，具有独立法人资格的单位。其受县级以上地方人民政府建设行政主管部门或有关专业部门的委托，依法对工程质量进行强制性监督，并对委托部门负责。

工程质量监督机构的主要任务：

(1) 根据政府主管部门的委托，受理对建设工程项目进行质量监督。

(2) 制订质量监督工作方案。确定负责该项工程的质量监督工程师和助理质量监督师。根据有关法律、法规和工程建设强制性标准，针对工程特点，明确监督的具体内容和监督方式。在方案中对地基基础、主体结构和其他涉及结构安全的重要部位和关键过程，做出实施监督的详细计划安排，并将质量监督工作方案通知建设、勘察、设计、施工、监理单位。

(3) 检查施工现场工程建设各方主体的质量行为。检查施工现场工程建设各方主体及有关人员的资质或资格；检查勘察、设计、施工、监理单位的质量管理体系和质量责任制落实情况；检查有关质量文件、技术资料是否齐全并符合规定。

(4) 检查建设工程实体质量。按照质量监督工作方案，对建设工程地基基础、主体结构和其他涉及安全的关键部位进行现场实地抽查，对用于工程的主要建筑材料、构配件的质量进行抽查。对地基基础分部、主体结构分部和其他涉及安全的分部工程的质量验收进行监督。

(5) 监督工程质量验收。监督建设单位组织的工程竣工验收的组织形式、验收程序以及在验收过程中提供的有关资料和形成的质量评定文件是否符合有关规定，实体质量是否存在严重缺陷，工程质量验收是否符合国家标准。

(6) 向委托部门报送工程质量监督报告。报告的内容应包括对地基基础和主体结构质量检查的结论，工程施工验收的程序、内容和质量检验评定是否符合有关规定及历次抽查该工程的质量问题和处理情况等。

(7) 对预制建筑构件和商品混凝土的质量进行监督。

(8) 受委托部门委托按规定收取工程质量监督费。

(9) 政府主管部门委托的工程质量监督管理的其他工作。

（三）质量检测制度

工程质量检测是对工程质量进行监督管理的重要手段之一。工程质量检测机构是对建设工程的建筑构件、制品及现场所用的有关建筑材料、设备质量进行检测的法定单位。在建设行政主管部门领导和标准化管理部门指导下开展检测工作，其出具的检测报告具有法定效力。法定的国家级检测机构出具的检测报告，在国内为最终裁定，在国外具有代表国家的性质。

1. 国家级检测机构的主要任务

(1) 受国务院建设行政主管部门和专业部门的委托，对指定的国家重点工程进行检测复核，提出检测复核报告和建议。

(2) 受国家建设行政主管部门和国家标准化管理委员会的委托，对建筑构件，制品及有关材料、设备、产品进行抽样检验。

2. 各省级、市(地区)级、县级检测机构的主要任务

对本地区正在施工的建设工程所用的材料、混凝土、砂浆和建筑构件等进行随机抽样检测，向本地建设工程质量主管部门和质量监督部门出具抽样报告和提出建议。

受同级建设行政主管部门委托，对本省、市、县的建筑构件、制品进行抽样检测。对不符合技术标准、失去质量控制的产品，检测单位有权提供主管部门停止其生产的证明，不合格产品不准出厂，已出厂的产品不得使用。

(四) 质量保修制度

建设工程承包单位在向建设单位提交工程竣工验收报告时，应向建设单位出具工程质量保修书，质量保修书中应明确建设工程保修范围、保修期限和保修责任等。

1. 建设工程的最低保修期限

在正常使用条件下，建设工程的最低保修期限为：

(1) 基础设施工程、房屋建筑工程的地基基础和主体结构工程，为设计文件规定的该工程的合理使用年限。

(2) 屋面防水工程、有防水要求的卫生间、房间和外墙面的防渗漏，为 5 年。

(3) 供热与供冷系统，为 2 个采暖期、供冷期。

(4) 电气管线、给排水管道、设备安装和装修工程，为 2 年。

(5) 其他项目的保修期由发包方与承包方约定。保修期自竣工验收合格之日起计算。

2. 保修义务的承担和经济责任的承担

建设工程在办理竣工验收手续后，在规定的保修期限内，因勘察、设计、施工、材料等原因造成的质量问题，均由施工单位负责维修、更换，由责任单位负责赔偿损失。保修义务和经济责任的承担应按下列原则处理：

(1) 因施工单位未按国家有关标准、规范和设计要求施工，造成的质量问题由施工单位负责返修并承担经济责任。

(2) 因设计方面的缺陷造成的质量问题，先由施工单位负责维修，其经济责任按有关规定通过建设单位向设计单位索赔。

(3) 因建筑材料、构配件和设备质量不合格引起的质量问题，先由施工单位负责维修，其经济责任属于施工单位采购的或验收同意的，由施工单位承担经济责任；属于建设单位采购的，由建设单位承担经济责任。

(4) 因建设单位(含监理单位)错误管理造成的质量问题，先由施工单位负责维修，其经济责任由建设单位承担，如属于监理单位责任，则由建设单位向监理单位索赔。

(5) 因使用单位使用不当造成的损坏问题，先由施工单位负责维修，其经济责任由使用单位自行负责。

(6) 因地震、洪水、台风等不可抗拒原因造成的损坏，先由施工单位负责维修，建设参与各方根据国家具体政策分担经济责任。

六、质量管理体系

质量管理体系是指在质量方面指挥和控制组织的管理体系，通常包括制定质量方针、质量目标、质量策划、质量控制、质量保证和质量改进等活动。推行全面质量管理，实现质量管

理的方针、目标，有效地开展各项质量管理活动，必须建立一个完善的、高效的质量管理体系。ISO9000族标准是世界上许多经济发达国家质量管理实践经验的科学总结，该系列标准目前已被90多个国家等同或等效采用，是全世界最通用的国际标准。我国于1992年等同采用ISO9000为国家标准。该标准的基本思想是通过过程控制、预防为主、持续改进，从而达到系统化、科学化、规范化的管理目的。

（一）ISO9000简介

ISO9000是指质量管理体系标准，不是指一个标准，而是一族标准的统称。ISO9000族标准是由国际标准化组织（ISO）质量管理和质量保证技术委员会（TC176）编制的一族国际标准，于1987年发布。随着国际贸易发展的需要和标准实施中出现的问题，对系列标准不断进行全面修订，于1994年7月正式发布了1994年版，随后发布了2000年版，2008年版和2015年版。

2015年版的ISO9000族的核心标准有4项，其编号和名称如下：

（1）ISO9000：2015《质量管理体系 基础和术语》，表述质量管理体系基础知识，并规定质量管理体系术语。

（2）ISO9001：2015《质量管理体系 要求》，规定质量管理体系要求，用于证实组织具有提供满足客户要求和适用法规要求的产品的能力，目的在于提高顾客满意度。

（3）《质量管理体系 业绩改进指南》（GB/T 19004—2015）提供考虑质量管理体系的有效性和效率性两个方面的指南，目的是促进组织业绩改进和使顾客及其他相关方满意。

（4）《质量和（或）环境管理体系审核指南》（ISO19011：2018），提供审核质量和环境管理体系的指南。

如前所述，我国按等同采用的原则，引入ISO9000质量管理体系标准，翻译发布后，标准号为GB/T19×××，即上述4个核心标准对应我国的标准号分别为GB/T 19000—2016、GB/T 19001—2016、GB/T 19004—2020、GB/T 19011—2021。由于发布时间的差异，因此标准发布的年号与ISO标准尚有差异。

通常所说的ISO9000质量管理体系认证，实际上仅指按ISO9001（GB/T 19001—2008）标准进行的质量管理体系的认证，就ISO9000族标准而言，这也仅是以顾客满意为目的的一种合格水平的质量管理，要达到高水平的质量管理，还要按ISO 9004（GB/T 19004—2000）的要求，不断进行质量管理体系的改进和优化。

（二）建立

按照《质量管理体系 基础和术语》（GB/T 19000—2016），建立一个新的质量管理体系或更新、完善现行的质量管理体系，一般步骤如下：

1. 企业领导决策

建立质量管理体系是企业内部很多部门参加的一项全面性工作，领导在企业的质量管理中起决定性的作用。领导要求建立质量管理体系，是建立健全质量管理体系的首要条件。

2. 编制工作计划

工作计划包括培训教育，体系分析，职能分配，文件编制，配备仪器、仪表、设备等内容。

3. 分层次培训教育

组织学习GB/T 19000系列标准，结合本企业的特点，了解建立质量管理体系的目的和作用，详细研究与本职工作有直接关系的要素，提出控制要素的方法。

4. 分析企业特点确定体系要素

质量管理体系是由若干个相互关联、相互作用的基本要素组成的，要素是构成质量管理体系的基本单元，要素要对控制工程实体质量起主导作用。如图 4-2 所示，列举了建筑施工企业质量管理体系要素，根据建筑企业的特点，列出了 17 个要素，这 17 个要素分为 5 个层次。第一层次阐述了企业领导的职责；第二层次阐述了展开质量体系的原理和原则，建立与质量体系相适应的组织机构，明确有关人员质量责任和权限；第三层次阐述了质量成本，从经济角度衡量体系的有效性；第四层次阐述了质量形成各阶段如何进行质量控制和内部质量保证；第五层次阐述了质量形成过程的间接因素。

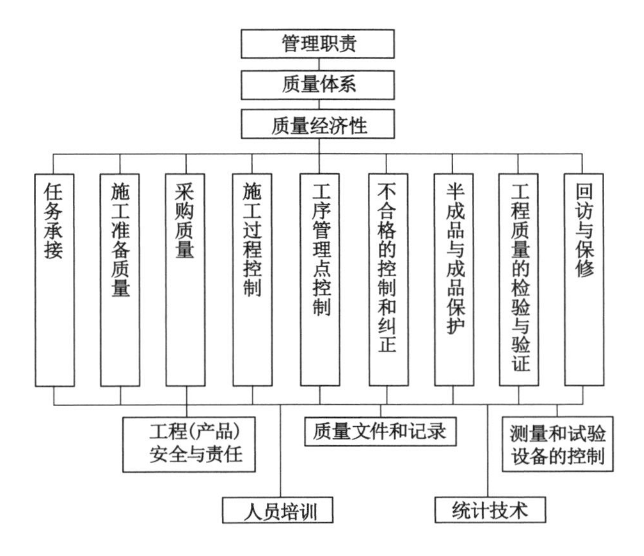

图 4-2 建筑施工企业质量管理体系要素构成

企业要结合自身的特点和具体情况，参照质量管理和质量保证的国际标准和国家标准中所列的质量管理体系要素内容，选用和增减要素。

5. 落实各项要素

企业在确定合适的质量管理体系要素后，要进行二级要素展开，制订实施二级要素所必需的质量活动计划，并将各项质量活动落实到具体部门或个人。在各级要素和活动分配落实之后，为了便于实施、检查和考核，还要将工作程序文件化，即将企业的各项管理标准、工作标准、质量责任制、岗位责任制形成与各级要素和活动相对应的有效运行文件。

6. 编制质量管理体系文件

按《质量管理体系要求》(GB/T 19001—2016)所示质量管理体系标准要求企业重视质量体系文件的编制和使用。编制和使用质量体系文件本身是一项具有动态管理要求的活动。按《质量管理体系要求》(GB/T 19001—2016)所示质量管理体系对文件提出了明确要求，企业应具有完整和科学的质量体系文件。

质量管理体系文件一般由以下内容构成：

(1) 质量方针和质量目标：一般都以简明文字表述，是企业质量管理的方向和目标，应反映用户和社会对工程质量的要求及企业相应的质量水平和服务承诺，也是企业质量经营理念的反映。

（2）质量手册：质量手册是规定企业组织建立质量管理体系的文件，是对企业质量体系进行系统、完整和概要的描述。其内容一般包括：企业的质量方针、质量目标；组织机构及质量职责；体系要素或基本控制程序；质量手册的评审、修改和控制的管理办法。质量手册作为企业管理系统的纲领性文件，应具备指令性、系统性、先进性、可行性和可检查性。

（3）程序文件：质量体系程序文件是质量手册的支持性文件，是企业各职能部门为落实质量手册要求而规定的细则。企业为落实质量管理工作而建立的各项管理标准规章制度都属于程序文件范畴。各企业程序文件的内容及详略程度可视企业情况而定。一般有以下六个通用性管理程序，各类企业都应在程序文件中制定：文件控制程序、质量记录管理程序、内部审核程序、不合格品控制程序、纠正措施控制程序、预防措施控制程序。

除以上六个程序以外，还有涉及产品质量形成过程各环节控制的程序文件，如生产过程、服务过程、管理过程、监督过程等的管理程序，不做统一规定，可视企业质量控制的需要制定。

为确保过程的有效运行和控制，在程序文件的指导下，尚可按管理需要编制相关文件，如作业指导书、具体工程的质量计划等。

（4）质量记录：质量记录是产品质量水平和质量体系中各项质量活动进行及其结果的客观反映。对质量体系程序文件所规定的运行过程和控制的内容如实加以记录，以证明产品质量达到合同要求质量保证的满足程度。

质量记录应完整地反映质量活动实施、验证和评审的情况，并记载关键活动的过程参数，具有可追溯性。质量记录以规定的形式和程序进行，并有实施、验证、审核等签署意见。

以上各类文件的详略程度无统一规定，以适于企业使用和使用过程受控为准则。

（三）运行

质量管理体系的有效运行是通过体系的组织机构进行组织协调、实施质量监督、开展信息反馈、进行质量管理体系审核和复审实现的。

1. 组织协调

质量管理体系是借助于质量管理体系组织机构的组织和协调来运行的。组织和协调工作是维护质量管理体系运行的动力。质量管理体系的运行涉及企业众多部门。

2. 质量监督

质量监督包括企业内部监督和外部监督两种，质量监督是符合性监督。质量监督的任务是对工程实体进行连续监视和验证，发现偏离管理标准和技术标准的情况时及时反馈，要求企业采取纠正措施，严重者责令停工整顿。从而促使企业的质量活动和工程实体质量均符合标准所规定的要求。

实施质量监督是保证质量管理体系正常运行的手段。外部质量监督应与企业本身的质量监督考核工作相结合，杜绝重大质量问题的发生，促进企业各部门认真贯彻执行各项规定。

3. 质量信息管理

企业的组织机构是企业质量管理体系的骨架，而企业的质量信息系统是质量管理体系的神经系统，是保证质量管理体系正常运行的重要系统。在质量管理体系的运行中，通过质量信息反馈系统对异常信息的反馈和处理，进行动态控制，从而使各项质量活动和工程实体质量处于持续受控状态。

4. 质量管理体系审核与评审

企业进行定期的质量管理体系审核与评审。一是对体系要素进行审核、评价，确定其有效性；二是对运行中出现的问题采取纠正措施和对体系的运行进行管理，保证体系的有效性；三是评价质量管理体系对环境的适应性，对体系结构中不适用的采取改进措施。开展质量管理体系审核和评审是保证质量管理体系持续有效运行的主要手段。

（四）认证

质量认证制度是由公正的第三方认证机构对企业的产品和质量体系作出正确、可靠的评价，从而使社会对企业产品有信心，对供方、需方、社会和国家都具有重要意义。

(1) 质量管理体系的申报和批准程序

① 申请和受理：具有法人资格，已按 ISO9000 族标准或其他国际公认的质量体系规范建立了文件化的质量管理体系，并在生产经营全过程贯彻执行的企业可提出申请。申请单位必须按要求填写申请书，认证机构经审查符合要求后接受申请，如不符合则不接受申请，是否接受申请均必须发出书面通知书。

② 审核：认证机构派出审核组对申请方质量体系进行检查和评定，包括文件审查、现场审核，并提出审核报告。

③ 审批与注册发证：认证机构对审核组提出的审核报告进行全面审查，符合标准者批准给予注册，发给认证证书。

(2) 获准认证后的维护与监督管理

企业获准认证的有效期为 3 年。企业获准认证后，应通过经常性的内部审核维持质量管理体系的有效性，并接受认证机构对企业质量体系实施监督管理。获准认证后的质量管理体系维持与监督管理内容包括：

① 企业通报：认证合格的企业质量体系在运行中出现较大变化时，必须向认证机构通报。认证机构接到通报后，视情况采取必要的监督检查措施。

② 监督检查：认证机构对认证合格单位质量维持情况进行监督性现场检查，包括定期和不定期的监督检查。定期检查通常是每年一次，不定期检查视需要临时安排。

③ 认证注销：注销是企业的自愿行为。在企业体系发生变化或有效期届满时未提出重新申请等情况下，认证持证者提出注销的，认证机构予以注销，收回体系认证证书。

④ 认证暂停：是认证机构对获证企业质量体系发生不符合认证要求情况时采取的警告措施。认证暂停期间，企业不得用体系认证证书作宣传。企业在规定期间采取纠正措施满足规定条件时，认证机构撤销认证暂停。否则将撤销认证注册，收回合格证书。

⑤ 认证撤销：当获证企业质量体系存在严重不符合规定或在认证暂停的规定期限内未予整改的，或发生其他构成撤销体系认证资格情况时，认证机构作出撤销认证的决定，企业不服的可提出申诉。撤销认证的企业两年后可重新提出认证申请。

⑥ 复评：认证合格有效期满前，如果企业愿意继续延长，可向认证机构提出复评申请。

⑦ 重新换证：在认证证书有效期内，出现体系认证标准变更、体系认证规范变更、体系认证证书持有者变更时可按规定重新换证。

七、施工阶段质量控制

（一）施工阶段质量控制方法

施工阶段质量控制方法基本上分为三类：审核施工单位所提供的有关技术报告和文件、

进行施工现场质量检查和质量信息的及时反馈。

1. 审核技术报告和文件

(1) 审核施工单位提出的开工报告。总监理工程师在接到施工单位的开工申请后，应组织专业监理工程师对开工报审表及相关资料进行详细审核，并经现场检查核对后下达开工令。

(2) 确认分包单位的资格。当总承包单位或承包单位欲将所承包工程的一部分分包给其他承包单位时，分包单位的资质必须经总监理工程师审查确认。监理工程师对分包单位资质审查的主要内容包括：

① 查对分包单位的资质证明材料。

② 核查分包单位的质量管理情况。

③ 核查分包单位对所分包工程采取的技术措施、现场管理人员素质、质量保证体系。

④ 核查材料、设备、检测、验收情况。

⑤ 审查分包单位对所分包工程采取的质量检测与验收方法。

⑥ 审查分包单位所采用的工程质量标准是否与总包单位规定的工程质量标准一致。

(3) 审核施工单位提交的施工组织设计和施工方案。施工组织设计和施工方案的审查是工程项目开工前质量控制的主要内容和步骤，施工单位所采用的施工方法除应使施工的进度满足工期的要求外，还应保证工程的施工符合规定的质量标准，总监理工程师审核时应着重审查施工安排是否合理，施工机械的配置是否得当，施工方法是否可行，施工外部条件是否具备等方面。

(4) 审核施工单位提交的材料、半成品、构配件的质量检验报告，包括出厂合格证、技术说明书、试验资料等质量保证文件。

(5) 审核新材料、新技术、新工艺现场试验报告、鉴定报告。

(6) 审核永久设备的技术性能和质量检验报告。

(7) 审查施工单位的质量保证体系文件，包括对分包单位质量控制体系和质量控制措施的审查。

(8) 审核设计变更和图纸修改。

(9) 审核施工单位提交的反映工程质量动态的统计资料或图表。

(10) 审核有关工程质量事故的处理方案。

2. 现场质量检查

现场质量检查主要是采用有关质量控制人员现场的质量监督、检查(检验)、质量确认等方法。

3. 检查信息的反馈

检查员(监理员或巡视员)值班、巡视、现场检查监督和处理的信息，除应以日报、周报、值班记录等形式作为工作档案外，还应及时反馈给监理工程师和总监理工程师。对于重大问题及普遍发生的问题，还应以《监理通知》的方式通知施工单位，要求迅速采取措施加以纠正和补救，并保证以后不再发生类似问题。现场检测的结果也应及时反馈到施工生产系统，以督促施工单位及时进行调整和纠正。

4. 多单位控制法

工程质量控制有其自控主体和监控主体。勘察设计单位、施工单位对工程质量控制是自控主体；政府的工程质量控制、工程监理单位的质量控制是监控主体。

5. 下达指令文件

指令文件是指监理工程师对施工单位发出指示和要求的书面文件，用以向施工单位提出或指出施工中存在的问题，或要求和指示施工单位应做什么或如何做等。例如施工准备完成后，经总监理工程师确认并下达开工指令，施工单位才能施工；施工中出现异常情况，经监理人员指出后，施工单位仍未采取措施加以改正或采取的措施不力时，总监理工程师为了保证施工质量，可以下达停工指令，要求施工单位停止施工，直到问题得到解决为止等。监理工程师所发出的各项指令都必须是书面的，并作为技术文件存档保存，如果确实因为时间紧迫来不及作出书面指令，可先以口头指令的方式下达至施工单位，但随后应及时补发书面指令予以确认。

6. 利用支付手段

支付手段是监理合同赋予监理工程师的一种支付控制权，也是国际上通用的一种控制权。支付控制权是指对施工单位支付各项工程款时，必须有总监理工程师签署的支付证明书，建设单位（业主）才向施工单位支付工程款，否则建设单位（业主）不得支付。监理工程师可以利用赋予他的这一控制权进行施工质量的控制，即只有当施工质量达到规定的标准和要求时，总监理工程师才签发支付证明书，否则可拒绝签发支付证明书。例如分项工程完工，未经验收签证擅自进行下一道工序的施工，则可暂不支付工程款；分项工程完工后，经检查质量未达合格标准，在未返工修理达到合格标准之前，监理工程师也可暂不支付工程款。

（二）材料、构配件的质量控制

材料包括原材料、成品、半成品、构配件、仪器仪表、生产设备等，是工程项目的物质基础，也是工程项目实体的组成部分。

1. 材料控制的重点

（1）收集和掌握材料的信息，通过分析论证优选供货厂家，以保证购买到优质、廉价且能如期交付的材料。

（2）合理组织材料的供应，确保工程正常施工。施工单位应合理地组织材料的采购订货、加工生产、运输、保管和调度，既能满足施工的需要，又不会造成材料的积压。

（3）严格进行材料的检查验收，确保材料的质量。

（4）实行材料的使用认证，严防材料的错用误用。

（5）严格按标准要求进行材料检验，材料的取样、试验操作均应符合标准要求。

（6）对于工程项目中所用的主要设备，应审查是否符合设计文件或者是否与标书中所规定的规格、品种、型号和技术性能一致。

2. 材料质量控制的内容

（1）材料质量标准：用以衡量材料质量的尺度。不同材料有不同的质量标准。例如，水泥的质量标准有：细度、标准稠度用水量、凝结时间、体积安定性、强度等级等。

（2）材料质量的检（试）验：通过一系列的检测手段，将所取得的材料质量数据与材料的质量标准相对照，藉以判断材料质量的可靠性，能否使用于工程中；同时有利于掌握材料的质量信息。

材料质量检验方法有：书面检验、外观检验、理化检验、无损检验等。

根据材料质量信息和保证资料的具体情况，其质量检验程度分为免检、抽检和全部检查。

根据材料质量检验的标准，对材料的相应项目进行检验，判断其是否合格。

(3) 材料的选用：其选择和使用不当，均会严重影响工程质量或造成质量事故。为此，必须针对工程特点，根据材料的性能、质量标准、适用范围和对施工要求等进行综合考虑，慎重选择和使用材料。

3. 机械设备的质量控制

机械设备的质量控制一般包括施工机械设备和生产机械设备的质量控制。

(1) 施工机械设备的质量控制

施工机械设备是实施工程项目施工的物质基础，是现代化施工必不可少的设备。施工机械设备的选择是否适用、先进和合理，将直接影响工程项目的施工质量和进度。所以应结合工程项目的布置、结构形式、施工现场条件、施工程序、施工方法和施工工艺，控制施工机械形式和主要性能参数的选择，以及施工机械的操作，制定相应的操作制度，并严格执行。

(2) 生产机械设备的质量控制

对生产机械设备的质量控制，主要是控制设备的检查验收、安装质量和试车运转。要求按设计选型购置设备；设备进场时按设备的名称、型号、规格、数量的清单逐一检查验收；设备安装要符合有关设备的技术要求和质量标准；试车运转正常。

配套投产生产设备的检验要求如下：

① 对整机装运的新购机械设备，应进行运输质量和供货情况的检查。对有包装的设备，应检查包装是否受损；对无包装的设备，可直接进行外观检查及附件、备品的清点。对于进口设备，则要进行开箱全面检查。若发现设备有较大损伤，应做好详细记录并照相，尽快与运输部门或供货厂家交涉处理。

② 对解体装运的自组装设备，在对总成、部件及随机附件、备品进行外观检查后，应尽快组织工地组装并进行必要的检测试验。因为该类设备在出厂时抽样检查的比例很小，一般不超过3%左右，其余的只做部件及组件的分项检验，而不做总装试验。

关于保修期和索赔期的规定：一般国产设备从发货日起12～18个月；进口设备为6～12个月；有合同规定者按合同执行。对于进口设备，应力争在索赔期的上半年或最迟在9个月内安装调试完毕，以争取在3～6个月的时间内进行生产考验，以便发现问题及时提出索赔。

③ 工地交货的机械设备，一般都由制造厂在工地进行组装、调试和生产性试验，自检合格后才提请订货单位复验，待试验合格后才能签署验收。

④ 调拨的旧设备的测试验收，应基本达到“完好机械”的标准。全部验收工作应在调出单位所在地进行，若测试不合格不得装车发运。

⑤ 对于永久性或长期性的设备改造项目，应按原批准方案的性能要求，经过一定的生产实践考验并经鉴定合格后才予以验收。

⑥ 对于自制设备，在经过6个月生产考验后，按照试验大纲的性能指标测试验收，决不允许擅自降低标准。

机械设备的检验是一项专业性、技术性较强的工作，必须要求有关技术、生产部门人员参加。重要的关键性大型设备，应组织专业鉴定小组进行检验。一切随机的原始资料、自制设备的设计计算资料、图纸、测试记录、验收整体结论等应全部清点，整理归档。

（三）施工工序的质量控制

1. 工序控制及其重要意义

工序是指人、机器、材料、方法、环境对工程质量起综合作用的过程。工序是工程施工过程中质量特性发生变化的“单元”。

工序控制是施工过程中保证工程质量非常重要的职能。工序控制是指利用各种手段控制施工过程中的人、机器、材料、方法、环境等要素。工序控制是稳定生产优质工程的关键，是质量体系的基础。不搞好工序控制，就很难保证质量稳定。虽然建立了质量体系，但是如果工序控制不好，质量仍不能得到保证，因为质量体系不能正常运转。由于工序控制涉及人员众多，故工序控制的组织工作比较复杂，难度也很大。

2. 工序分析

工序分析，概括地讲，就是要找出对工序的关键或重要质量特性起支配性作用的全部活动。对这些支配性要素，要制定成标准，加以重点控制。不进行工序分析，就搞不好工序控制，也就不能保证工序质量。工序质量不能保证，工程质量也就得不到保证。如果搞好工序分析，就能迅速提高质量。工序分析是施工现场质量体系的一项基础工作。工序分析可按三个步骤、八项活动进行。

(1) 应用因果分析图法进行分析，通过分析找出支配性要素。该步骤包括以下五项活动：

① 选定分析的工序，对关键、重要工序或根据过去资料认定经常发生问题的工序，可选定为工序分析对象。

② 确定分析者，明确任务，落实责任。

③ 对经常发生质量问题的工序，应掌握现状和问题，确定改善工序质量的目标。

④ 组织开会，应用因果分析图法进行工序分析，找出工序支配性要素。

⑤ 针对支配性要素拟订对策计划，决定试验方案。

(2) 实施相应的对策计划。按试验方案进行试验，得出质量特性和工序支配性要素之间的关系，经过审查，确定试验结果。

(3) 制定标准，控制工序支配性要素。

① 将试验核实的支配性要素编入工序质量表，纳入标准或规范，落实责任部门或人员，并经批准。

② 各部门或有关人员对属于自己负责的支配性要素，按标准规定重点管理。

工序分析步骤第一步是书面分析，用因果分析图法；第二步是试验核实，可根据不同的工序采用不同的方法，如优选法等；第三步是制定标准进行管理，主要应用系统图法和矩阵图法。

（四）成品保护

在工程项目施工过程中，工程是按照一定的顺序进行的。有些分项、分部工程已经完成，其他工程正在施工，或者某些部位已经完成，其他部位正在施工。如果对已完成的成品不采取妥善的措施加以保护，便会造成一定的损伤，影响整体工程的质量。这样就会增加修补的工作量，浪费工料，拖延工期，甚至有的损伤难以恢复到原样，从而造成永久缺陷。因此，开展建筑工程的成品保护，是一项关系到工程质量、降低工程成本、是否按期竣工的重要工作。

加强建筑工程的成品保护，首先要求全体职工树立质量观念，要对国家、对人民、对用户负责，树立自觉爱护成品的意识，尊重他人与自己的劳动成果，施工操作时要珍惜已完成与部分完成的成品。其次要合理地安排施工顺序，采取相应的成品保护措施。

1. 施工顺序与成品保护

科学合理地安排施工顺序，按照正确的施工流程组织施工，是进行建筑工程成品保护的有效方法：

(1) 建筑工程施工如果遵循先地下后地上和先深后浅的施工顺序，便不会破坏地下管网与道路路面。

(2) 地下管道要与基础工程相配合进行施工，可以避免基础工程完工之后再打洞安装管道，影响工程质量与施工进度。

(3) 先在房间内回填土之后再做基础防潮层，这样可以保护防潮层不致因填土夯实而损伤。

(4) 装饰工程若采取自上而下的流水顺序，可使房屋主体工程完成之后有一定沉降期；已经做好的屋面防水层，可以防止雨水渗漏。这些均有利于保护装饰工程。

(5) 先做地面，后做天棚、地面抹灰，可保护下层天棚、墙面抹灰不至于受到渗水的污染；但在已经做好的地面上施工，需对地面加以保护。如果先做天棚、墙面抹灰，后做地面，则要求楼板灌缝密实，防止漏水污染墙面。

(6) 若采用单排外脚手架砌墙，由于砖墙上有脚手架洞口，所以通常情况下内墙抹灰需待同一层外粉刷完成、脚手架拆除、洞口填补之后才能进行，以免影响内墙抹灰的质量。

(7) 建筑室内采用先喷浆后安装灯具的施工顺序，可以避免先安装灯具后喷浆产生的污染。

(8) 楼梯间与踏步的饰面宜在整个饰面完成之后再自上而下进行；门窗扇的安装一般在抹灰后进行；一般先进行油漆，再安装玻璃。这些施工顺序都有利于成品保护。

以上这些常见的施工顺序说明只要科学合理地安排施工顺序，便可有效保护成品的质量，也可以有效地防止后一道工序损伤或污染前一道工序。

2. 成品保护措施

建筑工程成品保护措施有很多，主要包括护、包、盖、封四种。

(1) 护：护是指提前进行保护，以防止成品可能受到损伤或者污染。若为了防止清水墙面受到污染，在脚手架、安全网横杆、进料口四周及临近水刷石墙面上，提前钉上塑料布或者纸板；清水墙楼梯踏步采用护棱角铁上下连通使其固定；门口在推车易碰部位，在小车轴的高度钉上防护条或者槽形盖铁等。采取这些保护措施之后，一则可以保证已经完成成品不受到损伤或者污染，二则可以加快正在施工工程的进度。

(2) 包：包是指提前进行包裹，以防止成品被损伤或污染。如大理石或者高级面镶完成后，应该用立板包裹捆扎；楼梯扶手易污染变色，油漆前应该裹纸保护；铝合金门窗应用塑料布包扎；炉片、管道污染不易清理，应包纸保护；电气开关、插座、灯具等设备也应包裹，防止喷浆时污染等。

(3) 盖：盖是指表面覆盖，防止堵塞、损伤。如预制水磨石、大理石楼梯应该用木板、加气板等覆盖，以防操作人员踩踏与物体磕碰；水泥地面、现浇或者预制水磨石地面，应铺干锯末保护；高级水磨石地面或者大理石地面，应用芷布或棉毡覆盖；落水口、排水管安好之后要加覆盖，以防产生堵塞；散水完工后，为了保水养护并防止磕碰，可以盖一层土或沙子；其他需要防晒、防冻、保温养护的项目，也要采取适当的覆盖措施。

(4) 封：封是指局部进行封闭。如预制水磨石、水泥抹面楼梯施工完成后，应将楼梯口暂时封闭，等达到上人强度并采取保护措施后再开放；室内塑料墙纸、木地板油漆完成后，都应立即锁门；屋面防水层做完后，需封闭上屋顶的楼梯门或出入口；室内抹灰或者喷浆完成之后，为调节室内温度与湿度，应有专人负责开关门窗等。

（五）质量持续改进

质量持续改进是一种不断提高与满足客户对质量要求能力的循环活动，项目经理应该按照《建设工程项目管理规范》(GB/T 50326—2017)的规定，组织进行项目质量持续改进，应该做到以下几点：

(1) 应分析与评价项目管理现状，识别质量持续改进的区域，确定改进目标，实施相应的解决办法。

(2) 项目质量持续改进应该按全面质量管理的方法进行。

(3) 项目经理部应该按不合格控制规定控制不合格产品：按照程序控制不合格，对不合格产品进行鉴别、标识、记录、评价、隔离与处置；进行不合格评审；根据不合格严重程度，按照返工、返修或者让步接收、降级使用、拒收、报废四种情况进行处理；构成等级质量事故的不合格，按照法律、法规进行处理；对返修或者返工后的产品，应该按规定重新进行检验和试验，并且保存记录；进行不合格让步接收时，承发包双方签字确认让步接收协议与标准；对影响主体结构安全与使用功能的不合格产品，由各方共同确定处理方案；保存不合格控制记录。

(4) 对不合格产品应该采取纠正措施，主要包括：对各单位提出的质量问题进行研究分析，找出原因，制定纠正措施；对已经发生的潜在的不合格信息进行分析并且记录结果，根据项目技术负责人对质量问题判定不合格程度，制定纠正措施；对严重的不合格或者重大事故，必须实施纠正措施，实施纠正措施的结果应该验证、记录；项目经理部或者责任单位，应该定期评价纠正措施的有效性。

(5) 应该采取有效的预防措施，主要包括：项目经理部定期召开质量分析会，对影响质量的原因采取相应的预防措施；对可能出现的不合格制定防止再次发生的措施并且实施；采取预防质量通病的措施；对于潜在的严重不合格产品实施预防措施程序，项目经理部应该定期评价预防措施的有效性。

八、竣工验收阶段质量控制

（一）工程项目竣工验收

工程项目的竣工验收是工程施工全过程的最后一道程序，也是工程项目管理的最后一项工作。它是建设投资转入生产或者使用的标志，也是全面考核投资效益和检验设计与施工质量的重要环节。

工程项目竣工是指工程项目经承建单位施工准备与全部施工活动，业已完成了工程项目设计图纸与工程合同规定的全部内容，并且达到业主单位的使用要求，标志着工程项目施工任务已全部完成。

工程项目竣工验收是指承建单位将竣工工程项目以及有关资料移交给业主(或者监理)单位，并接受对其产品质量与技术资料的一系列审查验收工作的总称。它也是工程项目质量控制的关键。工程项目达到验收标准，经过竣工验收合格之后就可以解除合同双方各自承担的合同义务以及经济与法律责任。

1. 竣工验收的准备工作

在工程项目正式竣工验收前，施工单位应该按照工程竣工验收的相关规定，配合监理工程师做好相应的竣工验收的准备工作。

(1) 完成工程项目的收尾工程

收尾工程的特点是零星、分散、工程量小、分布面广，若不及时完成将会直接影响工程项目的竣工验收以及投产使用。做好收尾工程，必须摸清收尾工程项目，通过竣工验收之前的预检，进行一次彻底清查，按设计图纸与合同要求逐一对照，找出遗漏项目与修补项目，制订作业计划，保质保量完成。

(2) 竣工验收资料的准备

竣工验收资料与有关技术文件是工程项目竣工验收的重要依据，从施工开始就应该完整地积累和保管，竣工验收时应该整理归档，以便于竣工验收、总结经验教训与不断提高质量控制的管理水平。

工程项目竣工验收的资料归纳起来主要包括以下内容：

① 工程说明：主要包括工程概况，工程竣工图，设计变更项目、原因以及内容，监理工程师有关工程设计修改的书面通知，工程施工的总结，工程实际完成的情况等。

② 对建筑工程质量和建筑设备安装工程质量的评价：包括监理工程师的检查签证资料、质量事故以及重大缺陷处理资料。

③ 清单：包括竣工工程项目清单和遗留工程项目清单。

④ 中间验收资料汇编：主要包括检验批、分项工程验收资料，隐蔽工程验收记录，分部工程验收记录，单位工程验收资料及监理工程师和业主的各种批准文件。

⑤ 记录：埋设永久性观测设备的记录、性能与使用说明，建设期间的观测资料、分析资料与运行记录等。

⑥ 意见或者建议：工程中遗留问题以及处理意见，对工程管理运行的意见或者建议。

⑦ 附件：主要包括工程测量、工程地质、水文地质、建筑材料等相关资料的原始记录。

(3) 竣工验收的预验收

竣工验收的预验收是指工程项目施工完成后，承包商组织相关人员进行内部模拟验收，也是竣工验收不可缺少的环节。通过预验收，承包商按照验收标准进行自我评价，及时发现存在的质量问题，以便进行返工、修补，防止在竣工验收中使进程拖延，这是顺利通过正式竣工验收的重要保证。

预验收可请监理工程师参加，以便更准确地找出存在的问题。预验收实际上是一种自验，通常可分为基层施工队自验、工程项目经理组织的自验、承包商上级主管部门的预验。在组织预验收的同时必须准备竣工资料。

2. 竣工验收的依据

竣工验收的依据是指工程项目竣工验收的标准。根据工程项目竣工验收经验，主要包括如下依据：

(1) 上级主管部门关于该工程建设项目的批准文件。

(2) 经有关部门批准的设计纲要、设计文件、施工图纸与说明书。

(3) 业主与承包商签订的工程承包合同及招标投标的文件。

(4) 国家或者有关部(委)颁布的现行规程、规范以及质量检验评定标准。

(5) 图纸会审记录、设计变更签证、中间验收资料与技术核定单。

(6) 施工单位提供的有关质量保证文件与技术资料等。

3. 竣工验收的标准

由于建设工程项目种类众多,对工程质量的要求也不尽相同,因此必须要有相应明确的竣工验收标准,以便于各方共同遵循。

(1) 单位工程竣工验收标准

一般单位工程竣工验收标准主要包括房屋建筑工程、设备安装工程与室外管线工程三个部分的验收标准。

① 房屋建筑工程竣工的验收标准。

a. 交付竣工验收的工程都应按施工图设计规定全部施工完毕,经过承建单位预检与监理工程师初检,且已达到工程项目设计、施工以及验收规范要求。

b. 建筑设备经试验并且均已达到工程项目设计与使用要求。

c. 建筑物室内外的清洁,室外 2 m 以内的现场已经清理完毕,施工弃土已经全部运出施工现场。

d. 工程项目的全部竣工图与其他竣工技术资料都已备齐。

e. 生活设施与职工住宅除满足上述要求之外,还要求通水、通电、通路。

② 设备安装工程竣工的验收标准。

a. 属于建筑工程的设备基础、机座、支架、工作台与梯子等已全部施工完毕,并且经检验达到工程项目设计与设备安装要求。

b. 必须安装的工艺设备、动力设备与仪表,已按工程项目设计与技术说明书要求安装完毕,经过检验其质量符合施工规范以及验收规范要求,并且经试压、检测、单体或者联动试车,全部符合质量要求,已具备形成工程项目设计规定的生产能力。

c. 设备出厂合格证、技术性能与操作说明书、试车记录以及其他竣工技术资料都齐全。

③ 室外管线工程竣工的验收标准。

a. 室外管道安装与电气线路敷设工程,全部按工程项目设计要求施工完毕,并且经检验达到工程项目设计、施工与验收规范要求。

b. 室外管道安装工程已经通过闭水试验、试压和检测,且质量全部合格。

c. 室外电气线路敷设工程已经通过绝缘耐压材料检测,并且质量全部合格。

(2) 单项工程竣工的验收标准

① 工业单项工程的竣工验收标准。

a. 工程项目初步设计规定的工程,例如建筑工程、设备安装工程、配套工程与附属工程等,都已全部施工完毕,经检验达到工程项目设计、施工与验收规范以及设备技术说明书要求,并且已形成工程项目设计规定的生产能力。

b. 经过单体试车、无负荷联动试车与负荷联动试车均合格。

c. 工程项目的投入生产的准备工作已经基本完成。

② 民用建筑单项工程的验收标准。

a. 全部单位工程均已经施工完毕,达到工程项目竣工验收标准,并且能交付使用。

b. 与项目配套的室外管线工程，已经全部施工完毕，并且达到竣工质量验收标准。

（3）建设项目竣工的验收标准

① 工业建设项目竣工的验收标准。

a. 主要生产性工程与辅助公用设施，都按建设项目设计规定建成，并且能够满足建设项目的生产要求。

b. 主要工艺设备与动力设备都已安装配套，无负荷联动试车与有负荷联动试车均合格，并且已具备生产能力，可生产出项目设计文件规定的产品。

c. 职工宿舍、食堂、更衣室与浴室以及其他生活福利设施，都能够满足项目投产初期的需要。

d. 项目生产准备工作已满足投产初期的需要。

② 民用建设项目竣工的验收标准。

a. 项目各单位工程与单项工程都已符合项目竣工验收的标准。

b. 项目配套工程与附属工程都已施工完毕，且达到设计规定的质量要求，具备正常使用的条件。

综上所述，项目施工完成之后必须及时进行竣工验收。国家规定："对已具备竣工验收条件的项目，3个月内不办理验收投产和移交固定资产手续者，将取消业主和主管部门的基建试车收入分成，并由银行监督全部上交国家财政；如在3个月内办理竣工验收确有困难，经验收主管部门批准，可以适当延长验收期限"。

（二）竣工验收的程序

工程项目的竣工验收，应该由监理工程师牵头，会同建设单位、施工单位、设计单位、质检部门共同进行。具体的竣工验收程序如下：

1. 施工单位进行的竣工自验

施工单位竣工自验是指工程施工完成后，首先由施工单位自行组织内部验收，以便发现存在的质量问题，及时采取措施进行处理，以保证正式验收能顺利通过。施工单位的竣工自验，根据工程重要程度和规模，一般有以下三个层次：

（1）基层单位的竣工自验

基层施工单位竣工预验，由施工队长组织有关职能人员，对于拟报竣工工程的情况与条件，根据设计图纸、合同条件与验收标准，自行进行评价验收。其主要内容包括：竣工项目是否符合相关规定；工程质量是否符合质量检验的评定标准；工程资料是否完备；工程完成情况是否符合设计要求等。若有不足之处，要及时组织人力和物力，限期按质完成。

（2）项目经理组织自验

项目经理部依据基层施工单位的预验报告与提交的有关资料，由项目经理组织有关职能人员进行自检。为了使项目正式验收顺利进行，最好邀请现场监理人员参加，经过严格检验达到竣工标准时可以填报验收通知；否则提出整改措施，限期完成。

（3）公司级组织自验

根据项目经理部的申请，可以视竣工工程的重要程度和规模，由公司组织有关职能人员（也可邀请监理工程师参加）进行检查预验，并且进行初步评价。对于不合格的项目，提出整改意见与措施，由相应施工队限期完成，并且再次组织检查验收，以决定是否提请正式的验收报告。

2. 施工单位提交验收申请报告

在以上三级竣工自验合格的基础上，施工单位可以正式向监理单位提交工程竣工验收的申请报告。监理工程师在收到验收申请报告之后，应参照工程合同的要求和验收标准等进行仔细审查。

3. 根据验收申请报告进行现场预验

监理工程师在审查验收申请报告之后，若认为可以进行竣工验收，则应该由监理单位负责组成验收机构，对竣工项目进行预验收。在预验收中若发现存在质量问题，应及时书面通知或者以备忘录的形式通知施工单位，并且令其在一定期限内完成修补工作，甚至返工。

4. 进行正式的竣工验收

在监理工程师预验合格并写出评估报告的基础上，由建设单位（业主）牵头，组织监理单位、施工单位、设计单位、上级主管部门与质量监督站等，在规定时间内进行正式的竣工验收。正式竣工验收通常分为以下两个阶段进行。

（1）单项工程竣工验收

单项工程竣工验收是指在一个总体建设项目中，一个单项工程或者一个车间已按设计要求建设完成，能满足生产要求或者具备使用条件，并且施工单位已预验合格，监理工程师已经初验通过，在满足以上条件的前提下进行的正式验收。

由几个建筑安装单位负责施工的单项工程，如果其中某一个施工单位所承担的部分已按设计要求完成，也可以组织正式验收。办理交工手续，交工验收时应该请总包施工单位参加，以避免耽误时间。对于建成的住宅，可以分栋进行正式竣工验收。

（2）全部竣工验收

全部竣工验收是指整个建设项目已按照设计要求全部建设完成，并且已符合竣工验收标准，施工单位预验合格，监理工程师初验通过，可以由监理工程师组织以建设单位为主，设计、施工与质检单位参加的线工验收。在对整个工程项目进行全部竣工验收时，对已经验收过的单项工程，可不再进行正式验收与办理验收移交手续，但是应将单项工程验收单作为全部工程验收的附件加以说明。

5. 正式竣工验收程序

（1）参加工程项目竣工验收的各方对已经竣工的项目进行目测检查，同时逐一检查工程资料所列的内容是否齐备与完整。

（2）举行由各方参加的现场验收会议。现场验收会议通常由监理工程师主持，会议内容主要包括：

① 项目经理介绍工程的施工情况、自检情况及竣工情况，出示竣工资料（竣工图纸、各项原始资料及记录）。

② 监理工程师通报工程监理中的内容，发表竣工验收意见。

③ 建设单位根据在竣工项目目测中发现的问题，按工程合同规定对施工单位提出限期处理意见。

④ 暂时休会：由质检部门会同业主以及监理工程师，讨论工程正式的竣工验收是否合格。

⑤ 复会：由监理工程师宣布竣工验收的结果，质检站人员宣布工程项目的质量等级。

⑥ 办理竣工验收签证书。

竣工验收签证书必须由建设单位、施工单位与监理单位三方代表签字方可生效。

第四节　质量问题预防与处理

一、工程质量事故基本知识

1. 工程质量事故特点

(1) 工程质量事故概念

① 工程质量不合格。根据我国有关质量、质量管理和质量保证方面的国家标准的定义，凡工程产品质量没有满足某项规定的要求，就称为工程质量不合格；而没有满足某项预期的使用要求或合理的期望(包括安全性要求)，称为工程质量缺陷。

② 工程质量问题。凡是工程质量不合格，必须进行返修、加固或报废处理，由此造成直接经济损失低于5 000元的称为工程质量问题。

③ 工程质量事故。工程质量事故，是指由于建设、勘察、设计、施工、监理等单位违反工程质量有关法律法规和工程建设标准，使工程产生结构安全、重要使用功能等方面的质量缺陷，造成人身伤亡或者重大经济损失的事故。

(2) 工程质量事故的特点

① 复杂性。影响工程质量的因素有很多，质量事故原因错综复杂，即使是同一类质量事故，原因可能截然不同，这增加了工程质量事故的原因和危害的分析难度，也增加了工程质量事故的判断和处理的难度。

② 严重性。建筑工程是一种特殊的产品，不像一般生活用品可以报废、降低使用等级或使用档次，工程项目一旦出现质量事故，其影响较大。轻者影响施工顺利进行、拖延工期、增加工程费用；重者则会留下隐患成为危险建筑，影响使用功能或者不能使用，更严重的还会引起建筑物的失稳、倒塌，造成人民生命、财产的巨大损失。

③ 可变性。许多建筑工程出现质量问题后，其质量状态并非稳定于初始状态，而是可能随着时间不断地发展、变化。因此初始阶段并不严重的质量问题，如不能及时处理和纠正，有可能发展成严重的质量事故，在分析、处理工程质量事故时一定要注意质量事故的可变性，应及时采取可靠措施防止事故进一步恶化，或加强观测与试验，取得数据，预测未来发展趋向。

④ 多发性。建筑工程受手工操作和原材料多变等影响，建筑工程中有些质量事故，在各项工程中经常发生，降低了建筑标准，影响了使用功能，甚至危及使用安全，而成为多发性质量通病。因此，必须总结经验、吸取教训、分析原因，采取有效措施进行必要预防。

2. 工程质量事故分类

根据工程质量事故造成的人员伤亡或者直接经济损失，工程质量事故分为4个等级(本等级划分所称的“以上”包括本数，所称的“以下”不包括本数)：

(1) 特别重大事故，是指造成30人以上死亡，或者100人以上重伤，或者1亿元以上直接经济损失的事故；

(2) 重大事故，是指造成10人以上30人以下死亡，或者50人以上100人以下重伤，或者5 000万元以上1亿元以下直接经济损失的事故；

(3) 较大事故，是指造成3人以上10人以下死亡，或者10人以上50人以下重伤，或者

1 000 万元以上 5 000 万元以下直接经济损失的事故；

(4) 一般事故，是指造成 3 人以下死亡，或者 10 人以下重伤，或者 100 万元以上 1 000 万元以下直接经济损失的事故。

3. 工程质量事故原因

(1) 违背建设程序：不经可行性论证，不调查分析就拍板定案；没有搞清工程地质、水文地质就仓促开工；无证设计，无图施工；在水文气象资料缺乏、工程地质和水文地质情况不明、施工工艺不过关的情况下盲目兴建；任意修改设计，不按图纸施工；工程竣工不进行试车运转、不经验收就交付使用等蛮干现象等，致使不少工程项目留有严重隐患，房屋倒塌事故常有发生。

(2) 工程地质勘查原因：未认真地质勘查，提供地质资料、数据有误；地质勘查时，钻孔间距太大，不能全面反映地基的实际情况，如当基岩地面起伏变化较大时，软土层厚度相差很大；地质勘查钻孔深度不够，没有查清地下软土层、滑坡、墓穴、孔洞等；地质勘察报告不详细、不准确等，均会导致采用错误的基础方案，造成地基不均匀沉降、失稳，使上部结构及墙体开裂、破坏、倒塌。

(3) 未加固处理好地基：对软弱土、冲填土、杂填土、湿陷性黄土、膨胀土、岩层出露、岩溶、土洞等不均匀地基未进行加固处理或处理不当，均是导致重大质量问题的原因。必须根据不同地基的工程特性，按照地基处理应与上部结构相结合使其共同工作的原则，从地基处理、设计措施、结构措施、防水措施、施工措施等方面综合考虑治理。

(4) 设计计算问题：设计考虑不周、结构构造不合理、计算简图不正确、计算荷载取值过小、内力分析有误、沉降缝及伸缩缝设置不当、悬挑结构未进行抗倾覆验算等，都是诱发质量问题的隐患。

(5) 建筑材料及制品不合格：诸如钢筋物理力学性能不符合标准，水泥受潮、过期、结块、安定性不良，砂石级配不合理，有害物含量过多，混凝土配合比不准，外加剂性能、用量不符合要求时，均会影响混凝土强度、和易性、密实性、抗渗性，导致混凝土结构强度不足、裂缝、渗漏、蜂窝、露筋等质量问题。预制构件断面尺寸不准，支承锚固长度不足，未可靠建立预应力值，钢筋漏放、错位，板面开裂等，必然会出现断裂、垮塌。

(6) 施工和管理问题：许多工程质量问题往往是由施工和管理造成的。

① 不熟悉图纸盲目施工；图纸未经会审就仓促施工；未经监理、设计部门同意就擅自修改设计。

② 不按图施工。把铰接做成刚接，把简支梁做成连续梁，抗裂结构用光圆钢筋代替变形钢筋等，致使结构裂缝破坏；挡土墙不按图设置滤水层和留排水孔，致使土压力增大，造成挡土墙倾覆。

③ 不按有关施工验收规范施工。如现浇混凝土结构不按规定的位置和方法任意留设施工缝；不按规定的强度拆除模板；砌体不按组砌形式砌筑，留直槎不加拉结条，在小于 1 m 宽的窗间墙上留设脚手洞等。

④ 缺乏基本结构知识，施工蛮干。如将钢筋混凝土预制梁倒放安装；将悬臂梁的受拉钢筋放在受压区，结构构件吊点选择不合理，不了解结构使用受力和吊装受力的状态，施工中在楼面超载堆放构件和材料等，均将给质量和安全造成严重后果。

⑤ 施工管理紊乱，施工方案考虑不周，施工顺序错误；技术组织措施不当，技术交底不

清，违章作业；不重视质量检查和验收工作等，都将导致质量问题。

(7) 自然条件影响：建设工程项目施工周期长、露天作业多，受自然条件影响大，温度、湿度、日照、雷电、供水、大风、暴雨等都能造成重大的质量事故，施工中应特别重视，采取有效措施予以预防。

(8) 建筑结构使用问题：建筑物使用不当也会造成质量问题。如不经校核、验算，就在原有建筑物上任意加层；使用荷载超过原设计的容许荷载；任意开槽、打洞以削弱承重结构的截面等。

(9) 生产设备本身存在缺陷。

二、工程质量事故处理依据

工程质量事故处理的主要依据如下：

1. 质量事故状况

要搞清质量事故的原因和确定处理对策，首先要掌握质量事故的实际情况，有关质量事故状况的资料主要来自以下几个方面：

(1) 来自施工单位的质量事故调查报告。质量事故发生后，施工单位有责任就所发生的质量事故进行周密的调查，研究掌握情况，并在此基础上写出事故调查报告，对有关质量事故的实际情况作详细说明，其内容如下：

① 质量事故发生的时间、地点，工程项目名称及工程概况，例如：结构类型、建筑物的层数、发生质量事故的部位、参加工程建设的各单位名称。

② 质量事故状况的描述。例如：分布状态及范围、发生事故的类型；缺陷程度及直接经济损失；是否造成人身伤亡及伤亡人数。

③ 质量事故现场勘察笔录，事故现场证物照片、录像，质量事故的证据资料，质量事故的调查笔录。

④ 质量事故的发展变化情况（是否继续扩大其范围，是否已经稳定）。

(2) 事故调查组研究所获得的第一手材料以及调查组所提供的工程质量事故调查报告，用以对照、核实施工单位所提供的情况。

2. 有关合同和合同文件

所涉及的合同文件有：工程承包合同、设计委托合同、设备与器材购销合同、监理合同及分包工程合同等。有关合同和合同文件在处理质量事故中的作用是判断施工过程中有关各方是否按照合同约定的有关条款实施其活动，同时有关合同文件还是确定质量责任的重要依据。

3. 有关的技术文件和档案

(1) 有关的设计文件。

(2) 与施工有关的技术文件和档案资料。

① 施工组织设计或施工方案、施工计划。

② 施工记录、施工日志等。根据这些记录可以查对发生质量事故的工程施工时的情况。借助这些资料可以追溯和探寻事故的可能原因。

③ 有关建筑材料的质量证明文件资料。例如：材料进场的批次，出厂日期，出厂合格证书，进场验收或检验报告，施工单位按标准规定进行抽检、有见证取样的试验报告等。

④ 现场制备材料的质量证明资料。例如：混凝土拌合料的级配、配合比、计量搅拌、运

输、浇筑、振捣及坍落度记录，混凝土试块制作、标准养护或同条件养护的强度试验报告等。

⑤ 质量事故发生后，对事故状况的观测记录，试验记录或试验、检测报告等。例如：对地基沉降的观测记录；对建筑物倾斜或变形的观测记录；对地基钻探取样记录或试验报告，对混凝土结构物钻取芯样、回弹或超声检测的记录及检测结果报告等。

⑥ 其他有关资料。

上述各类技术资料对于分析事故原因、判断其发展变化趋势、推断事故影响及严重程度、考虑处理措施等起着重要的作用。

4. 有关的建设法规

(1) 设计、施工、监理单位资质管理方面的法规

属于该类法规的有《建设工程勘察和设计单位资质管理规定》《建筑业企业资质管理规定》《建筑业企业资质等级标准》《工程建设企业资质管理规定》《工程监理企业资质标准》等。

(2) 建筑市场方面的法规

该类法规主要涉及工程发包、承包活动以及国家对建筑市场的管理活动。属于该类的法规文件有《中华人民共和国招标投标法》《房屋建筑和市政基础设施工程施工招标投标管理办法》《建筑工程施工发包与承包计价管理办法》《建设工程勘察设计管理条例》《建设工程施工合同管理办法》《中华人民共和国民法典》《工程建设若干违法违纪行为处罚办法》《建筑工程五方责任主体项目负责人质量终身责任追究暂行办法》等。

(3) 建筑施工方面的法规。

该类法规主要涉及有关施工技术管理、建设工程质量监督管理、建筑安全生产管理和施工机械设备管理、工程监理等方面的法律规定，都是与现场施工密切相关的，因而与工程施工质量有密切关系或直接关系。该类法规文件有：《建设工程质量管理条例》《中华人民共和国安全生产法》《建设工程安全生产管理条例》《建筑工程施工许可管理办法》《实施工程建设强制性标准监督规定》《建设工程质量检测工作规定》等及近年来发布的系列有关建设监理方面的法规文件。

三、工程质量事故处理程序

工程质量事故发生之后可以按图 4-3 所示程序处理。

1. 事故报告

(1) 工程质量事故发生后，事故现场有关人员应当立即向工程建设单位负责人报告；工程建设单位负责人接到报告后，应于 1 h 内向事故发生地县级以上建设主管部门及有关部门报告。

情况紧急时，事故现场有关人员可直接向事故发生地县级以上建设主管部门报告。

(2) 建设主管部门接到事故报告后，应当按照下列规定上报事故情况，并同时通知公安、监察机关等有关部门。

① 较大、重大及特别重大事故逐级上报至国务院建设主管部门，一般事故逐级上报至省级建设主管部门，必要时可以越级上报事故情况。

② 建设主管部门上报事故情况，应当同时报告本级人民政府；国务院建设主管部门接到重大和特别重大事故的报告后，应当立即报告国务院。

③ 建设主管部门逐级上报事故情况时，每级上报时间不得超过 2 h。

④ 事故报告应包括下列内容：

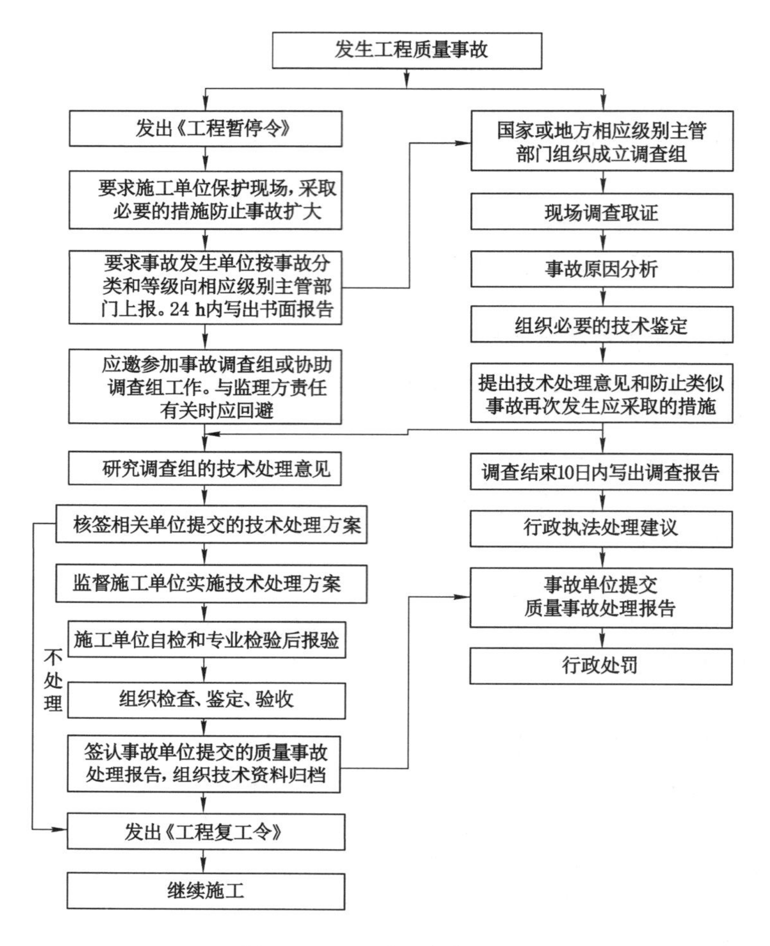

图 4-3　工程质量事故程序

a. 事故发生的时间、地点、工程项目名称、工程各参建单位名称。

b. 事故发生的简要经过、伤亡人数（包括下落不明的人数）和初步估计的直接经济损失。

c. 事故的初步原因。

d. 事故发生后采取的措施和事故控制情况。

e. 事故报告单位、联系人及联系方式。

f. 其他应当报告的情况。

⑤ 事故报告后出现新情况，以及事故发生之日起 30 日内伤亡人数发生变化的，应当及时补报。

2. 现场保护

当施工过程中发生质量事故，尤其是导致土方、结构、施工模板、平台坍塌等安全事故造成人员伤亡时，施工负责人应视事故的具体情况，组织在场人员果断采取应急措施保护现场，救护人员，防止事故扩大。同时做好现场记录、标识、拍照等，为后续的事故调查保留客观真实场景。

3．事故调查

（1）建设主管部门应当按照有关授权或委托，组织或参与事故调查组对事故进行调查，并履行下列职责：

① 核实事故基本情况，包括事故发生的经过、人员伤亡情况及直接经济损失。

② 核查事故项目基本情况，包括项目履行法定建设程序情况、工程各参建单位履行职责的情况。

③ 按照国家有关法律法规和工程建设标准分析事故的直接原因和间接原因，必要时组织对事故项目进行检测鉴定和专家技术论证。

④ 认定事故的性质和事故责任。

⑤ 按照国家有关法律法规提出对事故责任单位和责任人员的处理建议。

⑥ 总结事故教训，提出防范和整改措施。

⑦ 提交事故调查报告。

（2）事故调查报告应当包括下列内容：

① 事故项目及各参建单位概况。

② 事故发生经过和事故救援情况。

③ 事故造成的人员伤亡和直接经济损失。

④ 事故项目有关质量检测报告和技术分析报告。

⑤ 事故发生的原因和事故性质。

⑥ 事故责任的认定和事故责任者的处理建议。

⑦ 事故防范和整改措施。

事故调查报告应当附具有关证据材料。事故调查组成员应当在事故调查报告上签名。

4．事故处理

（1）事故处理包括以下两个方面：

① 事故的技术处理，解决施工质量不合格和缺陷问题。

② 事故的责任处罚，根据事故性质、损失大小、情节轻重对责任单位和责任人做出行政处分直至追究刑事责任等不同处罚。

（2）工程质量事故处理报告主要内容为：

① 工程质量事故情况、调查情况、原因分析。

② 质量事故处理的依据。

③ 质量事故技术处理方案。

④ 实施技术处理施工中有关问题和资料。

⑤ 对处理结果的检查鉴定和验收。

⑥ 质量事故处理结论。

5．恢复施工

对停工整改、处理质量事故的工程，经过对施工质量的处理过程和处理结果的全面检查验收，并有明确的质量事故处理鉴定意见后，报请工程监理单位签发《工程复工令》，恢复正常施工。

四、工程质量事故处理方案

（一）工程质量事故处理的方案

1. 修补处理

修补处理是最常用的一种处理方案。通常当工程的某个检验批、分项或分部的质量虽未达到规范、标准或设计要求，存在一定缺陷，但通过修补或更换器具、设备后能达到要求的标准，又不影响使用功能和外观要求，在此情况下可以进行修补处理。属于修补处理这类具体方案很多，诸如封闭保护、复位纠偏、结构补强、表面处理等。某些事故造成的结构混凝土表面裂缝，可根据其受力情况，仅进行表面封闭保护。某些混凝土结构表面的蜂窝、麻面，经调查分析，可进行剔凿、抹灰等表面处理，一般不会影响其使用和外观。

对于较严重的质量问题，可能影响结构的安全性和使用功能，必须按一定的技术方案进行加固补强处理，这样往往会造成一些永久性缺陷，如改变结构外形尺寸，影响一些次要的使用功能等。

2. 返工处理

当工程质量未达到规定的标准和要求，存在严重的质量问题，对结构的使用和安全构成重大影响，且又无法通过修补处理时，可对检验批、分项、分部甚至整个工程返工处理。例如：某防洪堤坝填筑压实后，其压实土的干密度未达到规定值，经核算将影响土体的稳定性且不满足抗渗能力要求，可挖除不合格土重新填筑，进行返工处理；某公路桥梁工程预应力按规定张力系数为 1.3，实际仅为 0.8，属于严重的质量缺陷，无法修补，只有返工处理。

对某些存在严重质量缺陷且无法采用加固补强等修补处理或修补处理费用比原工程造价还高的工程，应进行整体拆除，全面返工。

3. 让步处理

对质量不合格的施工结果，经设计人的核验，虽然没有达到设计的质量标准，但是尚不影响结构安全和使用功能，经业主同意后可予以验收。

4. 降级处理

对已完成施工部位，因轴线、标高引测差错而改变设计平面尺寸，若返工损失严重，在不影响使用功能的前提下，经承、发包双方协商验收。

出现质量问题后，经检测鉴定达不到设计要求，但经原设计单位核算仍然能满足结构安全和使用功能，则可降级处理。例如：某一结构构件截面尺寸不足或材料强度不足，影响结构承载力，但经过按实际检测所得截面尺寸和材料强度复核验算，仍然能满足设计的承载力，可不进行专门处理。这是因为一般情况下，规范和标准给出了满足安全和功能的最低限度要求，而设计往往在此基础上留有一定余量，这种处理方式实际上是挖掘了设计潜力或降低了设计的安全系数。

5. 不做处理

对于轻微的施工质量缺陷，如面积小、点数多、程度轻的混凝土蜂窝、麻面、露筋等施工规范允许范围内的缺陷，可通过后续工序进行修复。

实际上，让步处理和降级处理均为不做处理，但其质量问题在结构安全性和使用功能上的影响不同。不论什么样的质量问题处理方案，均必须做好必要的书面记录。

（二）对工程缺陷处理方案进行决策的辅助方法

对质量缺陷处理的决策，是复杂且重要的工作，直接关系到工程的质量、费用与工期。

所以，要做出对缺陷处理的决定，特别是对需要返工或不作处理的决定，应当慎重对待。在对于某些复杂的工程缺陷做出处理决定之前，可采取下述方法进一步论证。

1. 试验验证

对某些有严重质量缺陷的项目，可采取合同规定的常规试验以外的试验方法进一步验证，以确定缺陷的严重程度。例如：混凝土构件的试件强度低于要求的标准不太严重(10%以下)时，可进行加载试验，以证明其是否满足使用要求。监理工程师可根据对试验验证结果的分析、论证，再研究处理决策。

2. 定期观测

在发现工程有质量缺陷时其状态可能尚未达到稳定仍会继续发展，在这种情况下一般不宜过早做出决定，可以对其观测一段时间，然后再根据具体情况做出决定。对此，监理工程师应与业主及承包商协商，是否可以留待缺陷责任期解决或采取修改合同，延长缺陷责任期的办法。

3. 专家论证

对于某些工程缺陷，可能涉及的技术领域比较广泛，或问题很复杂，有时仅根据合同规定难以决策。而采用这种方法时，应事先做好充分准备，尽早为专家提供尽可能详细的情况和资料，以便使专家能够进行较充分的、全面和细致的分析、研究，提出切实可行的意见与建议。实践证明：采取这种方法对于重大质量缺陷问题做出恰当的决定十分有益。

（三）工程质量事故处理的鉴定验收

1. 检查验收

工程质量事故处理完成后，应严格按施工验收标准和有关规定进行，根据质量事故技术处理方案设计要求，通过实际量测，检查各种资料数据进行验收，并应办理交工验收文件，组织各有关单位会签。

2. 必要的鉴定

为确定工程质量事故的处理效果，凡涉及结构承载力等使用安全和其他重要性能的处理工作，常需做必要的试验和检验鉴定工作。例如：质量事故处理施工过程中建筑材料及构配件保证资料严重缺乏，或对检查密实性和裂缝修补效果，或检测实际强度；结构荷载试验，确定其实际承载力；超声波检测焊接或结构内部质量；池、箱、柜工程的渗漏检验等。检测鉴定必须委托政府批准的有资质的法定检测单位进行。

3. 验收结论

对所有的质量事故，无论是经过技术处理、通过检查鉴定验收还是不需专门处理的，均应有明确的书面结论。若对后续工程施工有特定要求，或对建筑物使用有一定限制条件的，应在结论中提出。

验收结论通常包括以下几种：

(1) 事故已排除，可以继续施工。

(2) 隐患已消除，结构安全有保障。

(3) 经修补处理后完全能够满足使用要求。

(4) 基本上满足使用要求，但使用时有附加限制条件。

(5) 对耐久性影响的结论。

(6) 对建筑物外观影响的结论。

(7) 对事故责任的结论。

对短期内难以做出结论的,可提出进一步观测检验意见。质量问题处理方案应以原因分析为基础,如果某些问题一时认识不清,且一时不致产生严重恶化,可以继续调查、观测,以便掌握更充分的资料和数据进一步分析。找到原因,方可确认处理方案,避免急于求成而造成反复处理的不良后果。审核确认处理方案应牢记:安全可靠,不留隐患,满足建筑物的功能和使用要求,技术可行,经济合理。针对确认不需专门处理的质量问题,应能保证其不会对工程安全产生危害,且满足安全和使用要求。因此,应总结经验,吸取教训,采取有效措施预防。

事故处理后必须提交完整的事故处理报告,其内容包括:事故调查的原始资料、测试数据;事故的原因分析、论证;事故处理的依据;事故处理方案、方法及技术措施;检查验收记录;事故无须处理的论证;事故处理结论等。

第五章　安全员应具备的基本知识

无危则安，无损则全。顾名思义，安全是指没有危险，不出事故，人不受伤害，物不受损伤。从这个意义来讲，安全可以认为是一种物态、环境或状态。安全，是指预知人类在生产和生活各个领域存在的固有的或潜在的危险，并且为消除这些危险所采取的各种方法、手段和行为的总称，包括人身安全、设备与财产安全、环境安全等。

安全生产，是指在劳动生产过程中，通过努力改善劳动条件克服不安全因素，防止伤亡事故发生，使劳动生产在保障劳动者安全健康和国家财产不受损失的前提下顺利进行。安全与生产是辩证统一的关系，其统一性表现在：一方面，生产必须安全，安全是生产的前提条件，不安全就无法生产；另一方面，安全可以促进生产，抓好安全，为员工创造一个安全、卫生、舒适的工作环境，可以更好地调动员工的积极性，提高劳动生产率和减小因事故造成的不必要的损失。

施工项目安全管理，是指在工程项目的施工过程中组织安全生产的全部管理活动。通过对施工现场危险源的状态控制，减少或消除事故的安全隐患，从而有效控制施工现场的事故发生率，使项目目标效益得到充分保证。安全员是指在建筑与市政工程施工现场，从事施工安全策划、检查、监督等工作的专业人员。《中华人民共和国安全生产法》确定我国安全生产管理的基本方针是“安全第一、预防为主、综合治理”。

第一节　安全员的职责和要求

安全员的主要职责包括：项目安全策划、资源环境安全检查、作业安全管理、安全事故处理、安全资料管理。安全员的具体工作职责和所需的专业技能见表 5-1。安全员应具备的专业知识见表 5-2。

表 5-1　安全员的具体工作职责和所需的专业技能

分类	主要工作职责	专业技能
项目安全策划	1. 参与制订施工项目安全生产管理计划。 2. 参与建立安全生产责任制度。 3. 参与制定施工现场安全事故应急救援预案	1. 能够参与编制项目安全生产管理计划。 2. 能够参与编制安全事故应急救援预案
资源环境安全检查	1. 参与开工前安全条件检查。 2. 参与施工机械、临时用电、消防设施等的安全检查。 3. 负责防护用品和劳保用品的符合性审查。 4. 负责作业人员的安全教育培训和特种作业人员资格审查	1. 能够参与对施工机械、临时用电、消防设施的安全检查，对防护用品与劳保用品进行符合性判断。 2. 能够组织实施项目作业人员的安全教育培训

表 5-1(续)

分类	主要工作职责	专业技能
作业安全管理	1. 参与编制危险性较大的分部、分项工程专项施工方案。 2. 参与施工安全技术交底。 3. 负责施工作业安全和消防安全的检查和危险源的识别,对违章作业和安全隐患进行处置。 4. 参与施工现场环境监督管理	1. 能够参与编制安全专项施工方案。 2. 能够参与编制安全技术交底文件,并实施安全技术交底。 3. 能够识别施工现场危险源,并对安全隐患和违章作业进行处置。 4. 能够参与项目文明工地、绿色施工管理
安全事故处理	1. 参与组织安全事故应急救援演练,参与组织安全事故救援。 2. 参与安全事故的调查、分析	能够参与安全事故的救援处理、调查分析
安全资料管理	1. 负责安全生产的记录、安全资料的编制。 2. 负责汇总、整理、移交安全资料	能够编制、收集、整理施工安全资料

表 5-2　安全员应具备的专业知识

分类	专业知识
通用知识	1. 熟悉国家工程建设相关法律法规。 2. 熟悉工程材料的基本知识。 3. 熟悉施工图识读的基本知识。 4. 了解工程施工工艺和方法。 5. 熟悉工程项目管理的基本知识
基础知识	1. 了解建筑力学的基本知识。 2. 熟悉建筑构造、建筑结构和建筑设备的基本知识。 3. 掌握环境与职业健康管理的基本知识
岗位知识	1. 熟悉与本岗位相关的标准和管理规定。 2. 掌握施工现场安全管理知识。 3. 熟悉施工项目安全生产管理计划的内容和编制方法。 4. 熟悉安全专项施工方案的内容和编制方法。 5. 掌握施工现场安全事故的防范知识。 6. 掌握安全事故救援处理知识

下面对安全员的部分工作职责进行解释。

项目安全策划是指制订工程项目施工现场安全生产管理计划的一系列活动。

施工项目安全生产管理计划包括安全控制目标、控制程序、组织结构、职责权限、规章制度、资源配置、安全措施、检查评价和奖惩制度以及对分包的安全管理;复杂或专业性项目的总体安全措施、单位工程安全措施及分部分项工程安全措施;非常规作业的单项安全技术措施和预防措施等。同时,对项目现场,尚应按照《环境管理体系 要求及使用指南》(GB/T 24001—2016)的要求,建立并持续改进环境管理体系,以促进安全生产、文明施工并防止污染环境。

施工项目安全生产管理计划和安全生产责任制度均由施工单位组织编制，项目经理负责，安全员参与。

施工现场安全事故应急救援预案应包括建立应急救援组织和配备必要的应急救援器材、设备，由施工单位组织编制，项目经理负责，安全员应参与。

开工前安全条件审查是建设行政主管部门负责的工作，现场监理人员和安全员主要参与现场安全防护、消防、围挡、职工生活设施、施工材料、施工机具、施工设备安装、作业人员许可证、作业人员保险手续、项目安全教育计划、现场地下管线资料、文明施工设施等项目的检查。

施工防护用品和劳保用品的符合性审查是指对施工防护用品和劳保用品的安全性能是否达到或符合施工安全要求的检查与审验。

危险性较大的分部、分项工程专项施工方案由总承包单位或专业承包单位组织编制，安全员参与审核，因方案涉及施工安全保证措施，安全员一般应参与专项施工方案的编制。

安全技术交底由项目技术负责人负责实施。安全技术交底必须包括安全技术、安全程序、施工工艺和工种操作等内容，交底对象为项目部相关管理人员和施工作业班组长等。对施工作业班组的安全技术交底应由施工员实施，安全员协助、参与。

施工作业安全检查包括日常作业安全检查、季节性安全检查、专项安全检查等，检查内容按照《建筑施工安全检查标准》(JGJ 59—2019)的要求执行。

施工现场环境监督管理是施工生产管理的重要环节，由项目经理负责，主要目标是保持现场良好的作业环境、卫生条件和工作秩序，做到污染预防，并预防可能出现的安全隐患，确保项目文明施工；有效实施现场管理，保护地下管线、发现文物古迹或爆炸物时及时报告，切实控制污水、废气、噪声、固体废弃物、建筑垃圾和渣土，正确处理有毒有害物质。这一工作中，安全员参与涉及安全施工和环境安全的工作，包括污染预防，报告发现的爆炸物，控制污水、废气和噪声，处理有毒有害物质等。

项目安全生产事故应急救援演练是项目部根据项目应急救援预案进行的定期专项应急演练，由项目经理负责。安全员监督演练的定期实施和协助演练的组织工作。当安全生产事故发生后，项目经理负责组织、指挥救援工作，安全员参与组织救援。

安全生产事故发生后，施工单位要及时如实报告、采取措施防止事故扩大、保护事故现场。安全生产事故主要由政府组织调查。项目部的职责主要是协助调查。因此，安全员的职责就是协助调查人员对安全事故进行调查、分析。

第二节　安全生产管理原理

安全生产管理随着安全科学技术和管理科学的发展而发展。现代安全管理的意义和特点：变传统的纵向单因素安全管理为现代的横向综合安全管理；变传统的事故管理为现代的事件分析与隐患管理；变传统的被动的安全管理对象为现代的主动的安全管理对象；变传统的静态安全管理为现代的动态安全管理；变过去企业只顾生产经济效益的安全辅助管理为现代的效益、环境、安全与卫生的综合效果的管理；变传统的被动、辅助、滞后的安全管理模式为现代的主动、本质、超前的安全管理模式。

（一）系统原理

1. 系统原理的含义

系统原理是现代管理学的一个最基本原理。它是指人们在从事管理工作时运用系统观点、理论和方法，对管理活动进行充分的系统分析，以达到管理优化的目标。

系统是由相互作用和相互依赖的若干部分组成的有机整体。任何管理对象都可以作为一个系统，系统可以分为若干个子系统，子系统又可以分为若干个要素，即系统由要素组成。因此，管理系统具有集合性、相关性、目的性、整体性、层次性和适应性六个特征。

安全生产管理系统是生产管理的一个子系统，包括各级安全管理人员、安全防护设备与设施、安全管理规章制度、安全生产操作规范和规程以及安全生产管理信息等。安全贯穿生产活动的各个方面，安全生产管理是全方位、全天候和涉及全体人员的管理。

2. 运用系统原理的原则

(1) 动态相关性原则。管理系统的各要素是运动和发展的，既相互联系又相互制约。显然，如果管理系统的各要素都处于静止状态，就不会发生事故。

(2) 整分合原则。高效的现代安全生产管理必须在整体规划下明确分工，在分工基础上有效综合。运用该原则，要求企业管理者在制定整体目标和宏观决策时，必须将安全生产纳入其中，资金、人员和体系都必须将安全生产作为一项重要内容考虑。

(3) 反馈原则。成功的高效管理，离不开灵活、准确、快速的反馈。企业生产的内部条件和外部环境在不断变化，所以必须及时捕获、反馈各种安全生产信息，及时采取行动。

(4) 封闭原则。在任何一个管理系统内部，管理手段、管理过程等必须构成一个连续封闭的“回路”，才能形成有效的管理活动。在企业安全生产过程中，各管理机构之间、各种管理制度和方法之间，必须具有紧密的联系，形成相互制约的“回路”才能有效。

（二）人本原理

1. 人本原理的含义

在管理中必须把人的因素放在首位，体现以人为本的指导思想。以人为本有两层含义：其一，一切管理活动都是以人为本展开的，人既是管理的主体，又是管理的客体，每个人都处于一定的管理层面上，离开人就无所谓管理；其二，在管理活动中，作为管理对象的要素和管理系统各环节，都需要人掌管、运作、推动和实施。

2. 运用人本原理的原则

(1) 动力原则。管理必须有能够激发人的工作能力的动力。对于管理系统，有三种动力，即物质动力、精神动力和信息动力。

(2) 能级原则。现代管理认为，单位和个人都具有一定的能量，并且可按照能量的大小顺序排列，形成管理能级。在管理系统中，建立一套合理的能级，根据单位和个人能量的大小安排其工作，才能发挥不同能级的能量，保证结构的稳定性和管理的有效性。

(3) 激励原则。激励是指利用某种外部诱因的刺激调动人的积极性和创造性，以科学的手段激发人的内在潜力，使其充分发挥积极性、主动性和创造性。人的工作动力来源于内在动力、外部压力和工作吸引力。

（三）预防原理

1. 预防原理的含义

通过有效的管理和技术手段，减少和防止人的不安全行为和物的不安全状态，在可能发生人身伤害、设备或设施损坏和环境破坏的场合,事先采取措施,防止事故发生。

2. 运用预防原理的原则

(1) 偶然损失原则。事故后果以及后果的严重程度,都是随机的、难以预测的。反复发生的同类事故,并不一定产生完全相同的后果。偶然损失原则告诉我们,无论事故损失大小,都必须做好预防工作。

(2) 因果关系原则。事故的发生是许多因素互为因果连续发生的最终结果,只要事故的因素存在,发生事故是必然的,只是时间或迟或早而已。

(3) 3E 原则。造成人的不安全行为和物的不安全状态的原因可归结为四个方面,即技术原因、教育原因、身体和态度原因、管理原因。针对这四个方面的原因,可以采取三种防止对策,即工程技术对策、教育对策、法制对策,具体而言,安全生产管理 3E 原则是:

① 强制管理:生产经营单位通过组织机构建立健全各级管理人员和生产人员责任制。

② 教育培训:强化员工的安全技能,通过安全科技知识和岗位安全技能教育,提高安全操作的技能和应对紧急情况的能力。

③ 工程技术:安全生产方针"安全第一,预防为主,综合治理",工程技术方法主要从技术层面贯彻方针的落实。

(4) 本质安全化原则。本质安全化原则是指从一开始和从本质上实现安全化,从根本上消除事故发生的可能性,从而达到预防事故发生的目的。本质安全化原则不仅可以应用于设备、设施,还可以应用于建设项目。

(四) 强制原理

1. 强制原理的含义

采取强制管理手段控制人的意愿和行为,使个人的活动、行为等受到安全生产管理要求的约束,从而实现有效的安全生产管理。换句话说,就是绝对服从,不必经被管理者同意便可采取控制行动。

2. 运用强制原理的原则

(1) 安全第一原则。安全第一就是要求在进行生产和其他活动时把安全工作放在一切工作的首要位置。当生产和其他工作与安全发生矛盾时,要以安全为主,生产和其他工作要服从安全第一原则。

(2) 监督原则。为了使安全生产法律、法规得到落实,必须设立安全生产监督管理部门,对企业生产中的守法和执法情况进行监督。

第三节 建筑工程施工安全管理

建设工程施工安全管理不仅关系到建设工程的进度、质量与效益,还关系到广大人民群众的生命和财产安全,关系到国家经济的持续发展和社会稳定。对建筑施工过程进行有效的安全管理,保证达到预定目标,是广大工程管理人员的重要任务。

安全管理是指管理者对安全生产进行计划、组织、指挥、协调和控制的一系列活动,是企业管理的重要部分,其目的是保证人员在生产过程中的安全与健康,保证财产不受损失。建筑施工安全管理是指在建筑施工过程中组织安全生产的全部管理活动。通过对生产要素过程控制,使生产要素的不安全行为和不安全状态得以减少或消除,从而保证安全管理目标的实现。

一、施工安全管理内容

1. 施工安全组织管理

为保证国家有关安全生产的政策、法规及施工现场安全管理制度的落实，企业应该建立健全安全管理机构，并对安全管理机构的构成、职责及工作模式做出规定。

2. 施工安全制度管理

施工项目确立后，施工单应根据国家及行业有关安全生产的政策、法规、规范和标准，建立一套符合项目工程特点的安全生产管理制度，包括安全生产责任制度、安全生产教育制度、安全生产检查制度、现场安全管理制度、电气安全管理制度、消防安全管理制度、高处作业安全管理制度、劳动卫生安全管理制度等。用制度约束施工人员的行为，达到安全生产的目的。

3. 施工现场设施管理

根据国家安全生产相关法律、法规的规定，对施工现场的运输道路，附属加工设施，给排水动力、照明、通信设施，临时用房材料、构件，设备及施工器具的堆放点，施工机械的行进路线，临时消防设施等施工现场设施进行合理设计、有序摆放和科学管理。

4. 施工人员操作管理

施工单位严格按照国家及行业的有关规定及各工种操作规程和工作条例的要求，规范施工人员的行为，坚决贯彻执行各项安全管理制度，杜绝由于违反操作规程而引发的工伤事故。

5. 施工安全技术管理

在施工过程中，为了防止和消除伤亡事故，保障职工的安全，企业应该根据国家及行业的有关规定，针对工程特点、施工现场环境、使用机械以及施工中可能使用的有毒有害原材料，提出安全技术和防护措施。安全技术措施在施工前应根据施工图编制，施工前必须以书面形式对施工人员进行安全技术交底，对不同工程特点和可能的安全事故，从技术上采取措施，消除危险，保证施工安全。施工中对各项安全措施要认真组织实施，经常进行监督检查。对施工中出现的新问题，技术人员和安全管理人员要在调查分析的基础上提出新的技术措施。

二、施工安全管理基本要求

（一）正确处理安全与其他因素的五种关系

(1) 安全与生产的关系。生产是人类社会存在和发展的基础，如生产中的人、物、环境都处于危险状态，则生产无法顺利进行，因此安全是生产的客观要求，当生产完全停止，安全也就失去意义；就生产目标来说，组织好安全生产就是对国家、人民和社会最大的负责。有了安全保障，生产才能持续、稳定、健康发展。若生产活动中事故不断发生，生产势必陷于混乱，甚至瘫痪。当生产与安全矛盾时，应停止生产经营活动进行整治，消除了危险因素以后，生产经营形势才会变得更好。

(2) 安全与质量的关系。质量和安全工作，交互作用，互为因果。安全第一与质量第一并不矛盾。安全第一是从保护生产经营因素的角度提出的，而质量第一是从关心产品成果的角度强调的，安全为质量服务，质量需要安全保证。生产过程哪一方面都不能丢掉，否则将陷于失控状态。

(3) 安全与危险的关系。安全与危险在同一事物运动中是相互对立的，也是相互依赖存在的，因为有危险，所以才进行安全生产过程控制，以防止或减少危险。安全与危险并非是等量并存、平静相处，随着事物的运动变化，安全与危险每时每刻都在变化，彼此进行斗争。事物的发展将向斗争的胜方倾斜。可见，在事物的运动中都不会存在绝对的安全或危险。危险因素是客观存在于事物运动之中的，是可知的，也是可控的，因此保持生产的安全状态，必须采取多种措施，控制或消除危险因素。

(4) 安全与速度的关系。生产中违背客观规律，盲目蛮干、乱干，在侥幸中求得的进度，缺乏真实与可靠的安全支撑，往往容易酿成不幸，不但无速度可言，反而会延误时间，影响生产。

速度应以安全作为保障，安全就是速度，应追求安全加速度，避免安全减速度。安全与速度成正比关系。一味强调速度，置安全于不顾的做法是极其有害的。当速度与安全矛盾时，暂时减缓速度，保证安全才是正确的选择。

(5) 安全与效益的关系：安全技术措施的实施，会不断改善劳动条件，调动职工的积极性，提高工作效率，带来经济效益，从这个意义上说，安全与效益完全是一致的，安全提升了效益。在实施安全措施中，投入要精打细算、统筹安排，既要保证安全生产，又要经济合理，还要考虑力所能及。为了省钱而忽视安全生产，或追求资金盲目高投入，都是不可取的。

(二) 坚持安全管理的六个原则

(1) 坚持管生产必须管安全的原则。安全寓于生产之中，并对生产起促进与保障作用，因此，安全与生产虽然有时矛盾，但从安全、生产管理的目标来看，表现出高度的统一。安全管理是生产管理的重要组成部分，安全与生产在实施过程中存在着密切联系，存在着进行共同管理的基础。管生产必须管安全，不仅是对各级领导人员明确安全管理责任，还向一切与生产有关的机构、人员明确业务范围内的安全管理责任。因此一切与生产有关的机构、人员，都必须参与安全管理，并在管理中承担责任。认为安全管理只是安全部门的事是一种片面的、错误的认识。各级人员安全生产责任制度的建立和管理责任的落实，体现了管生产同时管安全的原则。

(2) 坚持预防为主的原则。安全生产的方针是"安全第一、预防为主"。安全第一是从保护生产力的角度和高度，表明在生产范围内安全与生产的关系，肯定安全在生产活动中的位置和重要性。进行安全管理不是处理事故，而是在生产经营活动中针对生产的特点，对生产要素采取管理措施，有效控制不安全因素，把可能发生的事故消灭在萌芽状态，以保证生产经营活动中人的安全与健康。预防为主，首先是端正对生产中不安全因素的认识和消除不安全因素的态度，选准消除不安全因素的时机。在安排与布置生产经营任务的时候，针对施工生产中可能出现的危险因素，采取措施予以消除是最佳选择。在生产活动过程中经常检查，及时发现不安全因素，采取措施，明确责任，尽快地、坚决地予以消除，是安全管理应有的鲜明态度。

(3) 坚持目标管理的原则。安全管理的内容是对生产中的人、物、环境因素状态的管理，在于有效地控制人的不安全行为和物的不安全状态，消除或避免事故，达到保护劳动者的安全与健康的目标。没有明确目标的安全管理是一种盲目行为。盲目的安全管理，往往劳民伤财，而危险因素依然存在。在一定意义上，盲目的安全管理只能纵容威胁人的安全与健康的状态，使其向更严重的方向发展或转化。

(4) 坚持过程控制的原则。通过识别和控制特殊关键过程，预防和消除事故，防止或消除事故伤害。虽然安全管理所确定的主要内容都是为了达到安全管理的目标，但是对生产过程的控制，与安全管理目标关系更直接，显得更突出，因此对生产中人的不安全行为和物的不安全状态的控制，必须看作动态安全管理的重点。事故发生往往由于人的不安全行为运动轨迹与物的不安全状态运动轨迹的交叉所造成的，从事故发生的原理也说明了对生产因素状态的控制，应成为安全管理的重点。

(5) 坚持全员管理的原则。安全管理不是少数人和安全机构的事，而是一切与生产有关的机构、人员共同的事，缺乏全员的参与，安全管理不会取得好的效果。当然，这并非否定安全管理第一责任人和安全监督机构的作用。单位负责人在安全管理中的作用固然重要，但全员参与安全管理更重要。安全管理涉及生产经营活动的各个方面，涉及从开工到竣工的全部过程、时间和要素。因此，生产经营活动中必须坚持全员、全方位的安全管理。

(6) 坚持持续改进的原则。安全管理是在变化着的生产经营活动中的管理，是一种动态管理。其管理就意味着是不断改进发展的、不断变化的，以适应变化的生产活动，消除新的危险因素。安全管理需要不断摸索新规律，总结控制的方法与经验，指导新变化后的管理，从而不断提高安全管理水平。

三、施工安全管理方法

(一) 目标管理法

安全生产目标管理是施工企业在一定时期内制订旨在保证生产过程中职工的安全和健康所进行的计划、组织、指挥、协调等工作的总称。它包括确定安全目标、执行安全目标和检查总结等基本内容。安全目标管理方法的核心是建立企业安全目标体系，企业应首先制定可接受的安全管理总目标，然后通过自上而下层层分解，制定各级、各部门直到每个职工个人的安全目标，并依靠全体职工共同努力，保证各自的目标实现，最终保证企业的总体目标得以实现。

(二) “四全”管理法

“四全”管理法是指施工企业的工程施工安全管理应该是全过程、全方位、全员参与、全天候的管理。

(1) 全过程管理

建设工程施工安全的全过程管理，就是对整个建设工程所有工程内容的安全生产都要进行管理。建设工程安全生产涉及工程实施阶段的全部生产过程。建设工程的每个阶段都对工程施工安全起着重要作用，但各阶段安全侧重点是不同的：工程勘察设计阶段是保证工程施工安全的前提条件和重要因素，起着重要作用；在施工招标阶段，落实某个施工承包单位来实施工程安全目标；在施工阶段，通过施工组织设计或建设工程施工安全计划，对现场施工安全管理具体实施，实现建设工程安全目标。

建设工程施工阶段持续时间较长，这一阶段的过程管理尤其重要和突出。施工阶段，建筑工程一般可分为土方开挖、基础工程、主体工程、安装工程、装饰工程和竣工验收等分阶段，各分阶段的工程内容和安全要求有明显区别，相应对安全管理工作的具体要求也有所不同。因此，对施工生产必须进行全过程控制，将施工安全管理落实到施工各阶段。

(2) 全方位管理

建设工程施工安全生产的全方位管理，就是对整个建设工程所有工作内容进行管理。一项建设工程由多个单位工程构成，而每一项单位工程又由许多分项工程构成。只有实现了各分项工程的安全生产，才能保证整个建设工程总安全目标的实现。

应对建设工程安全目标的所有内容进行管理。建设工程安全目标包括许多具体的内容，如控制目标、管理目标和工作目标等。其中控制目标包括：杜绝重大伤亡事故控制目标，一般事故率控制目标，火灾、中毒、环境污染事故控制目标；管理目标包括：安全隐患消除和整改目标，创文明安全工地目标，扬尘、噪声等治理目标；工作目标包括：安全教育、特殊作业人员持证上岗、安全检查及其他管理目标。

此外，应对影响建设工程安全目标的所有因素进行管理。影响建设工程安全目标的因素有很多，一般可将这些影响因素分为人、物、环境和管理因素，因此，安全管理的重点是施工中人的不安全行为、物的不安全状态、作业环境的不安全因素和管理缺陷，并对其进行有针对性的管理和控制。

(3) 全员参与管理

从全方位管理的观点来看，无论施工单位内部的管理者还是作业者，每个岗位都承担着相应的安全生产职责，一旦确定了安全生产方针和安全目标，就应组织和动员全体员工参与实施安全生产方针的系统活动，发挥自己的角色作用。

(4) 全天候管理

全天候管理就是在 1 年 365 天、1 天 24 小时，不管什么天气，什么环境，每时每刻都要进行安全管理，要求施工现场、施工人员时时刻刻把安全放在各项工作的第一位。

(三) 无隐患管理法

无隐患管理法的理论依据是任何安全事故都是在安全隐患基础上发展起来的，要控制和消除安全事故，必须从安全隐患入手。推行无隐患管理法，要解决隐患识别、隐患分级、隐患检验与检测、隐患处理、隐患控制、隐患统计及档案管理等。

无隐患管理法的重点是隐患的辨识过程，辨识隐患应以统计数据、事故案例为基础，由安全专家、技术专家、企业管理人员和工人共同参与，运用不同逻辑方法，从不同角度充分发现施工过程中的各种安全隐患，并提出控制和消除这些安全隐患的工程技术和安全管理措施。施工现场推行无隐患管理法，就要求在建设工程施工生产过程中不断辨识安全隐患，并对发现的安全隐患立即整改和消除。

四、施工安全管理体系

施工安全管理体系是实施施工安全管理的保障系统，包括建筑行业的宏观安全管理体系、施工单位具体的安全管理组织机构以及建设工程施工中全体参与人员的权责。

(一) 安全管理体系

建设工程施工安全管理体系的主要内容是确定监管主体和明确监管主体的权责。我国的安全生产管理体制是“政府统一领导、部门依法监管、企业全面负责、群众参与监督、全社会广泛支持”，其中企业对施工全过程的安全管理是建设工程安全管理的核心。

企业全面负责是指施工单位、建设单位、设计单位、监理单位及其他与建设工程安全生产有关的单位必须遵守和贯彻执行国家关于安全生产、建设工程安全生产等法律法规和方针政策的规定，建立和落实安全生产管理制度，保证建设工程安全生产，依法承担建设工程安全生产责任。施工单位是建筑工程项目施工过程的管理执行主体，施工单位安全管理内容包括安全管理组织机构、管理人员配备、管理权责划分等内容。

安全管理体系应适应建设工程施工项目全过程的安全管理和控制，符合建筑企业和工程项目施工生产管理现状及特点，满足安全生产法规要求，并形成具有可操作性的文件。

1. 政府的安全监督管理

政府监管是以国家法律、法规、标准、规范为依据，通过建筑施工企业安全生产许可证管理、施工许可证管理、工程施工现场安全监督、材料产品以及机械设备准用、安全事故处理、安全生产评价、从业人员资格管理等环节进行监督管理。

2. 建设单位的安全管理

建设单位在工程建设中居主导地位，对建设工程的安全生产负重要责任。根据法律、法规规定，建设单位拥有选择设计单位、施工单位、监理单位的权利，拥有确定建设工程的规模、功能、外观、使用材料设备等权利。建设单位的建设行为在整个建设工程活动中是否规范，是影响建设工程施工安全的重要因素，并对建设工程最终实现安全施工起到关键性作用。

从建设工程规划开始，建设单位就应积极参与建设工程施工安全管理，并且这种参与应贯彻到建设施工全过程中。

3. 设计单位的安全管理

设计单位以国家的法律、法规、标准、规范及设计合同为依据，对设计的整个过程进行安全管理。

设计单位应当按照法律、法规和工程建设强制性标准进行设计，应当充分考虑施工安全操作和防护的需要，对涉及施工安全的重点部位和环节在设计文件中注明，并对防范生产安全事故提出指导意见。设计单位应当对采用新结构、新材料、新工艺的建设工程和特殊结构的建设工程，在设计中提出保障施工作业人员安全和预防生产安全事故的措施和建议。同时，设计单位和注册建筑师等注册执业人员应当对其设计负责。

设计单位应当在设计文件中注明涉及“危大工程”的重点部位和环节，提出保障工程周边环境安全和工程施工安全的意见，必要时进行专项设计。

4. 施工单位的安全管理

施工单位是落实施工安全管理最主要的执行者和实施者，是建筑施工中最重要的安全管理主体。施工单位是以国家有关的安全生产法律法规、标准规范、工程设计图纸和施工合同等为依据，对施工准备、施工过程等全过程的施工生产进行管理。

施工单位在建设工程施工安全生产中处于核心地位，施工现场安全应由建筑施工企业负责。施工单位应当按照“安全第一、预防为主”的原则，建立企业安全生产管理组织机构和配备专职安全生产管理人员；应当明确管理责任和义务，建立与实施安全生产责任制度；应当在施工前向施工人员做出安全技术要求的详细说明；应当对因施工可能造成损害的毗邻建、构筑物和地下管线采取专项防护措施；应当向作业人员提供安全防护服装和安全防护用具，并书面告知危险岗位操作规程；应当对施工现场安全警示标志使用情况和作业、生活环境进行管理。

5. 监理单位的安全管理

工程监理单位受建设单位的委托，根据监理合同及相关法律法规和技术标准，对工程施工全过程进行独立的第三方安全生产监督管理。

工程监理单位应审查安全施工技术措施或专项施工方案是否符合工程建设强制性标准，发现存在安全隐患时应当要求施工单位整改或暂停施工，并报告建设单位。施工单位拒不整改或者拒不停止施工的，应当及时向有关主管部门报告。工程监理单位应当按照法律、法规和工程建设强制性标准实施监理，并对建设工程安全生产承担监理责任。

（二）安全管理机构

施工单位是安全生产工作的载体，具体组织和实施安全生产工作，是保证建筑施工安全生产的基本组织，负全面责任。

1. 安全管理机构体系

施工单位安全生产管理机构分为三个层次：公司安全管理机构、项目安全管理机构和班组安全管理机构。各级管理机构负责人是安全生产第一负责人，负责决策、组织和执行安全生产工作。

（1）公司级安全管理机构

建筑公司要设专职安全管理部门，配备专职人员。公司安全管理部门是公司的一个重要管理部门，是公司经理贯彻执行安全施工方针、政策和法规，实行安全目标管理的具体工作部门。公司的安全技术干部或安全检查干部应列为施工人员，安全管理人员编制应满足国家相关法律法规要求，不能随便削减和调动。

（2）项目级安全管理机构

公司下属项目处是组织和指挥施工的单位，对管施工、管安全有极其重要的影响。项目处经理为本单位安全施工第一责任人，根据本单位的施工规模及工人数设置专职安全管理机构或配备专职安全员，并建立项目处领导干部安全施工值班制度。

建设项目下属多个工地时，各工地也应成立以项目经理为负责人的安全施工管理小组，配备专(兼)职安全管理员，同时建立工地领导成员轮流安全施工值日制度，解决和处理施工中的安全问题和进行巡回安全监督检查。

（3）班组级安全管理机构

班组是搞好安全施工的前沿阵地，加强班组安全建设是公司加强安全施工管理的基础，各施工班组要设不脱产安全员，协助班长搞好班组安全管理。各班组要坚持岗位安全检查和安全值日制度，同时坚持做好班组安全记录。由于建筑施工点多、面广、流动、分散，往往一个班组人员不会集中在一处作业，因此工人要强化自我管理意识，提高自我防护能力。

2. 安全管理机构组织方式

（1）根据工程施工特点和规模，设置安全生产最高权力机构——安全生产委员会或安全生产领导小组。

① 建筑面积在 50 000 m^2 及以上或造价在 3 000 万元人民币及以上的工程项目，应设置安全生产委员会。安全生产委员会由工程项目经理、主管生产和技术的副经理、安全部负责人、分包单位负责人以及人事、财务、机械、工会等有关部门负责人组成，以 5～7 人为宜。

② 建筑面积在 50 000 m^2 以下或造价在 3 000 万元人民币以下的工程项目，应设置安全生产领导小组。安全生产领导小组由工程项目经理、主管生产和技术的副经理、专职安全管理人员、分包单位负责人等组成，以 3～5 人为宜。

（2）设置安全生产专职管理机构——安全部，并配备一定素质和数量的专职安全管理人员。

① 安全部是工程项目安全生产专职管理机构，安全生产委员会或领导小组的常设办事机构设在安全部。其职责包括：协助工程项目经理开展各项安全生产业务工作；定时准确地向工程项目经理和安全生产委员会或领导小组汇报安全生产情况；组织和指导下属安全部门和分包单位的专职安全员开展各项有效的安全生产管理工作；行使安全生产监督检查职权。

② 设置安全生产总监职位。安全生产总监作为公司或项目的技术总负责人，负责协助公司法人或项目经理开展安全生产工作，为工程项目经理进行安全生产决策提供依据，并对工程项目安全生产工作开展情况进行监督。

③ 安全管理人员的配置。安全管理人员的配置与项目规模直接相关，通常施工项目建筑面积为 10 000 m^2 及以下时设置 1 人；施工项目建筑面积为 1 000～30 000 m^2 时设置 2 人；施工项目建筑面积为 30 000～50 000 m^2 时设置 3 人；施工项目建筑面积为 50 000 m^2 以上时按专业设置安全员，并成立安全组。

(3) 分包单位按规定建立安全组织机构，其管理机构以及人员纳入工程项目安全生产保证体系，接受工程项目安全部的业务领导，参加工程项目统一组织的各项安全生产活动，并按时向项目安全部上报安全生产的相关信息。

分包单位自身管理体系的建立：分包单位 100 人以下时设兼职安全员；100～300 人时必须有专职安全员 1 名；300～500 人时必须有专职安全员 2 名，纳入总包安全部统一进行业务指导和管理班组长。分包专业队长是兼职安全员，负责本班组工人的健康和安全，负责消除本作业区内的安全隐患，对施工现场实行目标管理。

（三）安全管理责任

建筑施工是事故多发的生产活动，明确安全生产责任，建立和完善安全生产责任制度，是做好施工现场安全工作的一项非常必要且十分重要的工作。

安全生产责任制是明确企业各级领导、职能部门、工程技术人员、岗位操作人员在劳动生产过程中应负安全责任的一种制度。它是企业岗位责任制的一个重要组成部分，也是企业安全生产管理的核心。安全生产责任制根据“管生产必须管安全”“安全生产，人人有责”的原则，对各级领导、各职能部门和各类人员在管理和生产活动中应负的安全责任作出明确规定。具体来说，就是将安全责任分解到施工企业的负责人、项目负责人、班组长以及每个岗位的作业人员身上。

各级各类人员安全生产管理责任概述如下。

1. 企业法人代表

(1) 认真贯彻执行国家有关安全生产的方针政策和法规规范，掌握本企业安全生产动态，定期研究安全工作，对本企业安全生产负全面领导责任。

(2) 领导编制和实施本企业中、长期整体规划及年度、特殊时期安全工作实施计划。建立健全本企业各项安全生产责任制度和安全生产教育培训制度。

(3) 建立健全安全生产保障体系，保证安全生产条件所需资金的投入。

(4) 组织制定安全生产规章制度和操作规程。

(5) 领导并支持安全管理人员或部门对所承担的建设工程进行定期和专项的监督检查。

(6) 在事故调查组的指导下，领导、组织本企业有关部门或人员，做好特大、重大伤亡事故调查处理的具体工作，监督防范措施的制定和落实，预防事故再次发生。

2. 企业主管安全负责人

(1) 对本企业安全生产工作负直接领导责任，协助法定代表人认真执行安全生产方针、政策、法规，落实本企业各项安全生产管理制度。

(2) 组织实施本企业中长期、年度、特殊时期安全工作规划、目标，组织落实安全生产责任制。

(3) 参与编制和审核施工组织设计及特殊复杂工程项目或专业性工程项目施工方案。审批本企业工程生产建设项目中的安全技术管理措施，制订施工生产中安全技术措施经费的使用计划。

(4) 领导组织本企业的安全生产宣传教育工作，确定安全生产考核目标。

(5) 领导组织本企业定期和不定期的安全生产检查，及时解决施工中的不安全问题。

(6) 认真听取、采纳安全生产的合理化建议，保证本企业安全生产保障体系的正常运转。

(7) 在事故调查组的指导下，组织进行特大、重大伤亡事故的调查、分析及处理事故中的具体工作。

3. 企业技术负责人

(1) 贯彻执行国家和上级的安全生产方针、政策，协助法定代表人做好安全方面的技术领导工作，在本企业安全生产中负技术领导责任。

(2) 领导制订年度和季节性施工计划，确定指导性的安全技术方案。

(3) 组织编制和审批施工组织设计、特殊复杂工程项目或专业性工程项目施工方案，严格审查是否具备相应的安全技术措施及其可行性，并提出决定性意见。

(4) 领导安全技术攻关活动，确定劳动保护研究项目，并组织鉴定，负责提出改善劳动条件的项目和实施措施，并付诸实现。

(5) 对本企业使用的新材料、新技术、新工艺从技术上负责，组织编制或审定相应的操作规程，重要项目应组织安全技术交底工作。

(6) 编制审查企业的安全操作技术规程，及时解决施工过程中的安全技术问题。

(7) 对职工进行安全技术教育。

(8) 参加特大、重大伤亡事故的调查分析，从技术上分析事故原因，给出技术鉴定意见和改进措施，制定防范措施。

4. 项目负责人

(1) 对承包项目工程生产经营过程中的安全生产负全面领导责任。

(2) 贯彻落实安全生产方针、政策、法规和责任制度，结合项目工程特点和施工全过程的情况，制定本项目工程各项安全生产管理办法，并监督实施。

(3) 健全和完善用工管理手续，录用外包工队必须及时向有关部门申报，严格用工制度与管理，适时组织上岗安全教育，对外包工队的工人健康与安全负责，加强劳动保护工作。

(4) 组织落实施工组织设计中的安全技术措施，并根据工程特点组织制定有针对性的安全施工措施，落实安全生产规章制度和操作规程，组织并监督项目工程施工中的安全技术交底制度和设备、设施验收制度的实施，消除事故隐患。

(5) 领导、组织施工现场定期的安全生产检查，发现施工生产中的不安全问题，组织制定措施,及时解决。对上级提出的安全生产与管理方面的问题,要定时、定人、定措施予以解决。

(6) 确保安全生产费用的有效使用,制订完善的安全经费使用计划,并监督检查资金的使用情况,防止安全经费被挪用。

(7) 发生事故时,要及时如实上报事故情况,不得隐瞒不报、谎报或者拖延不报,不得故意破坏事故现场和毁灭有关证据。并采取有效措施,组织抢救,保护事故现场,防止事故进一步扩大,减少人员伤亡和财产损失。组织配合事故的调查,认真落实制定的整改防范措施,吸取事故教训。

5. 项目工程技术负责人

(1) 对项目工程生产经营中的安全生产负技术责任。

(2) 贯彻、落实安全生产方针、政策,严格执行安全技术规程、规范、标准。

(3) 结合项目工程特点,主持项目工程的安全技术交底。

(4) 主持制定安全技术措施并监督执行,及时解决执行中出现的问题。

(5) 项目工程应用新材料、新技术、新工艺时要及时上报,经批准后方可实施,同时要组织上岗人员的安全技术培训、教育。遵守安全操作工艺、要求,落实安全技术措施,预防新工艺实施中可能造成的各类事故。

(6) 主持对安全防护设施和设备的验收。发现设备、设施的不正常情况时应及时采取措施,严禁不符合标准要求的防护设备、设施投入使用。

(7) 参加安全生产检查,对施工中存在的不安全因素,从技术层面提出整改意见和方法予以消除。

(8) 参加、配合因工伤亡及重大未遂事故的调查,从技术层面分析事故原因,提出防范措施和意见。

6. 工长

(1) 认真执行上级制定的有关安全生产规定,对所管辖班组的安全生产负直接领导责任。

(2) 认真执行安全技术措施和安全操作规程,针对生产任务特点,班组进行书面安全技术交底,履行签认手续,并对规程、措施、交底要求执行情况经常检查,随时纠正违章作业。

(3) 经常检查所辖班组作业环境及各种设备、设施安全状况,发现问题及时纠正解决。对重点、特殊部位施工,必须检查从业人员及各种设备设施技术状况是否符合安全要求,严格执行安全技术交底,落实安全技术措施。

(4) 定期和不定期组织所辖班组学习安全操作规程,开展安全教育活动,指导并检查职工正确使用个人防护用品,接受各部门或人员的安全监督检查,及时解决整改问题。

(5) 对分管工程项目应用的新材料、新工艺、新技术,严格执行申报、审批制度,对工人进行新材料、新工艺、新技术的安全技术培训。

(6) 发生因工伤亡及未遂事故时要保护现场,做好伤者抢救工作和防范措施并立即上报。

7. 班组长

(1) 认真执行安全生产规章制度和安全操作规程,合理安排班组人员工作,对本班组人员在生产中的安全和健康负责。

(2) 经常组织班组人员学习安全操作规程,监督班组人员正确使用个人劳保用品,不断提高其自保能力。

(3) 认真落实安全技术交底，做好班前讲话，班后小结，不违章指挥，不冒险蛮干。

(4) 经常检查班组作业现场安全生产状况，发现问题及时解决并上报有关领导。

(5) 认真做好新工人的岗位教育。

(6) 发生因工伤亡及未遂事故时保护好现场，做好应急处置工作并立即上报有关领导。

8. 工人

(1) 工人是本岗位安全生产的第一责任人，在本岗位作业中对自己、对环境、对他人的安全负责。

(2) 认真学习，严格执行安全操作规程，模范遵守安全生产规章制度。

(3) 积极参加各项安全生产活动，认真执行安全技术交底，不违章作业，不违反劳动纪律，虚心服从安全生产管理人员的监督、指导。

(4) 发扬团结友爱精神，在安全生产方面做到互相帮助，互相监督，维护一切安全设施、设备，做到正确使用，不准随意拆改。

(5) 对不安全的作业要求要提出意见，有权拒绝违章指令。

(6) 发生因工伤亡事故，要保护好事故现场并立即上报。

(7) 在作业时要严格做到“眼观六面、安全定位；措施得当、安全操作”。

9. 安全员

(1) 认真贯彻执行国家及上级主管部门有关安全生产的法规和规定，协助领导做好安全生产管理工作。

(2) 根据安全生产规章制度、操作规程的要求，采取各种行之有效的方法，做好宣传、教育和培训工作，与施工人员共同商讨安全生产大计，将安全工作落到实处，最大限度避免事故的发生。

(3) 做好安全技术交底工作，并随时检查、监督。

(4) 做好现场的巡视工作，纠正一切违章指挥和违章作业，保证施工区域整洁、卫生、环境保护符合上级的有关规定。

(5) 认真做好安全检查表中各项目的检查、评分、分析工作，认真做好安全生产中规定资料的记录、收集、整理和保管。

(6) 发现事故隐患时除口头通知有关人员外，必须发书面整改通知，重大事故隐患要立即上报上级领导和有关部门。

(7) 发生工伤事故时应协助领导组织抢救，保护现场，并参加事故调查和处理工作。

五、施工安全技术交底

安全技术交底是指导工人安全施工的技术措施，是项目安全技术方案的具体落实。安全技术交底一般由技术管理人员根据工程项目的具体要求、特点和危险因素编写，是指导安全施工的可操作性技术措施，因而要求具体、明确、针对性强。安全技术交底不得用施工现场的安全纪律、安全检查制度等代替，在进行工程技术交底的同时进行安全技术交底。

(一) 安全技术交底概述

1. 安全技术交底的概念

安全技术交底是工程施工安全管理的一项重要工作，是针对某项施工过程或工作岗位可预见的不安全因素和危险源，以预防事故为重点和保证人员安全为目的，对施工中所采取的施工方法、防护措施和安全操作规程及应急措施等提出具体要求，并形成文字记录。

施工前，工程项目负责人应向参加施工的各类人员认真进行安全技术措施交底，使相关施工人员明白工程施工特点和各时期安全施工的要求。施工过程中，现场管理人员应按施工安全措施的要求，对操作人员进行详细的安全技术交底，使全体施工人员懂得各自的岗位职责和安全操作方法。

2. 安全技术交底的分类

在施工中可以根据施工过程要素进行分类，以选用合适的安全技术交底方式。根据参与施工过程的各要素进行区分，建设工程安全技术交底分类如下：

(1) 针对作业对象的安全技术交底：按照作业对象的特点向作业者提出相应的安全技术要求。

(2) 施工操作技术安全技术交底：针对在各施工工序中应注意的安全技术操作所做的技术交底。

(3) 施工机械安全技术交底：针对各种操作机械的技术要求所进行的，对使用此种机械的人员所做的技术交底。

(4) 各工种操作人员安全技术交底：针对从事不同工种施工的人员所进行的具有本工种特点的技术交底。

3. 安全技术交底的要求

(1) 整个施工过程包括各分部分项工程的施工均须进行安全技术交底，对一些关键部位和技术难度大的隐蔽工程，更应认真安全技术交底。

(2) 安全技术交底资料应充分考虑工程的实际情况及相关技术规范、标准，内容应全面，具有很强的针对性和可操作性。对易发生质量事故和工伤事故的工种和工程部位，在安全技术交底时应着重强调各种事故的预防措施。

(3) 安全技术交底必须以书面形式进行，交底内容完整且字迹清晰，交底人、接受人签字。

(4) 安全技术交底必须与下达施工任务同时进行，各工种各分部工程的安全技术交底必须在施工作业前进行，任何项目在没有交底前不准施工作业。

(二) 安全技术交底的编制

1. 安全技术交底的内容

(1) 一般性安全常识及要求。一般性安全常识主要包括根据安全施工要求应了解的常用安全知识，如进入施工现场必须戴好安全帽，高空作业时必须系好安全带，特殊工种作业人员须持上岗证，特殊环境施工须设专门监护人员等。一般性安全要求主要是针对具体操作人员和作业环境提出的要求和防护措施。

(2) 施工中必须执行的国家有关安全技术规定。例如：《管道工安全操作技术规程》《建筑机械使用安全技术规程》《建筑施工高处作业安全技术规范》《施工现场临时用电安全技术规范》等。

(3) 根据工程实际制定的特定安全防护措施。例如：高空作业、吊装作业、易燃易爆区域作业、易坍塌地沟内作业等特定环境中的防护措施和注意事项。

2. 安全技术交底的编写要求

(1) 安全技术交底必须具有及时性。工程开工前要编好安全技术措施，如有特殊情况来不及编制完整的，也必须编制单项的安全施工要求。

(2) 安全技术交底必须具有针对性。

① 针对不同工程的结构特点和可能造成施工安全的危害,应从技术上采取措施消除危险,保证施工安全。

② 针对施工特点,如滑模施工、网架整体提升吊装等,可能给施工带来的危险因素,从技术上采取措施保证施工安全。

③ 针对选用的各种机械、设备、变配电设施给施工人员可能带来的不安全因素,在技术措施或安全防范装置上加以控制。

④ 针对工程采用的有毒有害或者有爆炸危险的特殊材料特性,从技术上采取防护措施,保证施工安全。

⑤ 针对施工场地和周围环境给施工人员或周围居民带来危害的材料、设备,在技术上采取措施加以保护。

(3) 安全技术交底中的措施必须具体化。

所有安全技术措施必须明确、具体,能直接指导施工。

(三) 安全技术交底的实施

建设工程施工前,施工单位负责项目管理的技术人员应当关于安全施工的技术要求向施工作业班组、作业人员技术交底,并且双方签字确认。由于施工现场手工操作多、劳动强度大、作业环境复杂等,施工单位有必要对危险部位、施工技术要求、紧急救援或安全自救等向作业人员做出详细说明,以保证施工质量和安全生产。

安全技术交底与工程技术交底一样,要向项目安全负责人、项目工程技术人员及管理人员、班组和员工按照从高到低、从全局到局部的顺序逐级交底。

(1) 大型或特大型工程由公司总工程师组织有关部门向项目经理部和分包商交底。交底内容包括:工程概况、特征、施工难度、施工组织、采用的新工艺、新材料、新技术、施工程序与方法、关键部位应采取的安全技术方案或措施等。

(2) 一般工程由项目经理部总工程师会同现场经理向项目有关施工人员(项目工程管理部、工程协调部、物资部、合约部、安全总监及区域责任工程师、专业责任工程师等)以及分包商行政和技术负责人交底。

(3) 分包商技术负责人要对其管辖的施工人员进行详尽交底。

(4) 项目专业责任工程师要对所管辖的分包商的工长进行分部工程施工安全措施交底,并对分包工长向操作班组安全技术交底进行监督与检查。

(5) 专业责任工程师要对劳务分包承包方的班组进行分部分项工程安全技术交底,并监督指导其安全操作。

第四节　建筑企业安全教育

一、安全教育的分类和时间要求

(一) 安全教育的分类

1. 安全法制教育

通过对员工进行安全生产、劳动保护方面的法律、法规的宣传教育,使每个员工从法制角度去认识安全生产的重要性,明确遵章守法守纪是每个员工的职责,而违章违规的本质也是一种违法行为，轻则会受到批评教育，造成严重后果的还将受到法律的制裁。

2. 安全思想教育

通过对员工进行深入细致的思想工作，提高其对安全生产重要性的认识。各级管理人员，特别是领导干部，要加强对员工进行安全思想教育，要从关心人、爱护人、保护人的生命与健康出发，重视安全生产，做到不违章指挥；工人要增强自我保护意识，施工过程中要做到互相关心、互相帮助、互相督促，共同遵守安全生产规章制度，做到不违章操作。

3. 安全知识教育

安全知识教育是让员工了解施工生产中的安全注意事项和劳动保护要求，掌握一般安全基础知识，是最基本、最普通和经常性的安全教育。

安全知识教育的主要内容有：本企业生产的基本情况，施工流程及施工方法，施工中的主要危险区域及其安全防护的基本常识，施工设施、设备、机械的有关安全常识，电气设备安全常识，车辆运输安全常识，高处作业安全知识，施工过程中有毒有害物质的辨别及防护知识，防火安全的一般要求及常用消防器材的使用方法，特殊类专业（如桥梁、隧道、深基础、异形建筑等）施工安全防护知识，工伤事故的简易施救方法和报告程序及保护事故现场等规定，个人劳动防护用品的正确穿戴、使用常识等。

4. 安全技能教育

安全技能教育是在安全知识教育的基础上进一步开展的专项安全教育，侧重点是安全操作技术。它是通过结合本工种特点、要求，以培养安全操作能力而进行的一种专业安全技术教育。其主要内容包括安全技术、安全操作规程和劳动卫生规定等。

根据安全技能教育的对象不同，主要分为以下两类：

（1）对一般工种进行的安全技能教育。即除国家规定的特种作业人员外的所有工种的教育。

（2）对特殊工种作业人员的安全技能教育。2010 年 7 月 1 日实施的《特种作业人员安全技术培训考核管理规定》要求，特种作业人员需要由专门机构进行安全技术培训教育，并对受教育者进行考核，合格后方可持证从事该工种的作业，同时还必须按期进行审证复训。

5. 事故案例教育

事故案例教育是通过对一些典型事故进行原因分析、事故教训及预防事故发生所采取的措施来教育职工引以为戒、不蹈覆辙，是一种运用反面事例进行正面宣传的独特的安全教育方法。教育中要注意以下两个方面：

（1）事故应具有典型性。即施工现场常见的、有代表性的、具有教育意义的、往往因违章引起的典型事故，阐明违章作业不出事故是偶然的，出事故是必然的。

（2）事故应具有教育性。事故案例应当以教育职工遵章守纪为主要目的，不应过分渲染事故的恐怖性和不可避免性，减少事故的负面影响。

以上安全教育内容不是单独进行的，而应根据对象、要求、时间等有机结合开展。

（二）安全教育与培训的时间要求

根据《建筑业企业职工安全培训教育暂行规定》（建教〔1997〕83 号）的规定，安全教育与培训的时间要求如下：

（1）企业法人代表、项目经理每年不少于 30 学时。

（2）专职管理和技术人员每年不少于 40 学时。

(3) 其他管理和技术人员每年不少于 20 学时。

(4) 特殊工种每年不少于 20 学时。

(5) 其他职工每年不少于 15 学时。

(6) 待转、换岗重新上岗前，接受一次不少于 20 学时的培训。

(7) 新进场工人必须接受公司、项目、班组三级安全培训教育时间分别不少于 15 学时、15 学时、20 学时。

二、安全教育的对象

(一) 三类人员

根据《建筑施工企业主要负责人、项目负责人和专职安全生产管理人员安全生产考核管理暂行规定》(建质〔2004〕59 号)的规定，为贯彻落实《安全生产法》《建设工程安全生产管理条例》《安全生产许可证条例》，提高建筑施工企业主要负责人、项目负责人、专职安全生产管理人员的安全生产知识水平和管理能力，保证建筑施工安全生产，对建筑施工企业三类人员进行考核认定。三类人员应当经建设行政主管部门或者其他有关部门考核合格后方可任职，考核内容主要是安全生产知识和安全管理能力。

1. 建筑施工企业主要负责人

建筑施工企业主要负责人是指对本企业日常生产经营活动和安全生产全面负责、有生产经营决策权的人员，包括企业法定代表人、经理、企业分管安全生产工作的副经理等。

其安全教育的重点内容如下：

(1) 国家有关安全生产的方针政策、法律法规、部门规章、标准及有关规范性文件，本地区有关安全生产的法规、规章、标准及规范性文件。

(2) 建筑施工企业安全生产管理的基本知识和相关专业知识。

(3) 重特大事故的防范及应急救援措施，报告制度及调查处理方法。

(4) 企业安全生产责任制和安全生产规章制度的内容、制定方法。

(5) 国内外安全生产管理经验。

2. 建筑施工企业项目负责人

建筑施工企业项目负责人是指由企业法定代表人授权，负责建设工程项目管理的项目经理或负责人等。其安全教育的重点内容如下：

(1) 国家有关安全生产的方针政策、法律法规、部门规章、标准及有关规范性文件，本地区有关安全生产的法规、规章、标准及规范性文件。

(2) 工程项目安全生产管理的基本知识和相关专业知识。

(3) 重大事故防范、应急救援措施，报告制度及调查处理方法。

(4) 企业和项目安全生产责任制及安全生产规章制度的内容、制定方法。

(5) 施工现场安全生产监督检查的内容和方法。

(6) 国内外安全生产管理经验。

(7) 典型事故案例分析。

3. 建筑施工企业专职安全生产管理人员

建筑施工企业专职安全生产管理人员是指在企业专职从事安全生产管理工作的人员，包括企业安全生产管理机构的负责人及其工作人员和施工现场专职安全生产管理人员。其安全教育的重点内容如下：

（1）国家有关安全生产的方针政策、法律法规、部门规章、标准及有关规范性文件，本地区有关安全生产的法规、规章、标准及规范性文件。

（2）重大事故防范、应急救援措施，报告制度，调查处理方法以及防护、救护方法。

（3）企业和项目安全生产责任制及安全生产规章制度。

（4）施工现场安全监督检查的内容和方法。

（5）典型事故案例分析。

（二）特种作业人员

特种作业是指容易发生人员伤亡事故，对操作者本人、他人及周围设施的安全有重大危害的作业。其包括：电工作业、金属焊接切割作业、起重机械（含电梯）作业、企业内机动车辆驾驶、登高架设作业、锅炉作业（含水质化验）、压力容器操作、制冷作业、爆破作业、矿山通风作业（含瓦斯检验）、矿山排水作业（含尾矿坝作业），以及由省、自治区、直辖市安全生产综合管理部门或国务院行业主管部门提出，并经国家经济贸易委员会批准的其他作业。如垂直运输机械作业人员、安装拆卸工、起重信号工等，都应当列为特种作业人员。

特种作业人员必须按照国家有关规定，经过专门的安全作业培训，并取得特种作业操作资格证书后，方可上岗作业。专门的安全作业培训是指由有关主管部门组织的专门针对特种作业人员的培训，也就是特种作业人员在独立上岗作业前，必须进行与本工种相适应的、专门的安全技术理论学习和实际操作训练。经培训考核合格，取得特种作业操作资格证书后才能上岗作业。特种作业操作资格证书在全国范围内有效，离开特种作业岗位一定时间后，应当按照规定重新进行实际操作考核，经确认合格后方可上岗作业。对于未经安全教育培训或者考核不合格，即从事特种作业的，《建设工程安全生产管理条例》第六十二条规定了行政处罚，造成重大安全事故，构成犯罪的，对直接责任人员，依照刑法的有关规定追究刑事责任。

（三）入场新工人

每个刚进企业的新工人必须接受首次安全生产方面的基本教育，即三级安全教育。三级一般是指公司（即企业）、项目（或工程处、施工队、工区）、班组这三级。

三级安全教育一般是由企业的安全、教育、劳动、技术等部门配合进行的。受教育者必须经过考试，合格后才准进入生产岗位；考试不合格者不得上岗工作，必须重新补课并进行补考，合格后方可工作。

为加深新工人对三级安全教育的感性认识和理性认识，一般规定，在新工人上岗工作6个月后还要进行安全知识复训，即安全再教育。复训内容可以从原先的三级安全教育的内容中有重点地选择，复训后再进行考核。考核成绩要登记到本人劳动保护教育卡上，不合格者不得上岗工作。

施工企业必须给每一名职工建立职工劳动保护（安全）教育卡，教育卡应记录包括三级安全教育、变换工种安全教育等的教育和考核情况，并由教育者与受教育者双方签字后入册，作为企业及施工现场安全管理资料备查。

1. 公司安全教育

公司级的安全培训教育时间不得少于15学时，主要内容如下：

（1）国家和地方有关安全生产、劳动保护的方针、政策、法律法规、规范、标准及规章；

（2）企业及其上级部门（主管局、集团、总公司、办事处等）印发的安全管理规章制度；

(3) 安全生产与劳动保护工作的目的、意义等。

2. 项目(施工现场)安全教育

按照规定,项目安全培训教育时间不得少于15学时,主要内容如下:

(1) 建设工程施工生产的特点,施工现场的一般安全管理规定、要求。

(2) 施工现场主要事故类别,常见多发性事故的特点、规律,预防措施,事故教训等。

(3) 本工程项目施工的基本情况(工程类型、施工阶段、作业特点等),施工中应当注意的安全事项。

3. 班组教育

按规定,班组安全培训教育时间不得少于20学时,班组教育又称为岗位教育,主要内容如下:

(1) 本工种作业的安全技术操作要求。

(2) 本班组施工生产概况,包括工作性质、职责、范围等。

(3) 本人及本班组在施工过程中所使用和遇到的各种生产设备、设施、电气设备、机械、工具的性能、作用、操作要求、安全防护要求。

(4) 个人使用和保管的各类劳动防护用品的正确穿戴、使用方法及劳动防护用品的基本原理与主要功能。

(5) 发生伤亡事故或其他事故(如火灾、爆炸、设备及管理事故等)应采取的措施(救助抢险、保护现场、报告事故等)要求。

(四) 变换工种的工人

施工现场变化大,动态管理要求高,随着工程进度的不断推进,部分工人的工作岗位发生变化,转岗现象较普遍。这种工种之间的互相转换,有利于施工生产。但是,如果安全管理工作没有跟上,安全教育不到位,就可能给转岗工人带来伤害。因此必须对他们进行转岗安全教育。根据住房和城乡建设部的规定,企业待岗、转岗、换岗的职工,在重新上岗前必须接受一次安全培训,不得少于20学时,其安全教育的主要内容如下:

(1) 本工种作业的安全技术操作规程。

(2) 本班组施工生产概况。

(3) 施工区域内各种生产设施、设备、工具的性能、作用、安全防护要求等。

三、安全教育的类别与形式

(一) 经常性安全教育

经常性安全教育是施工现场开展安全教育的主要形式,目的是提醒、告诫职工遵章守纪,加强责任心,消除麻痹思想。

经常性安全教育的形式多样,可以利用班前会进行教育,也可以采取大小会议进行教育,还可以采用其他形式,如安全知识竞赛、演讲、展览、黑板报、广播、播放录像等。总之,要因地制宜、因材施教、不摆花架子、不搞形式主义、注重实效,才能使教育收到效果。

经常性安全教育的主要内容如下:

(1) 安全生产法规、规范、标准、规定。

(2) 企业及上级部门的安全管理新规定。

(3) 各级安全生产责任制及管理制度。

(4) 安全生产先进经验介绍,最近的典型事故教训。

(5) 施工新技术、新工艺、新设备、新材料的使用及有关安全技术方面的要求。

(6) 最近安全生产方面的动态情况,如新的法律、法规、标准、规章的出台,安全生产通报、文件、批示等。

(7) 本单位近期安全工作回顾、讲评等。

(二) 季节性安全教育

季节性施工主要是指夏季与冬季施工。

1. 夏季施工安全教育

夏季高温、炎热、多雷雨,是触电、雷击、坍塌等事故的高发期。闷热的气候容易造成中暑,高温使得工人夜间休息不好,打乱了人体的“生物钟”,往往容易使人乏力、走神、瞌睡,较易引起伤害事故。因此,夏季施工安全教育应从以下几个方面进行:

(1) 用电安全教育,侧重于防触电事故教育。

(2) 预防雷击安全教育。

(3) 大型施工机械、设施常见事故案例教育。

(4) 基础施工阶段的安全防护教育,特别是基坑开挖的安全和支护安全。

(5) 劳动保护的宣传教育。合理安排好作息时间,注意劳逸结合,白天上班避开中午高温时间段,“做两头、歇中间”,保证职工有充沛的精力。

2. 冬季施工安全教育

冬季气候干燥、寒冷,为了施工需要和取暖,使用明火、接触易燃易爆物品的机会增加,容易发生火灾、爆炸和中毒事故;寒冷使人们衣着笨重、反应迟钝、动作不灵敏,也容易发生事故。因此,冬季施工安全教育应从以下几个方面进行:

(1) 针对冬季施工特点,注重防滑、防坠安全意识教育。

(2) 防火安全宣传。

(3) 安全用电教育,侧重于防电气火灾教育。

(4) 冬季施工,人们习惯于关闭门窗,封闭施工区域,在深基坑、地下管道、沉井、涵洞及地下室内作业时,应加强对作业人员的防中毒自我保护意识教育。教育职工识别一般中毒症状,学会解救中毒人员的安全基本常识。

3. 节假日加班教育

节假日期间,加班职工容易思想不集中,注意力分散,会给安全生产带来不利因素。因此节假日施工安全教育应从以下几个方面进行:

(1) 重点做好安全思想教育,稳定职工工作情绪,集中精力做好本职工作。

(2) 班组长做好班前安全教育,强调互相监督,互相提醒,共同注意安全。

(3) 对较易发生事故的薄弱环节,应进行专门的安全教育。

4. 特殊情况安全教育

施工项目出现以下几种情况时,工程项目经理应及时安排有关部门和人员对施工工人进行安全生产教育,不得少于 2 h:

(1) 因故改变安全操作规程。

(2) 实施重大和季节性安全技术措施。

(3) 更新仪器、设备和工具,推广新工艺、新技术。

(4) 发生因工伤亡事故、机械损坏事故及重大未遂事故。

(5) 出现其他不安全因素,安全生产环境发生了变化。

5. 安全教育的形式

开展安全教育应当结合建筑施工生产特点,采取多种形式有针对性地进行,要考虑到安全教育的对象大部分是文化水平不高的工人,因此教育的形式应当浅显、通俗、易懂。

(1) 会议形式。如安全知识讲座、座谈会、报告会、先进经验交流会、事故教训现场会、展览会、知识竞赛。

(2) 报刊形式。订阅安全生产方面的书报杂志,企业自编自印的安全刊物及安全宣传小册子。

(3) 张挂形式。如安全宣传横幅、标语、标志、图片、黑板报等。

(4) 音像制品。如电视录像片、VCD 片、录音磁带等。

(5) 固定场所展示形式。如劳动保护教育室、安全生产展览室等。

(6) 文艺演出形式。

(7) 现场观摩演示形式。如安全操作方法、消防演习、触电急救方法演示等。

第五节　施工现场安全检查

一、安全检查的目的和内容

(一) 安全检查的目的

(1) 了解安全生产的状态,为分析研究和加强安全管理提供信息依据。

(2) 发现问题,暴露隐患,以便及时采取有效措施,保障安全生产。

(3) 发现、总结及交流安全生产的成功经验,促进地区乃至行业安全生产水平的提高。

(4) 利用检查,进一步宣传、贯彻落实安全生产方针、政策和各项安全生产规章制度。

(5) 增强领导和群众安全意识,制止违章指挥,纠正违章作业,提高安全生产的自觉性和责任感。

(二) 安全检查的内容

安全检查包括查思想、查制度、查机械设备、查安全设施、查安全教育培训、查操作行为、查劳保用品使用、查伤亡事故处理等。

二、安全检查的形式、方法与要求

(一) 安全检查的形式

(1) 项目每周或每旬由主要负责人带队组织定期的安全大检查。

(2) 施工班组每天上班前由班组长和安全值日人员组织的班前安全检查。

(3) 季节更换前由安全生产管理小组和安全专职人员、安全值日人员等组织的季节劳动保护安全检查。

(4) 由安全管理小组、职能部门人员、专职安全员和专业技术人员组成的检查组对电气、机械设备、脚手架、登高设施等专项设施设备、高处作业、用电安全、消防保卫等进行的专项安全检查。

(5) 由安全管理小组成员、安全专兼职人员和安全值日人员进行的日常安全检查。

(6) 对塔机等起重设备、井架、龙门架、脚手架、电气设备、吊篮、现浇混凝土模板及支撑等设施设备在安装搭设完成后进行的安全验收检查。

（二）安全检查的方法

（1）听：听基层安全管理人员或施工现场安全员汇报安全生产情况，介绍现场安全工作经验、存在问题及今后努力方向。

（2）看：主要查看管理记录、持证上岗、现场标识、交接验收资料、"三宝"使用情况、"洞口"和"临边"防护情况、设备防护装置等。

（3）量：主要是用尺实测实量。

（4）测：用仪器、仪表实地进行测量。

（5）现场操作：由司机对各种限位装置进行实际运行验证，检验其灵活性。

（三）安全检查的要求

（1）根据检查内容配备力量，抽调专业人员，确定检查负责人，明确分工。

（2）应有明确的检查目的和检查项目、内容及检查标准、重点、关键部位。对大面积或数量多的项目可采取系统的观感和一定数量的测点相结合的检查方法。检查时尽量采用检测工具，用数据说话。

（3）对现场管理人员和操作工人不仅要检查是否有违章指挥和违章作业行为，还要进行"应知应会"的抽查，以便了解管理人员及操作工人的安全素质。对于违章指挥、违章作业行为，检查人员可以当场指出，进行纠正。

（4）认真、详细进行检查记录，特别是对隐患的记录必须具体，如隐患的部位、危险性程度及处理意见等。采用安全检查评分表的，应记录每项扣分的原因。

（5）检查中发现的隐患应该进行登记，并发出隐患整改通知书，引起整改单位重视，作为整改的备查依据。对凡是有即发性事故危险的隐患，检查人员应责令其停工，被查单位必须立即整改。

（6）尽可能系统、定量地做出检查结论，进行安全评价，以利于受检单位根据安全评价研究对策、进行整改、加强管理。

（7）检查后应对隐患整改情况进行跟踪复查，查被检单位是否按"三定"原则（定人、定期限、定措施）落实整改，经复查整改合格后销案。

三、建筑施工安全检查标准

《建筑施工安全检查标准》（JCJ 59—2019）使安全检查由传统的定性评价变为定量评价，使安全检查进一步规范化、标准化。

1. 评分标准组成

建筑施工安全检查评分标准由汇总表和检查评分表两个层次的表格组成。标准内容包括安全管理、文明施工、脚手架、基坑工程、模板支架、高处作业、施工用电、物料提升机与施工升降机、塔式起重机与起重吊装、施工机具共 10 个分项 189 个子项，其中脚手架分为碗扣式钢管脚手架、门式钢管脚手架、承插型盘扣式钢管脚手架、满堂脚手架、悬挑式脚手架、附着式升降脚手架和高处作业吊篮几个分项。

2. 检查评分表

分项检查评分表共分为 10 项 19 张表格，其中脚手架项目对应扣件式钢管脚手架、门式钢管脚手架、碗扣式钢管脚手架、承插型盘扣式钢管脚手架、满堂脚手架、悬挑式脚手架、附着式升降脚手架、高处作业吊篮 8 张分项检查评分表；物料提升机与施工升降机项目对应物料提升机、施工升降机2张分项检查评分表；塔式起重机与起重吊装项目对应塔式起重机、起重吊装2张分项检查评分表。

当多人对同一项目进行评分时，应按人员的职务采用加权评分方法确定分值。其中，专职安全员的权数为0.6，其他人员的权数为0.4。

检查评分采用扣分制，各检查项目所扣分数之和不得超过该项应得分数，即不得采用负分值。

在同一项目中有多个设备时，如多个脚手架、物料提升机与施工升降机、塔式起重机与起重吊装项目的实得分值，应为所对应专业的分项检查评分表实得分值的算术平均值。

汇总表是对10个分项内容检查结果的汇总，利用汇总表所得分值来确定和评价工程项目的安全生产工作情况。汇总表满分是100分，因此各分项的检查评分表的得分要折算到汇总表中的相应子项。各分项内容在汇总表中所占分值比例，根据对因工伤亡事故类型的统计分析结果，并考虑分值的计算简便，汇总表也采用百分制，但各个分项在汇总表中所占满分值不同：文明施工占15分，施工机具占5分，其余分项各占10分，满分100分。

3. 分值的计算方法

(1) 汇总表中各分项项目实得分数的计算方法如下：

① 分项检查评分表和检查评分汇总表的满分分值均应为100分，评分表的实得分值应为各检查项目所得分值之和。

② 评分应采用扣减分值的方法，扣减分值总和不得超过该检查项目的应得分值。

③ 当按分项检查评分表评分时，保证项目中有一项未得分或保证项目小计得分不足40分，此分项检查评分表不应得分。

④ 检查评分汇总表中各分项项目实得分值应按下式计算：

$$A_1 = \frac{B \cdot C}{100} \tag{5-1}$$

式中　A_1——汇总表各分项项目实得分值；

B——汇总表中该项应得满分值；

C——该项检查评分表实得分值。

⑤ 当评分遇有缺项时，分项检查评分表或检查评分汇总表的总得分值应按下式计算：

$$A_2 = \frac{D}{E} \times 100 \tag{5-2}$$

式中　A_2——遇有缺项时总得分值；

D——实查项目在该表的实得分值之和；

E——实查项目在该表的应得满分值之和。

⑥ 脚手架、物料提升机与施工升降机、塔式起重机与起重吊装项目的实得分值，应为所对应专业的分项检查评分表实得分值的算术平均值。

4. 评分等级

应按汇总表的总得分和分项检查评分表的得分，对建筑施工安全检查评定划分为优良、合格、不合格三个等级。建筑施工安全检查评定的等级划分应符合下列规定：

(1) 优良：分项检查评分表无零分，汇总表得分值应在80分及以上。

(2) 合格:分项检查评分表无零分,汇总表得分值应在 80 分以下,70 分及以上。

(3) 不合格:① 当汇总表得分值不足 70 分时;② 当有一分项检查评分表为零时;③ 起重吊装检查评分表或施工机具检查评分表未得分,但汇总表得分在 80 分及以下。

需要注意的是:评分检查表未得分与检查评分表缺项是不同概念,缺项是指被检查工地无此项检查内容,而未得分是指有此项检查内容,但实得分为零分。

第六节 施工安全专项施工方案

安全生产法律法规,是指国家关于改善劳动条件,实现安全生产,为保护劳动者在生产过程中的安全和健康而制定的各种法律、法规、部门规章和规范性文件的总和。

安全生产法律是由全国人民代表大会及其常务委员会制定,经国家主席签署主席令予以公布,并由国家强制力保证实施的行为规范。安全生产法律是制定安全生产行政法规、标准及地方法规的依据。它规定了我国的安全生产方针、安全生产保障、从业人员的权利和义务、安全生产监督管理及事故应急救援与调查处理,原则规定女职工劳动保护、未成年工劳动保护、工作时间、休假制度、工伤事故报告及处理、职业病预防、劳动安全卫生及安全生产监督等内容。典型的安全生产法律有《中华人民共和国安全生产法》《中华人民共和国建筑法》《中华人民共和国消防法》等。

国家行政法规是指由国务院制定和发布的各类条例、办法、规定、实施细则、决定等。行政法规的作用是将劳动安全生产法律的原则性规定具体化。典型的安全生产行政法规有《建设工程安全生产管理条例》(国务院令第 393 号)、《安全生产许可证条例》(国务院令第 397 号)、《建设项目环境保护管理条例》(2017 年修正)(国务院令第 682 号)、《特种设备安全监察条例》(国务院令第 373 号)、《国务院关于特大安全事故行政责任追究的规定》(国务院令第 302 号)等。

《建设工程安全生产管理条例》第二十六条规定:施工单位应当在施工组织设计中编制安全技术措施和施工现场临时用电方案,对下列达到一定规模的危险性较大的分部分项工程编制专项施工方案,并附具安全验算结果,经施工单位技术负责人、总监理工程师签字后实施,由专职安全生产管理人员现场监督。这些需要编制专项施工方案的分部分项工程包括:基坑支护与降水工程,土方开挖工程,模板工程,起重吊装工程,脚手架工程,拆除、爆破工程,国务院建设行政主管部门或者其他有关部门规定的其他危险性较大的工程。

危险性较大的分部分项工程,是指房屋建筑和市政基础设施工程在施工过程中容易导致人员群死群伤或者造成重大经济损失的分部分项工程。住房和城乡建设部于 2018 年 3 月 8 日以 37 号部令形式发布《危险性较大的分部分项工程安全管理规定》,住房和城乡建设部办公厅以建办质〔2018〕31 号文发布了"关于实施《危险性较大的分部分项工程安全管理规定》有关问题的通知",两个文件对"危大工程"的专项施工方案作出了详细要求。

一、编制依据

工程项目施工组织设计或施工方案中必须有针对性的安全技术措施,特殊和危险性大的工程必须单独编制安全施工方案或安全技术措施。安全技术措施或安全施工方案的编制依据有:

（1）国家和政府有关安全生产的法律、法规和有关规定。

（2）建筑安装工程安全技术操作章程。

（3）企业的安全管理规章制度。

二、编制原则

安全专项施工方案的编制，必须考虑现场的实际情况、施工特点及周围作业环境，措施要有针对性。凡施工过程中可能出现的危险因素和建筑物周围外部环境不利因素等，都必须从技术上采取具体且有效的措施予以预防。同时，安全技术措施和方案必须有设计、计算、详图、文字说明。

安全专项施工方案除应包括相应的安全技术措施外，还应当包括监控措施、应急方案以及紧急救护措施等内容。

三、编制要求

1. 及时性

（1）安全性措施在施工前必须编制好，并且经过审核批准后正式下达施工单位以指导施工。

（2）在施工过程中，设计发生变更时安全技术措施必须及时变更或作补充说明，否则不能施工。

（3）施工条件发生变化时必须变更安全技术措施内容，并及时经原编制、审批人员办理变更手续，不得擅自变更。

2. 针对性

（1）要根据施工工程的结构特点，凡是在施工中可能出现的危险因素，必须从技术上采取措施予以消除保证施工安全。

（2）要针对不同的施工方法和施工工艺制定相应的安全技术措施。

① 不同的施工方法要有不同的安全技术措施，安全技术措施要有设计、详图、文字要求、计算。

② 根据不同分部分项工程的施工工艺可能给施工带来的不安全因素，从技术上采取措施保证其安全实施。土方工程、地基与基础工程、砌筑工程、钢窗工程、吊装工程及脚手架工程等必须编制单项工程的安全技术措施。

③ 编制施工组织设计或施工方案，在使用新技术、新工艺、新设备、新材料的同时必须研究应用相应的安全技术措施。

（3）针对使用的各种机械设备、用电设备可能给施工人员带来的危险，从安全保险、限位装置等方面采取安全技术措施。

（4）针对施工中有毒、有害、易燃、易爆等作业可能给施工人员造成的伤害，制定相应的防范措施。

（5）针对现场和周围环境中可能给施工人员及周围居民带来危险的因素，以及材料、设备运输的困难和不安全因素，制定相应的安全技术措施。

① 夏季气候炎热，高温时间持续较长，要制定防暑降温措施和方案。

② 雨期施工要制定防触电、防雷击、防坍塌措施和方案。

③ 冬季施工要制定防风、防火、防滑、防煤气中毒、防亚硝酸钠中毒措施和方案。

3. 具体性

(1) 安全技术措施必须明确具体，能指导施工，绝不能口号化、一般化。

(2) 安全技术措施中必须有施工总平面图，在图中必须对危险的油库、易燃材料库、变电设备以及材料、构件的堆放位置，塔式起重机、井字架或龙门架、搅拌台的位置等按照施工需要和安全堆积的要求明确定位，并提出具体要求。

(3) 安全技术措施及方案必须由工程项目责任工程师或工程项目技术负责人指定的技术人员进行编制。

(4) 安全技术措施及方案的编制人员必须掌握工程项目概况、施工方法、场地环境等第一手资料，并熟悉有关安全生产的法规和标准，具有一定的专业水平和施工经验。

4. 审批

(1) 编制审核：建筑施工企业专业工程技术人员编制的安全专项施工方案，由施工企业技术部门的专业技术人员及监理单位专业监理工程师审核，审核合格后由施工企业技术负责人、监理单位总监理工程师签字。

(2) 专家论证审查：属于《危险性较大工程安全专项施工方案编制及专家论证审查办法》所规定范围的分部(分项)工程，要求：

① 建筑施工企业应当组织不少于5人的专家组，对已编制的安全专项施工方案进行论证审查。

② 安全专项施工方案专家组必须提出书面论证审查报告，施工企业应根据论证审查报告进行完善，施工企业技术负责人、总监理工程师签字后方可实施。

③ 专家组书面论证审查报告应作为安全专项施工方案的附件，在实施过程中，施工企业应严格按照安全专项方案组织施工。

5. 实施

施工过程中必须严格按照安全专项施工方案组织实施：

(1) 施工前，应严格执行安全技术交底制度，进行分级交底；相应的施工设备设施搭建、安装完成后要组织验收，合格后才能投入使用。

(2) 施工中，对安全施工方案要求的监测项目(如标高、垂直度等)要落实监测，及时反馈信息；对危险性较大的作业还应安排专业人员进行安全监控管理。

(3) 施工完成后，应及时对安全专项施工方案进行总结。

第七节　施工安全资料

一、施工安全资料的类型和内容

施工现场的安全资料，按《建筑施工安全检查标准》(JGJ 59—2019)中规定的内容为主线整理归集，并按“安全管理”检查评分表所列的10个检查项目名称顺序排列，其他各分项检查评分表作为子项目分别归集到安全管理检查评分表相应的检查项目之内。

10个子项目是：安全生产责任制、目标管理、施工组织设计、分部(分项)工程安全技术交底、安全检查、安全教育、班前安全活动、特种作业持证上岗、工伤事故处理、安全标志。

二、施工安全资料的编制与归档

建筑工程安全资料的编制，除国家有关规范外，一般在地方建设工程安全管理部门都专门编制印发了《建筑工程安全资料整理办法》，在组卷方式、编制形式上大同小异，但是也存在地区差别，在每个工程开工之前就应建立工程安全资料档案，指定专人收集并整理，在工程施工全过程中不能变动资料管理人员。

（一）编制要求

施工现场安全资料应真实反映工程的实际状况。施工现场安全资料应使用原件，因各种原因不能使用原件的，应在复印件上加盖原件存放单位的公章和注明原件存放处，并有经办人签字及时间。现场安全资料应保证字迹清晰，签字、盖章手续齐全。计算机形成的工程资料应采用内容打印、手工签名的方式。

（二）编制的基本原则

施工现场安全资料可参考《建设单位工程施工现场安全管理资料分类整理及组卷表》的分类进行组卷（表 5-3）。卷内资料排列顺序应根据卷内资料构成而定，一般为封面、目录、资料部分和封底。组成的案卷应美观、整齐。案卷页号的编写应以独立卷为单位。在案卷内资料排列顺序确定后，均应有书面内容的页面编写页号。每卷从阿拉伯数字 1 开始，用打号机或钢笔依次逐张连续标注页号。

表 5-3 建设单位工程施工现场安全管理资料分类整理及组卷表

编号	施工现场安全管理资料名称	资料表格编号或责任单位	工作相关及资料保存单位				
			建设单位	监理单位	施工单位	租赁单位	安装/拆卸单位
SA-A 类	建设单位施工现场安全管理资料						
	施工现场安全生产监督备案登记表	表 SA-A-1	√	√	√		
	施工现场变配电站，变压器，地上、地下管线及毗邻建筑物、构筑物资料移交单（如有）	表 SA-A-2	√	√	√		
	建设工程施工许可证	建设单位	√	√	√		
	夜间施工审批手续（如有）	建设单位	√	√	√		
	施工合同	建设单位	√		√		
	施工现场安全生产防护、文明施工措施费用支付统计	建设单位	√	√	√		
	向当地住房和城乡建设主管部门报送的《危险性较大的分部分项工程清单》	建设单位	√	√	√		
	上级管理部门、政务主管部门检查记录	建设单位	√	√	√		
SA-B 类	监理单位施工现场安全管理资料						
	监理安全管理资料						
	监理合同	监理单位	√	√			
	监理规划、安全监理实施细则	监理单位	√	√	√		
	安全监理专题会议纪要	监理单位	√	√	√		

表 5-3(续)

编号	施工现场安全管理资料名称	资料表格编号或责任单位	工作相关及资料保存单位				
			建设单位	监理单位	施工单位	租赁单位	安装/拆卸单位
SA-B2	监理安全审核工作记录						
	工程技术文件报审表	表 SA-B2-1	√	√	√		
	施工现场施工起重机械安装/拆卸报审表	表 SA-B2-2	√	√	√	√	√
	施工现场施工起重机械验收核查表	表 SA-B2-3	√	√	√	√	√
	施工现场安全隐患报告书	表 SA-B2-4	√	√	√		
	工作联系单	表 SA-B2-5	√		√		
	监理通知	表 SA-B2-6	√	√	√		
	工程暂停令	表 SA-B2-7	√	√	√		
	工程复工报审表	表 SA-B2-8	√	√	√		
	安全生产防护、文明施工措施费用支付申请表	表 SA-B2-9	√	√	√		
	安全生产防护、文明施工措施费用支付证书	表 SA-B2-10	√	√	√		
	施工单位安全生产管理体系审核资料	监理单位		√	√		
	施工单位专项安全施工方案及工程项目应急救援预案审核资料	监理单位		√	√		
SA-C 类	施工单位施工现场安全管理资料						
SA-C1	安全控制管理资料						
	施工现场安全生产管理概况表	SA-C1-1	√	√	√		
	施工现场重大危险源识别汇总表	SA-C1-2	√	√	√		
	施工现场重大危险源控制措施表	SA-C1-3	√	√	√		
	施工现场危险性较大的分部分项工程专项施工方案表	SA-C1-4	√	√	√		
	施工现场超过一定规模危险性较大的分部分项工程专家论证表	SA-C1-5	√	√	√		
	施工监测安全生产检查汇总表	SA-C1-6	√	√	√		
	施工现场安全生产管理检查评分表	SA-C1-7		√	√		

表 5-3(续)

编号	施工现场安全管理资料名称	资料表格编号或责任单位	工作相关及资料保存单位				
			建设单位	监理单位	施工单位	租赁单位	安装/拆卸单位
SA-C1	施工现场文明施工检查评分表	SA-C1-8			√		
	施工现场落地式脚手架检查评分表	SA-C1-9-1			√√		
	施工现场悬挑式脚手架检查评分表	SA-C1-9-2			√		
	施工现场门型脚手架检查评分表	SA-C1-9-3			√		
	施工现场挂脚手架检查评分表	SA-C1-9-4			√		
	施工现场吊篮脚手架检查评分表	SA-C1-9-5			√		
	施工现场附着式升降脚手架提升架或爬架检查评分表	SA-C1-9-6			√		
	施工现场基坑土方及支护安全检查评分表	SA-C1-10			√		
	施工现场模板工程安全检查评分表	SA-C1-11			√		
	施工现场“三宝”“四口”“临边”防护检查评分表	SA-C1-12			√		
	施工现场施工用电检查评分表	SA-C1-13			√		
	施工现场物料提升机(龙门架、井字架)检查评分表	SA-C1-14-1			√		
	施工现场外用电梯(人货两用电梯)检查评分表	SA-C1-14-2			√		
	施工现场塔吊检查评分表	SA-C1-15			√		
	施工现场起重吊装安全检查评分表	SA-C1-16			√		
	施工现场施工机具检查评分表	SA-C1-17			√		
	施工现场安全技术交底汇总表	SA-C1-18		√	√		
	施工现场安全技术交底表	SA-C1-19			√		
	施工现场作业人员安全教育记录表	SA-C1-20			√		
	施工现场安全事故原因调查表	SA-C1-21	√	√	√		
	施工现场特种作业人员登记表	SA-C1-22		√	√		
	施工现场地上、地下管线保护措施验收记录表	SA-C1-23		√	√		
	施工现场安全防护用品合格证及检测资料登记表	SA-C1-24			√		
	施工现场施工安全日记表	SA-C1-25			√		
	施工现场班组班前讲话记录表	SA-C1-26			√		
	施工现场安全检查隐患整改记录表	SA-C1-27	√	√	√		
	监理通知回复单	SA-C1-28	√	√	√		
	施工现场安全生产责任制	施工单位		√	√		
	施工现场总分包安全管理协议书	施工单位		√	√		
	施工现场施工组织设计及专项安全技术措施	施工单位		√	√		
	施工现场冬雨风季施工方案	施工单位		√	√		
	施工现场安全资金投入记录	施工单位		√	√		
	施工现场生产安全事故应急预案	施工单位	√	√	√		
	施工现场安全标识	施工单位			√		
	施工现场自身检查违章处理记录	施工单位			√		
	本单位上级管理部门、政府主管部门检查记录	施工单位	√	√	√		

表 5-3(续)

编号	施工现场安全管理资料名称	资料表格编号或责任单位	工作相关及资料保存单位				
			建设单位	监理单位	施工单位	租赁单位	安装/拆卸单位
SA-C2	施工现场消防保卫安全管理资料						
	施工现场消防重点部位登记表	SA-C2-1	√	√	√		
	施工现场用火作业审批表	SA-C2-2			√		
	施工现场消防保卫定期检查表	SA-C2-3			√		
	施工现场居民来访纪录	施工单位			√		
	施工现场消防设备平面图	施工单位		√	√		
	施工现场消防保卫制度及应急预案	施工单位		√	√		
	施工现场消防保卫协议	施工单位		√	√		
	施工现场消防保卫组织机构及活动记录	施工单位		√	√		
	施工现场消防审批手续	施工单位		√	√		
	施工现场消防设施、器材维修记录	施工单位			√		
	施工现场防火等高温作业施工安全措施及交底	施工单位		√	√		
	施工现场警卫人员值班、巡查工作记录	施工单位			√		
SA-C3	脚手架安全管理资料						
	施工现场钢管扣件式脚手架支撑体系验收表	SA-C3-1		√	√		
	施工现场落地式(悬挑)脚手架搭设验收表	SA-C3-2		√	√		
	施工现场工具式脚手架安装验收表	SA-C3-3		√	√		
	施工现场脚手架、卸料平台及支撑体系设计及施工方案	施工单位		√	√		
SA-C4	基坑支护与模板工程安全管理资料						
	施工现场基坑支护验收表	SA-C4-1					
	施工现场基坑支护沉降观察记录	SA-C4-2					
	施工现场基坑支护水平位移观察记录表	SA-C4-3					
	施工现场人工挖孔桩防护检查表	SA-C4-4					
	施工现场特殊部位气体检测记录表	SA-C4-5					
	施工现场模板工程验收表	SA-C4-6					
	施工现场基坑、土方、护坡及模板施工方案	施工单位					
SA-C5	“三宝”“四口”“临边”防护安全管理资料						
	施工现场“三宝”“四口”“临边”防护检查记录表	SA-C5-1		√	√		
	施工现场“三宝”“四口”“临边”防护措施方案	施工单位			√		

表 5-3(续)

编号	施工现场安全管理资料名称	资料表格编号或责任单位	工作相关及资料保存单位				
			建设单位	监理单位	施工单位	租赁单位	安装/拆卸单位
SA-C6	临时用电安全管理资料						
	施工现场施工临时用电验收表	SA-C6-1		√	√		
	施工现场电气线路绝缘强度测试记录表	SA-C6-2		√	√		
	施工现场临时用电接地电阻测试记录表	SA-C6-3		√	√		
	施工现场电工巡检维修记录表	SA-C6-4			√		
	施工现场临时用电施工组织设计及变更资料	施工单位		√	√		
	施工现场总、分包临时用电安全管理协议	施工单位		√	√		
	施工现场电气设备测试、调试技术资料	施工单位			√		
SA-C7	施工升降安全管理资料						
	施工现场施工升降机安装/拆卸任务书	SA-C7-1			√	√	√
	施工现场施工升降机安装/拆卸安全和技术交底记录表	SA-C7-2			√	√	√
	施工现场施工升降机基础验收表	SA-C7-3			√	√	√
	施工现场施工升降机安装/拆卸过程记录表	SA-C7-4			√	√	√
	施工现场施工升降机安装验收记录表	SA-C7-5			√	√	√
	施工现场施工升降机接高验收记录表	SA-C7-6			√	√	√
	施工现场施工升降机运行记录	施工单位			√	√	
	施工现场施工升降机维修保养记录	施工单位			√	√	
	施工现场机械租赁、使用、安装/拆卸安全管理协议书	施工单位		√	√	√	√
	施工现场施工升降机安装/拆卸方案	施工单位			√	√	√
	施工现场施工升降机安装/拆卸报审报告	施工单位		√	√	√	√
	施工现场施工升降机使用登记台账	施工单位			√		
	施工现场施工升降机登记备案记录	施工单位			√		

表 5-3(续)

编号	施工现场安全管理资料名称	资料表格编号或责任单位	工作相关及资料保存单位				
			建设单位	监理单位	施工单位	租赁单位	安装/拆卸单位
SA-C8	塔吊及起重吊装安全管理资料						
	施工现场塔吊式起重机安装/拆卸任务书	SA-C8-1			√	√	√
	施工现场塔吊式起重机安装/拆卸安全和技术交底	SA-C8-2			√	√	√
	施工现场塔式起重机基础验收记录表	SA-C8-3			√		√
	施工现场塔式起重机轨道验收记录表	SA-C8-4			√		√
	施工现场塔式起重机安装/拆卸过程记录表	SA-C8-5			√	√	√
	施工现场塔式起重机附着检查记录表	SA-C8-6			√	√	√
	施工现场塔式起重机顶升检验记录表	SA-C8-7			√	√	√
	施工现场塔式起重机安装验收记录表	SA-C8-8			√	√	√
	施工现场塔式起重机安装垂直度测量记录表	SA--8-9			√	√	√
	施工现场塔式起重机运行记录表	SA-C8-10			√		
	施工现场塔式起重机维修保养记录表	SA-C8-11			√		
	施工现场塔式起重机检查记录	施工单位			√	√	√
	施工现场塔式起重机租赁、使用、安装/拆卸安全管理协议书	施工单位 租赁单位		√	√	√	√
	施工现场塔式起重机安装/拆卸方案及群塔作业方案、起重吊装作业专项施工方案	施工单位 租赁单位		√	√	√	√
	施工现场塔式起重机安装/拆卸报审报告	施工单位		√	√	√	√
	施工现场塔吊机组与信号工安全技术交底	施工单位			√		
SA-C9	施工机具安全管理资料						
	施工现场施工机具(物料提升机)检查验收记录表	SA-C9-1			√	√	√
	施工现场施工机具(电动吊篮)检查验收记录表	SA-C9-2			√	√	√
	施工现场施工机具(龙门吊)检查验收记录表	SA-C9-3			√	√	√
	施工现场施工机具(打桩、钻孔机械)检查验收记录表	SA-C9-4			√	√	√
	施工现场施工机具(装载机)检查验收记录表	SA-C9-5			√	√	
	施工现场施工机具(挖掘机)检查验收记录表	SA-C9-6			√	√	
	施工现场施工机具(混凝土泵)检查验收记录表	SA-C9-7			√	√	
	施工现场施工机具(混凝土搅拌机)检查验收记录表	SA-C9-8			√	√	
	施工现场施工机具(钢筋机械)检查验收记录表	SA-C9-9			√	√	
	施工现场施工机具(木工机械)检查验收记录表	SA-C9-10			√	√	
	施工现场施工机具安装验收记录表	SA-C9-11			√	√	

表 5-3(续)

编号	施工现场安全管理资料名称	资料表格编号或责任单位	工作相关及资料保存单位				
			建设单位	监理单位	施工单位	租赁单位	安装/拆卸单位
SA-C9	施工现场施工机具维修保养记录表	SA-C9-12			√	√	
	施工现场施工机具使用单位与租赁单位租赁、使用、安装/拆卸安全管理协议	施工单位 租赁单位		√	√	√	
	施工现场施工机具安全/拆卸方案	租赁单位			√	√	
SA-C10	施工现场文明生产(现场料具堆放、生活区)安全管理资料						
	施工现场施工噪声监测记录表	SA-C10-1		√	√		
	施工现场文明生产定期检查表	SA-C10-2			√		
	施工现场办公室、生活区、食堂等卫生管理制度	施工单位			√		
	施工现场应急药品、器材的登记及使用记录	施工单位			√		
	施工现场急性职业中毒应急预案	施工单位			√		
	施工现场食堂卫生许可证及炊事人员的卫生、培训、体检证件	施工单位			√		
	施工现场各阶段现场存放材料堆放平面图及责任划分,材料存放、保管制度	施工单位		√	√		
	施工现场成品保护措施	施工单位		√	√		
	施工现场各种垃圾存放、消纳管理制度	施工单位		√	√		
	施工现场环境保护管理方案	施工单位		√	√		

施工现场安全管理资料整理应符合表 5-3 的规定。

案卷封面要包括名称、案卷题名、编制单位、安全主管、编制日期、共××册,第××册等。卷内资料、封面、目录、备考表统一采用 A4 幅(297 mm×210 mm)尺寸,小于 A4 幅面的资料要用 A4 白纸(297 mm×210 mm)衬托。

实际操作中一般首先建立档案目录,通常的做法是根据地方《建设工程安全资料管理办法》中的分目方法,建立资料盒,一目一盒。无论工程大小或实际施工中是否一定涉及目录中的安全资料种类,均应建立其对应的资料盒。然后在施工过程中随着工程施工进度不断收集整理安全资料并加入相对应的目(盒)中,在每个目中设立一个资料分目,收集一份填一份。这样在施工的任何阶段,随时可以查阅任何目中已经建立的安全档案资料,而无须再将资料分类或分目。到工程竣工前,只需将各资料盒中的资料分目取出,加封面装订,即成为一套完整的施工安全管理资料。

三、施工现场安全生产资料管理

(一) 安全资料管理

(1) 项目设专职或兼职安全资料员,安全资料员持证上岗以保证资料管理责任的落实;安全资料员应及时收集、整理安全资料,督促建档工作,促进企业安全管理上台阶。

(2) 资料的整理应做到现场实物与记录相符,行为与记录相符合,以便更好地反映安全管理的全貌及全过程。

(3) 建立定期、不定期的安全资料的检查与审核制度,及时查找问题,及时整改。

(4) 安全资料实行按岗位职责分工编写、及时归档、定期装订成册的管理办法。

(5) 建立借阅台账,及时登记,及时追回,收回时做好检查工作,检查是否有损坏、丢失现象发生。

(二) 安全资料保管

(1) 安全资料按篇及编号分别装订成册,装入档案盒内。

(2) 安全资料集中存放于资料柜内,加锁,专人负责管理,以防丢失损坏。

(3) 工程竣工后,安全资料上交公司档案室储存保管、备查。

第六章　标准员应具备的基本知识

第一节　工程建设标准及标准化

一、基本概念

标准是为了在一定的范围内获得最佳秩序，经协商一致制定并由公认机构批准，共同使用的和重复使用的一种规范性文件。它是以科学、技术和经验的综合成果为基础，以促进最佳的共同效益为目的的特殊文件。按照标准的内容可分为基础标准、试验标准、产品标准、工程建设标准、过程标准、服务标准、接口标准等。

工程建设标准是为了在工程建设领域获得最佳秩序，对各类建设工程的勘察、规划设计、施工、验收、运行、管理、维护、加固、拆除等活动和结果需要协调统一的事项所制定的共同的、重复使用的技术依据和准则。它经协商一致并由公认机构审查批准，以科学技术和实践经验的综合成果为基础，以保证工程建设的安全、质量、环境和公众利益为核心，以促进达到最佳社会效益、经济效益、环境效益和最佳效率为目的。

标准化是指为了在一定的范围内获得最佳秩序，对实际的或潜在的问题制定共同和重复使用的规则的活动。标准化是一个活动过程，主要是指制定标准、宣传贯彻标准、对标准的实施进行监督管理、根据标准实施情况修订标准的过程。这个过程不是一次性的，而是一个不断循环、不断提高、不断发展的运动过程。每一个循环完成后，标准化的水平和效益就提高一次。标准是标准化活动的产物，标准化的目的和作用都是通过制定和贯彻具体的标准来体现的。

工程建设标准化是指为了在工程建设领域获得最佳秩序，对实际的或潜在的问题制定共同的和重复使用的规则的活动。该活动包括标准的制定、实施和对标准实施的监督三个方面。在标准的制定方面，包括制订标准编制计划下达、编制、审批发布和出版印刷四个环节。在组织实施方面，包括标准的执行、宣传、培训、管理、解释、调研、意见反馈等工作。在标准实施的监督方面主要根据有关法律法规，对参与工程建设活动的各方主体实施标准的情况进行指导和监督。

工程建设标准化自1990年以来已初步形成了城乡规划、城镇建设、房屋建筑、铁路工程、水利工程、矿山工程等体系。

工程建设标准体系是某一工程建设领域的所有工程建设标准，按其客观存在的联系，相互依存，相互衔接，相互补充，相互制约，构成的一个科学有机整体。

二、工程建设标准及标准化的作用

工程建设标准在工程建设过程中的主要作用如下：

(1) 贯彻落实国家技术经济政策。

(2) 政府规范市场秩序的手段。

(3) 确保建设工程质量安全。

(4) 促进建设工程技术进步和科研成果转化。

(5) 保护生态环境、维护人民群众的生命财产安全和人身健康权益。

(6) 推动能源、资源的节约和合理利用。

(7) 促进提高建设工程的社会效益和经济效益。

(8) 推动开展国际贸易和国际交流合作。

工程建设标准化在工程建设过程中的主要作用如下:

(1) 生产社会化和管理现代化的重要技术基础。

(2) 提高质量,保护人体健康,保障人身、财产安全,维护消费者合法权益的重要手段。

(3) 发展市场经济,促进贸易交流的技术纽带。

三、工程建设标准的主要特点

工程建设标准的主要特点:综合性强、政策性强、技术性强、地域性强。

(一) 综合性

工程建设标准的内容大多数是综合性的。工程建设标准绝大部分都需要应用各领域的科技成果,经过综合分析才能制定出来。制定工程建设标准需要考虑的因素是综合性的。必须综合考虑社会、经济、技术、管理等诸多因素,否则工程建设标准很难在实际工程建设过程中得到有效贯彻执行。

(二) 政策性

工程建设标准政策性强主要体现在以下几个方面:

(1) 国家要控制投资,工程建设标准首先要控制恰当。

(2) 工程建设要消耗大量的资源,直接影响环境保护、生态平衡和国民经济的可持续发展,标准的水平需要适度控制,并在一定程度上起引导作用。

(3) 工程建设直接关系到人民生命财产的安全、人体健康和公共利益。但安全、健康和公共利益以合理为度,工程建设标准对安全、健康、公共利益与经济之间的关系进行了统筹兼顾。

(4) 工程建设标准化的效益,不能单纯着眼于经济效益,还必须考虑社会效益。

(5) 工程建设要考虑百年大计。工程使用年限少则几十年,多则上百年,工程建设技术标准在工程的质量、设计的基准等方面需要考虑这一因素,并提出相应的措施或技术要求。

(三) 技术性

工程建设标准是以科学技术和实践经验的综合成果为基础。标准的技术水平从基础理论水平、工艺技术水平、质量控制水平、技术经济水平、技术管理水平五个方面考虑。它体现了当时先进技术水平,并随着技术进步而不断改进。

(四) 地域性

我国幅员辽阔,各地的自然条件和社会因素差异很大。而工程建设的特殊性决定了其技术要求必须与具体情况相适应。工程建设地方标准及标准化,是工程建设标准和标准化的重要组成部分。

四、工程建设标准的分类

可以从不同的角度对工程建设标准进行分类，目前主要有阶段分类法、层次分类法、属性分类法、性质分类法、对象分类法五种。

（一）阶段分类法

基本建设的程序常划分为两大阶段：决策阶段和实施阶段。决策阶段包括可行性研究和计划任务书阶段，实施阶段包括工程项目的勘察、规划、设计、施工、验收使用、管理、维护、加固到拆除等。通常将实施阶段标准称为工程建设标准。

（二）层次分类法

层次分类法是指按照每一项工程建设标准的使用范围，即标准的覆盖面，将其划分为不同层次的分类方法。我国工程建设标准划分为企业标准、地方标准、行业标准和国家标准四个层次。

（三）属性分类法

属性分类法是指按照每一项工程建设标准在实际建设活动中要求贯彻执行的程度不同，将其划分为不同法律属性的分类方法。工程建设标准划分为强制性标准和推荐性标准。属性分类法一般不适用于企业标准。

（四）性质分类法

性质分类法是指按照每一项工程建设标准的内容，将其划分为不同性质标准的分类方法。工程建设标准一般划分为技术标准、管理标准和工作标准。

（五）对象分类法

对象分类法是指按照每一项工程建设标准的标准化对象，将其进行分类的方法。在工程建设标准化领域，通常采用两种方法：一是按标准对象的专业属性进行分类，一般应用在确立标准体系方面；二是按照标准对象本身的特性进行分类，一般分为基础标准，方法标准，安全、卫生和环境保护标准，综合性标准，质量标准。

任何一项工程建设标准均可以按上述分类方法其中之一进行划分。某种分类方法中的标准还可以再用其他四种分类法进一步划分。

五、国家标准、行业标准、地方标准和企业标准

（一）国家标准

《中华人民共和国标准化法》规定：对需要在全国范围内统一的技术要求，应当制定国家标准。按照《工程建设国家标准管理办法》的规定，在全国范围内需要统一或国家需要控制的工程建设技术要求主要包括：

(1) 工程建设勘察、规划、设计、施工（包括安装）及验收等通用的质量要求。

(2) 工程建设通用的术语、符号、代号、量与单位、建筑模数和制图方法。

(3) 工程建设通用的试验、检验和评定等方法。

(4) 工程建设通用的有关安全、卫生和环境保护的技术要求。

(5) 工程建设通用的信息技术要求。

(6) 国家需要控制的其他工程建设通用的技术要求。

我国国家标准的代号，用国标两个字汉语拼音的第一个字母 G 和 B 表示。强制性国家标准的代号为 GB，推荐性国家标准的代号为 GB/T。

国家标准的编号由国家标准的代号、国家标准发布的顺序号和国家标准发布的年代号三部分构成，例如:《建筑工程施工质量验收统一标准》(GB 50300—2013)。

（二）行业标准

工程建设行业标准是指对没有国家标准，而又需要在全国某个行业范围内统一的技术要求所制定的标准。工程建设行业标准的范围主要包括：

(1) 工程建设勘察、规划、设计、施工(包括安装)及验收等行业专用的质量要求。

(2) 工程建设行业专用的有关安全、卫生和环境保护的技术要求。

(3) 工程建设行业专用的术语、符号、代号、量与单位、建筑模数和制图方法。

(4) 工程建设行业专用的试验、检验和评定等方法。

(5) 工程建设行业专用的信息技术要求。

(6) 工程建设行业需要控制的其他技术要求。

行业标准由国务院有关行政主管部门编制计划，组织草拟，统一审批、编号、发布，并报国务院标准化行政主管部门备案。行业标准是对国家标准的补充，行业标准在相应国家标准实施后自行废止。

行业标准代号由国务院标准化行政主管部门规定。例如:建材行业标准的代号为 JC，建设工程行业标准的代号为 JGJ。

行业标准的编号由行业标准代号、标准序号及年代号组成，例如:《建筑施工模板安全技术规范》(JGJ 162—2019)。

（三）地方标准

地方标准是指对没有国家标准和行业标准而又需要在省、自治区、直辖市范围内统一工业产品的安全、卫生要求所制定的标准，地方标准在本行政区域内适用，不得与国家标准和行业标准相抵触。相应的国家标准、行业标准公布实施后，地方标准自行废止。

地方标准由省、自治区、直辖市人民政府标准化行政主管部门编制计划，组织草拟，统一审批、编号、发布，并报国务院标准化行政主管部门和国务院有关行政主管部门备案。

地方标准的代号，由汉语拼音字母 DB 加上省、自治区、直辖市行政区划代码前两位数，再加斜线、顺序号和年代号共四部分组成。

（四）企业标准

企业标准是对企业范围内需要协调、统一的技术要求、管理要求和工作要求所制定的标准。它是企业组织生产、经营活动的依据，是企业技术特点和优势的体现，也是企业文化的体现。

企业工程建设标准体系包括技术标准体系、管理标准体系和工作标准体系，其中工作标准体系是在技术和管理标准体系指导制约下的下层次标准。企业工程建设标准层次结构通用图如图 6-1 所示。

施工企业工程建设技术标准化管理的目的是提高企业技术创新和竞争能力，建立企业施工技术管理的最佳秩序，获得好的质量和经济效益。

（五）施工企业技术标准

1. 施工企业技术标准内容

(1) 补充或细化国家标准、行业标准和地方标准未覆盖的，企业又需要的一些技术要求。

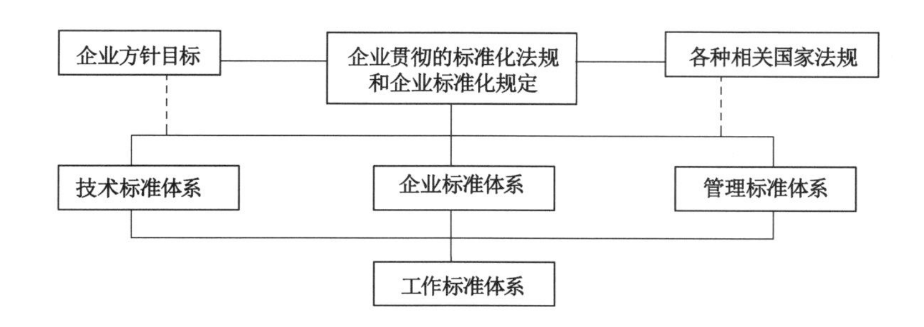

图 6-1　企业工程建设标准层次结构通用图

(2) 企业自主创新成果。

(3) 有条件的施工企业为更好地贯彻落实国家、行业和地方标准，也可将其制定成严于该标准的企业施工工艺标准、施工操作规程等企业技术标准。施工企业技术标准主要包括：企业施工技术标准、工艺标准或操作规程和相应的质量检验评定标准等。

2. 施工工艺标准

为有序完成工程的施工任务，并满足安全和规定的质量要求，工程项目施工作业层需要统一的操作程序、方法、要求和工具等事项所制定的方法标准。

3. 施工操作规程

对施工过程中为满足安全和质量要求需要统一的技术实施程序、技能要求等事项所制定的有关操作要求。

4. 工法

工法是以工程为对象、工艺为核心，运用系统工程原理，结合先进技术和科学管理，经过工程实践并证明是属于技术先进有创新、效益显著、经济适用、符合节能环保要求的施工方法。工法分为企业级、省级和国家级。

5. 施工企业工程建设技术标准体系层次结构基本图

施工企业工程建设技术标准体系层次结构基本图如图 6-2 所示，其中技术标准强制性条文及全文强制性标准是第一级的，属于技术法规，应根据应用情况逐条列出和落实。

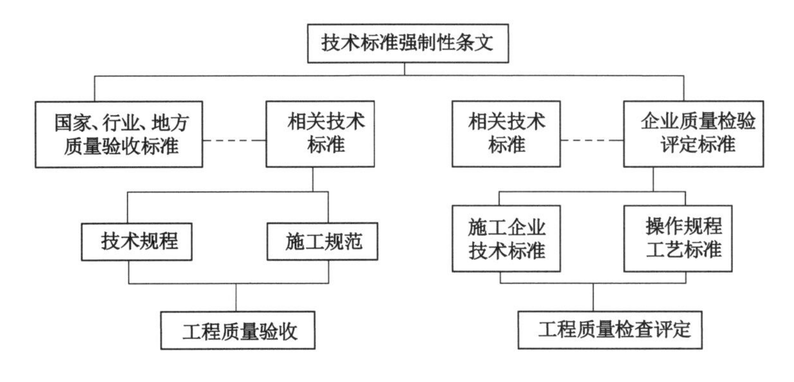

图 6-2　施工企业工程建设技术标准体系层次结构基本图

六、强制性标准和推荐性标准

（一）工程建设强制性标准

工程建设强制性标准是指国家通过法律的形式明确要求对于一些标准所规定的技术内容和要求必须执行，不允许以任何理由或方式加以违反、变更的标准，其包括强制性的国家标准、行业标准和地方标准。对违反强制性标准的，国家将依法追究当事人法律责任。目前是指标准中的强制性条文和全文强制性标准。直接涉及人民生命财产和工程安全、人体健康、节能减排、环境保护和其他公共利益，以及需要强制实施的工程建设技术、管理要求，应当制定为工程建设强制性标准。

（二）工程建设推荐性标准

工程建设推荐性标准是指国家鼓励自愿采用的具有指导作用而不宜强制执行的标准，即标准所规定的技术内容和要求具有普遍的指导作用，允许使用单位结合自己的实际情况，灵活加以选用。

七、规范、标准、规程的区别与联系

标准、规范、规程都是标准的一种表现形式，习惯上统称为标准，只有针对具体对象才加以区别。对术语、符号、计量单位、制图等基础性要求，一般采用“标准”；对工程勘察、规划、设计、施工等通用的技术事项做出规定时，一般采用“规范”；当针对操作、工艺施工流程等专用技术要求时，一般采用“规程”。

八、工程建设标准强制性条文

工程建设标准强制性条文是工程建设过程中的强制性技术规定，是参与建设活动各方执行工程建设强制性标准的依据。执行《工程建设标准强制性条文》既是贯彻落实《建设工程质量管理条例》的重要内容，又是从技术上确保建设工程质量的关键，同时也是推进工程建设的标准体系改革所迈出的关键的一步。强制性条文的正确实施，对促进房屋建筑活动健康发展，保证工程质量、安全，提高投资效益、社会效益和环境效益都具有重要的意义。

《工程建设标准强制性条文》共十五个部分，包括城乡规划、城市建设、房屋建筑、工业建筑、水利工程、电力工程、信息工程、水运工程、公路工程、铁道工程、石油和化工建设工程、矿山工程、人防工程、广播电影电视工程和民航机场工程，覆盖了工程建设的各个主要领域。《工程建设标准强制性条文》是建设部（现称为住房和城乡建设部）于 2000 年首发，与此同时，建设部发布了建设部令 81 号，颁布了《实施工程建设强制性标准监督规定》，明确了工程建设强制性标准是指直接涉及工程质量、安全、卫生及环境保护等方面的工程建设标准强制性条文，从而确立了强制性条文的法律地位。

九、工程建设标准设计图

为了加快设计和施工速度，提高设计与施工质量，把建筑工程中常用的、大量性的构件、配件按统一模数、不同规格设计出系列施工图，供设计部门、施工企业选用，这样的图称为标准图。标准图装订成册后，就称为标准图集或通用图集。标准图（集）的适用范围：经国家部、委批准的，可在全国范围内使用；经各省、市、自治区有关部门批准的，一般可在相应地区范围内使用。

标准图（集）有两种：一种是整幢建筑的标准设计（定型设计）图集；另一种是目前大量使用的建筑构、配件标准图集。

十、施工相关的质量和安全标准

为了统一建筑工程施工质量的验收方法、程序和原则，达到确保工程质量的目的，建筑工程质量验收标准由一本统一标准——《建筑工程施工质量验收统一标准》和相应的专业质量验收标准组成。常见的建筑工程施工质量验收标准及适用范围见表6-1，常见的主要的建筑施工安全标准及适用范围见表6-2。

表6-1 常见的建筑工程施工质量验收标准及适用范围

序号	标准名称及编号	适用范围
1	《建筑工程施工质量验收统一标准》(GB 50300—2013)	适用于建筑工程施工质量的验收，并作为建筑工程各专业工程施工质量验收规范编制的统一准则
2	《建筑地基基础工程施工质量验收规范》(GB 50202—2018)	适用于建筑工程的地基基础工程施工质量验收
3	《混凝土结构工程施工质量验收规范》(GB 50204—2015)	适用于建筑工程混凝土结构施工质量验收，不适用于特种混凝土结构施工质量验收
4	《砌体结构工程施工质量验收规范》(GB 50203—2011)	适用于建筑工程的砖、石、小砌块等砌体结构工程的施工质量验收，不适用于铁路、公路和水工建筑等砌石工程
5	《钢结构工程施工质量验收规范》(GB 50205—2020)	适用于建筑工程的单层、多层、高层以及网架、压型金属板等钢结构工程施工质量验收
6	《屋面工程质量验收规范》(GB 50207—2012)	适用于建筑屋面工程质量验收
7	《地下防水工程质量验收规范》(GB 50208—2011)	适用于房屋建筑、防护工程、市政隧道、地下铁道等地下防水工程质量验收
8	《建筑地面工程施工质量验收规范》(GB 50209—2010)	适用于建筑地面工程(含室外散水、明沟、踏步、台阶和坡道)施工质量验收，不适用于超净、屏蔽、绝缘、防止放射线以及防腐蚀等特殊要求的建筑地面工程施工质量验收
9	《建筑装饰装修工程质量验收规范》(GB 50210—2018)	适用于新建、扩建、改建和既有建筑的装饰装修工程的质量验收
10	《建筑节能工程施工质量验收规范》(GB 50411—2019)	用于新建、改建和扩建的民用建筑工程中的墙体、幕墙、门窗、屋面、地面、采暖、通风与空调、空调与采暖系统的冷热源及管网、配电与照明、监测与监控等建筑节能工程施工质量验收

表6-2 常见的主要的建筑施工安全标准及适用范围

序号	名称及编号	适用范围
1	《建筑施工安全检查标准》(JGJ 59—2019)	适用于房屋建筑工程施工现场安全生产的检查评定
2	《建筑施工高处作业安全技术规范》(JGJ 80—2016)	适用于工业与民用房屋建筑及一般构筑物施工时，高处作业中临边、洞口、攀登、悬空、操作平台及交叉等项作业

表 6-2(续)

序号	名称及编号	适用范围
3	《施工现场临时用电安全技术规范》(JGJ 46—2005)	适用于新建、改建和扩建的工业与民用建筑和市政基础设施施工现场临时用电工程中的电源中性点直接接地的220/380 V三相四线制的低压电力系统的设计、安装、维修和拆除
4	《建筑施工扣件式钢管脚手架安全技术规范》(JGJ 130—2011)	适用于房屋建筑工程和市政工程等施工用落地式单、双排扣件式钢管脚手架、满堂扣件式钢管脚手架,型钢悬挑扣件式钢管脚手架,满堂扣件式钢管支撑架的设计、施工及验收
5	《建筑施工模板安全技术规范》(JGJ 162—2019)	适用于建筑施工中现浇混凝土工程模板体系的设计、制作、安装及拆除
6	《建设工程施工现场消防安全技术规范》(GB 50720—2011)	适用于新建、改建和扩建等各类建设工程施工现场的防火
7	《建筑施工升降机安装、使用、拆卸安全技术规程》(JGJ 215—2010)	适用于房屋建筑工程、市政工程所用的齿轮齿条式、钢丝绳式人货两用施工升降机。不适用于电梯、矿井提升机、升降平台
8	《建筑施工塔式起重机安装、使用、拆卸安全技术规程》(JGJ 196—2010)	适用于房屋建筑工程、市政工程所用的塔式起重机的安装、使用和拆卸
9	《龙门架及井架物料提升机安全技术规范》(JGJ 88—2010)	适用于房屋建筑工程和市政工程所使用的以卷扬机或曳引机为动力、吊笼沿导轨垂直运行的物料提升机的设计、制作、安装、拆除和使用。不适用于电梯、矿井提升机、升降平台

第二节　标准员的职责与要求

一、标准员的职责与要求

标准员是指在建筑工程施工现场,从事工程建设标准实施组织、监督、效果评价等工作的专业人员。标准员的主要工作职责和应具备的专业技能见表 6-3,应具备的专业知识见表 6-4。

表 6-3　标准员的主要工作职责和专业技能

分类	主要工作职责	应具备的专业技能
标准实施计划	1. 参与企业标准体系表的编制。 2. 负责确定工程项目应执行的工程建设标准,编列标准强制性条文,并配置标准有效版本。 3. 参与制定质量安全技术标准落实措施及管理制度	1. 能够组织确定工程项目应执行的工程建设标准及强制性条文。 2. 能够参与制定工程建设标准贯彻落实的方案

表 6-3(续)

分类	主要工作职责	应具备的专业技能
施工前期标准实施	1. 负责组织工程建设标准的宣贯和培训。 2. 参与施工图会审，确认执行标准的有效性。 3. 参与编制施工组织设计、专项施工方案、施工质量计划、职业健康安全与环境计划，确认执行标准的有效性	1. 能够组织施工现场工程建设标准的宣贯和培训。 2. 能够识读施工图
施工过程标准实施	1. 负责建设标准实施交底。 2. 负责跟踪、验证施工过程标准执行情况，纠正执行标准中的偏差，重大问题提交企业标准化委员会。 3. 参与工程质量、安全事故调查，分析标准执行中的问题	1. 能够对不符合工程建设标准的施工作业提出改进措施。 2. 能够处理施工作业过程中工程建设标准实施的信息。 3. 能够根据质量、安全事故原因，参与分析标准执行中的问题
标准实施评价	1. 负责汇总标准执行确认资料、记录工程项目执行标准的情况，并进行评价。 2. 负责收集对工程建设标准的意见、建议，并提交企业标准化委员会	1. 能够记录和分析工程建设标准实施情况。 2. 能够对工程建设标准实施情况进行评价。 3. 能够收集、整理、分析对工程建设标准的意见，并提出建议
标准信息管理	负责工程建设标准实施的信息管理	能够使用工程建设标准实施信息系统

表 6-4　标准员应具备的专业知识

分类	专业知识
通用知识	1. 熟悉国家工程建设相关法律法规。 2. 熟悉工程材料的基本知识。 3. 掌握施工图绘制、识读的基本知识。 4. 熟悉工程施工工艺和方法。 5. 了解工程项目管理的基本知识
基础知识	1. 掌握建筑结构、建筑构造、建筑设备的基本知识。 2. 熟悉工程质量控制和检测分析的基本知识。 3. 熟悉工程建设标准体系的基本内容和国家、行业工程建设标准化管理体系。 4. 了解施工方案、质量目标和质量保证措施编制及实施基本知识
岗位知识	1. 掌握与本岗位相关的标准和管理规定。 2. 了解企业标准体系表的编制方法。 3. 熟悉工程建设标准化监督检查的基本知识。 4. 掌握标准实施执行情况，记录及分析评价方法

二、标准实施管理

(一) 标准实施计划

1. 标准员要参与企业标准体系表的编制

施工企业工程建设标准体系表编制的基本要求:

(1) 符合企业方针和目标,贯彻国家现行有关标准化的法律法规和企业标准化规定。

(2) 国标、行标、地标和企标都应为现行的有效版本,并实施动态管理,及时更新。

(3) 积极补充和完善国标、行标、地标的相关内容,做到全覆盖。

(4) 与企业质量、安全管理体系相配套和协调。

(5) 体系表编制后应进行符合性和有效性评价,以求不断改进。

2. 标准员确定工程项目应执行的工程建设标准

标准员确定工程项目应执行的工程建设标准,是指从现行的标准中,根据所承建的工程项目类别、结构形式、地域特点等确定应执行的工程建设标准。标准的有效版本:一是指经法定程序批准发布、备案,并由指定出版机构正式出版的标准;二是指所选用的标准文本应在有效期内。工程建设标准一般实施一段时间后进行修订,颁布新的版本,标准员应关注工程建设标准制修订动态,掌握最新版本,并且把应执行的工程建设标准中强制性条文逐条列出。

3. 标准员参与制定主要工程建设标准贯彻落实的方案及管理制度

标准员参与制定主要工程建设标准贯彻落实的方案及管理制度,是指协助各项方案、计划编制的负责人,提出主要标准贯彻落实的技术管理措施和管理制度,确保工程项目建设达到工程建设标准的各项技术要求。

(二) 施工前期标准实施

1. 负责组织工程建设标准的宣贯和学习

标准宣贯与学习的主要内容:

(1) 及时掌握标准信息及准备学习资料。

(2) 积极参加行业协会、企业等组织的标准宣贯或培训活动。

(3) 组织项目部相关人员学习标准等。

标准宣贯与学习重点是使项目相关人员掌握标准,并自觉准确应用标准。

施工企业工程建设标准化工作中,强制性条文和全文强制性标准的贯彻落实是管理的重点,贯彻落实国家标准、行业标准和地方标准是主要任务。

工程建设标准的实施基本要求:

(1) 强制性条文及全文强制性标准:

① 相关人员逐条学习和领会。

② 单独建立强条表和逐条的落实措施。

③ 明确强条检查项目及要求,规定合格判定条件。

④ 施工组织设计和施工技术方案审批的重点,技术交底的主要内容。

⑤ 其他要求同国标、行标和地标的管理要求。

(2) 国家标准、行业标准和地方标准:

① 学习标准,对关键技术和控制重点进行专题研究。

② 应用标准,编制标准的落实措施或实施细则。

③ 工程项目技术交底，将标准落实到项目管理层。

④ 施工操作技术交底，将标准落实到项目操作层。

⑤ 检查落实措施的有效性和效果，不断完善落实标准的措施。

(3) 企业标准

与国标、行标、地标实施管理协调一致。

2. 参与施工图会审以确认执行标准的有效性

施工项目建设标准的交底，一般与正常技术交底结合进行，把工程建设标准交底作为技术交底的一个方面内容，标准员参与技术交底工作；也可结合施工项目情况采用建设标准专项交底的形式，标准员组织建设标准的技术交底。

施工项目开工前应由项目技术负责人向承担施工的负责人或分包人进行书面技术交底。每一分部分项工程作业前应进行作业技术交底，技术交底书应由施工项目技术人员编制（标准员参与），并经项目技术负责人批准实施。技术交底资料应办理签字手续并归档保存。技术交底的主要内容包括：

(1) 做什么——任务范围。

(2) 怎么做——施工方案（方法）、材料、机具等。

(3) 做成什么样——质量、安全标准。

(4) 注意事项——施工应注意质量安全问题、基本措施等。

(5) 做完时限——进度要求等。

技术交底的形式：书面、口头、会议、挂牌、样板、示范操作等。

3. 标准员参与编制施工组织设计、专项施工方案等

标准员参与编制施工组织设计、专项施工方案等，是指对于涉及工程建设标准相关内容的编制提供支持。

工程建设标准是编制施工组织设计、专项施工方案、质量计划和安全生产管理计划的重要依据。工程建设标准中所规定的技术要求也是方案、计划编制的重要目标之一，如何落实工程建设标准的要求是制定方案和计划的重要内容之一，特别是质量验收标准、安全标准、施工技术标准等。

按照《建设工程安全生产管理条例》（国务院 393 号令）第 26 条规定，专项施工方案的编制对象是达到一定规模的危险性较大的分部分项工程（专项工程）。专项施工方案编制的主要内容包括：

(1) 工程概况：危险性较大的分部分项工程概况、施工平面布置、施工要求和技术保证条件。

(2) 编制依据：相关法律、法规、规范性文件、标准、规范及图纸（国标图集）、施工组织设计等。

(3) 施工计划：包括施工进度计划、材料与设备计划。

(4) 施工工艺技术：技术参数、工艺流程、施工方法、检查验收等。

(5) 施工安全保证措施：组织保障、技术措施、应急预案、监测监控等。

(6) 安全管理技术力量配备：专职安全生产管理人员、专职设备管理人员、特种作业人员等。

(7) 计算书及相关图纸。

（三）施工过程标准实施

工程建设标准实施交底是指标准员向施工现场的其他专业人员就标准实施进行的交底，对象为施工员、质量员、安全员、材料员等，交底的内容是所承建的工程项目应执行工程建设标准的主要技术要求。

1. 监督检查的基本要求

(1) 以工程项目为基础，分层次进行。工程项目经理部以工程项目为重点进行检查。企业工程建设标准化管理部门组织有关职能部门以工程项目和技术标准为重点进行检查。

(2) 明确重点。对技术标准检查的重点是控制措施和实施结果。施工前，应检查相关技术标准的配备和落实措施或实施细则等落实技术标准措施文件的编制情况；施工中，应检查有关落实技术标准及措施文件的执行情况；在每道工序及工程项目完工后，应检查有关技术标准的实施情况。

2. 工程项目监督检查的主要指标

工程项目各项技术标准的落实监督检查的主要指标，具体反映在标准落实的有效性和标准的覆盖率上。

标准的覆盖率：检查项目施工中有没有无标准施工的工序。标准的有效性：反映标准有效版本的配置及落实的效果。根据这两个指标的统计，并结合工程项目、工程建设标准工作情况进行评估。

3. 施工过程建设标准实施不符合的判定和处理

标准员通过资料审查和现场检查验证，根据相关判定要求，参与对施工过程工程建设标准的实施情况作出判定，如不符合应确定处置方案，分析原因并提出改进措施。

(1) 准确判定执行强制性标准(条文)的情况

执行工程建设标准强制性标准(条文)的情况的判定，一般包括以下四种情况：

① 符合强制性标准。各项内容满足标准的规定即可判定为符合。

② 可能违反强制性标准，但是检查时还难以作出结论，需要进一步判定，这时通过检测单位检测和设计单位核定后，再判定。

③ 违反强制性标准。对于一些资料性的内容，如果个别地方出现笔误，且不直接影响工程质量与安全，经过整改能够达到规范要求的可以判定为符合强制性标准。但是，如果未经过验收或者验收不符合规范要求，而继续进行下一道工序的施工，应判定为违反强制性标准。

④ 严重违反强制性标准。此时较违反强制性标准更严重，出现质量安全事故。

(2) 违反强制性标准(条文)的处理

根据违反强制性标准的严重程度，处理步骤及内容包括：停止违反行为、应急处置补救措施(方案)及实施、预防及改进、责任处罚等。

当建筑工程质量不符合要求时，应按下列规定进行处理：

① 经返工重做或更换器具、设备的检验批，应重新进行验收。

② 经有资质的检测单位检测鉴定能够达到设计要求的检验批，应予以验收。

③ 经有资质的检测单位检测鉴定达不到设计要求，但经原设计单位核算认可能够满足结构安全和使用功能的检验批，可予以验收。

④ 经返修或加固处理的分项、分部工程，虽然改变外形尺寸但仍满足安全使用要求，可

按技术处理方案和协商文件进行验收。

⑤ 通过返修或加固处理仍不能满足安全使用要求的分部工程、单位(子单位)工程,严禁验收。

(3) 违反强制性标准的处罚

《实施工程建设强制性标准监督规定》(建设部令 81 号),对参与建设活动各方责任主体违反强制性标准的处罚做出了具体的规定,这些规定与《建设工程质量管理条例》一致。

4. 施工项目标准实施情况记录

标准员对施工项目工程建设标准实施情况的记录,是反映标准执行的原始资料,是评价标准实施情况和改进的基本依据,也是相关监督方检查验收的依据。因此,标准实施记录应做到真实、全面、及时。

施工项目工程建设标准实施情况的记录形式,根据各地方规定及企业要求确定。记录资料除采用文字表格外,还可以采用图片、录像等。一般可选择下列几种形式:

(1) 工作日记。标准员按时间顺序每日记载施工现场有关标准实施的基本情况、主要问题及处理结果等,作为标准员的日常工作记录。

(2) 专题记录。标准员专门对某项工作全过程的有关标准实施所做的完整记录。例如:标准员针对本项目所采用的新材料、新技术或新工艺,从技术论证、准用许可(备案)、工艺验证、交底培训、现场控制和验收、效果评价和改进,最后形成企业标准的全面记录。专题记录也适用于项目的质量与安全的关键部位标准实施的重点控制,或重大质量安全事故分析处理。

(3) 分门别类记录。一般可按照施工项目的施工顺序,分专业及分部分项工程类别,分别进行标准实施的检查记录。该形式也便于相关监督方的检查验收,较常用。

5. 施工过程建设标准实施的监督检查方法和重点

标准员对施工过程建设标准实施的监督检查主要根据工程建设标准实施计划进行。

施工过程建设标准实施的监督检查方法可根据内容选择资料核查、参与现场检查、验证或监督等。施工过程建设标准实施的监督检查的重点应是工程建设强制性标准(条文),见表 6-5。

表 6-5　标准实施监督检查重点

检查内容		工作重点
施工准备的检查	设计交底和图纸会审	1. 了解设计意图和设计要求。 2. 配置执行工程建设标准及标准图
	施工组织设计、施工方案及作业指导书	1. 负责编制工程建设标准实施计划。 2. 参与审查工程建设标准贯彻计划情况
	技术交底	1. 参与技术交底资料核查。 2. 组织工程建设标准的交底
	各生产要素准备(人、料、机、作业面等)	1. 材料进场验收。 2. 关键岗位人员资格。 3. 主要机械设备进场安装及验收

表 6-5(续)

检查内容		工作重点
施工过程质量的检查	工序质量	1. 作业规程和工艺标准。 2. 关键控制点
	主要技术环节	1. 设计变更、技术核定。 2. 隐蔽验收、施工记录。 3. 施工检查、施工试验
	质量验收(检验批、分项、分部工程)	1. 验收程序、组织、方法和标准。 2. 验收资料。 3. 质量缺陷及事故的处理
施工过程安全的检查	重大危险源	1. 方案审核及论证。 2. 交底与培训。 3. 监督与验收
	作业人员	1. 安全操作规程及交底。 2. 作业行为
	安全检查	1. 安全检查制度、组织、方法和标准。 2. 隐患整改
	事故(已遂与未遂)处理	1. 应急处置。 2. 事故报告、分析、处理和改进

(四) 标准实施评价

对工程项目执行标准的情况进行评价,是指按照分部工程的划分,对不同分部工程施工过程中执行标准的情况分别进行评价,得出各分部施工是否符合标准要求的结论,对于没有达到标准的要求,要分析原因。

1. 工程建设标准实施评价基本知识

(1) 评价标准类别

根据被评价标准的内容构成及其适用范围,工程建设标准可分为基础类标准、综合类标准和单项类标准。

① 基础类标准:指术语、符号、计量单位或模数等标准。

② 综合类标准:指标准的内容及适用范围涉及工程建设活动中两个或两个以上环节的标准。

③ 单项类标准:指标准的内容及适用范围仅涉及工程建设活动中某一环节的标准。

(2) 标准评价内容

① 对基础类标准,通常只进行标准的实施状况和适用性评价。

② 综合类及单项类标准评价内容。对综合类标准和单项类标准,应根据其内容构成和适用范围所涉及环节,按表 6-6 的规定确定其评价内容。

表 6-6　工程建设标准涉及环节及对应评价内容

环节	内容							
	状况评价内容			效果评价内容			适用性评价内容	
	推广状况	应用状况	经济效果	社会效果	环境效果	可操作性	协调性	先进性
规划	√	√	√	√	√	√	√	√
勘察	√	√	√	√	√	√	√	√
设计	√	√	√	√	√	√	√	√
施工	√	√	√	√	√	√	√	√
质量验收	√	√	—	√	—	√	√	√
管理	√	√	√	√	—	√	√	√
检验、鉴定、评价	√	√	—	√	—	√	√	√
运营维护、维修	√	√	√	√	—	√	√	√

③ 标准实施状况评价：标准的实施状况是指标准批准发布后一段时间内，各级工程建设管理部门、工程建设规划、勘察、设计、施工图审查机构、施工、安装、监理、检测、评估、安全质量监督以及科研、高等院校等相关单位实施标准的情况。标准的实施状况包括标准推广状况和标准应用状况。

④ 标准推广状况：指标准批准发布后，标准化管理机构及有关部门和单位为保证标准有效实施，开展的标准宣传、培训等活动以及标准出版发行等情况。

⑤ 标准应用状况：指标准批准发布后，工程建设各方应用标准、专业技术人员执行标准和专业技术人员对标准的掌握程度等方面的情况。

⑥ 标准实施效果评价：标准的实施效果是指标准批准发布后在工程中应用所发挥作用和取得的效果，包括经济效果、社会效果、环境效果等。

a. 经济效果：标准在工程建设中应用所产生的对节约材料消耗、提高生产效率、降低成本等方面的影响效果。

b. 社会效果：标准在工程建设中应用所产生的对工程安全、工程质量、人身健康、公众利益和技术进步等方面的影响效果。

c. 环境效果：标准在工程建设中应用所产生的对能源、资源的节约和合理利用及生态环境保护等方面的影响效果。

⑦ 标准的适用性评价：标准满足工程建设技术需求的程度，适用性评价的内容应包括标准对国家政策的适合性、标准的可操作性、与相关标准的协调性和技术的先进性。

a. 标准的可操作性：指标准中各项规定的合理程度及在工程建设应用过程中实施方案技术措施可行的程度。

b. 标准的协调性：反映标准与国家政策、法律法规、相关标准协调一致的程度。

c. 标准的先进性：反映标准的技术成熟程度、条文科学和标准的发展性。

（3）标准评价方法

工程建设标准实施评价应遵循客观、公正、实事求是的原则，并应根据被评价工程建设标准的特点，结合工程建设标准化工作需要，选择进行综合评价或单项评价。

① 单项评价。单项评价是对工程建设标准实施的某一方面(或某一指标)进行评价,并得出单项结论。

② 综合评价。综合评价是对工程建设标准实施状况评价结论、实施效果评价结论和适用性评价结论进行综合性总结、分析、评价。属于对标准的整体评价。

2. 施工项目建设标准的实施评价方法及指标

标准员对施工项目建设标准的实施评价方法一般为单项评价。单项评价的主要评价内容包括:标准应用情况(主要指标为标准覆盖率或实施率),标准实施效果(主要反映标准落实的效果)。

(1) 标准应用状况评价内容

① 单位应用标准状况:a. 是否将所评价的标准纳入单位的质量管理体系中。b. 所评价的标准在质量管理体系中是否"受控"。c. 是否开展了相关的宣传、培训工作。

② 标准在工程中应用状况:a. 实施率(覆盖率)。b. 在工程中是否能准确、有效应用。

③ 技术人员掌握标准状况:a. 技术人员是否掌握了所评价标准的内容。b. 技术人员是否能准确应用所评价的标准。

标准员对标准应用情况评价可参照表 6-7 所列的等级标准。

表 6-7 施工项目建设标准应用状况评价等级标准

标准应用状况	标准评价等级	等级标准
单位应用标准状况	优	1. 所评价的标准已纳入单位的质量管理体系中,并处于"受控"状态; 2. 单位采取多种措施积极宣传所评价的标准,并组织全部有关技术人员参加培训
	良	1. 所评价的标准已纳入单位的质量管理体系中,并处于"受控"状态; 2. 单位组织部分有关技术人员参加培训
	中	1. 所评价的标准已纳入单位的质量管理体系中; 2. 所评价的标准在质量管理体系中处于"受控"状态
	差	达不到"中"的要求
标准在工程中应用状况	优	1. 非强制性标准实施率达到 90%以上,强制性标准达到 100%; 2. 在工程中能准确、有效使用
	良	1. 非强制性标准实施率达到 80%以上,强制性标准达到 100%; 2. 在工程中能准确、有效使用
	中	非强制性标准实施率达到 60%以上,强制性标准达到 100%
	差	达不到"中"的要求
技术人员掌握标准状况	优	相关技术人员熟练掌握了标准的内容,并能够准确应用
	良	相关技术人员掌握了标准的内容
	中	相关技术人员基本掌握了标准的内容
	差	达不到"中"的要求

注:对于有政策要求在工程中必须严格执行的工程建设标准,无论强制性还是非强制性实施率均应达到 100%方能评为"中"及以上等级。对此类标准实施率达到 100%并在工程中能准确、有效使用评为"优"。

(2) 标准实施效果评价内容及标准实施效果评价等级标准

标准实施效果评价内容及标准实施效果评价等级标准见表6-8。

表6-8　标准实施效果评价内容及标准实施效果评价等级标准

标准实施效果	评价内容	评价等级	等级标准
经济效果	1. 是否有利于节约材料。 2. 是否有利于提高生产效率。 3. 是否有利于降低成本	优	标准实施后对节约材料、提高生产效率、降低成本其中至少两项产生有利的影响，其余一项没有影响
		良	标准实施后对节约材料、提高生产效率、降低成本其中一项产生有利的影响，其他没有不利影响
		中	标准实施后对节约材料、提高生产效率、降低成本没有影响
		差	标准实施后造成浪费材料、降低生产效率及提高成本等不利后果
社会效果	1. 是否对工程质量和安全产生影响。 2. 是否对施工过程安全生产产生影响。 3. 是否对技术进步产生影响。 4. 是否对人身健康产生影响。 5. 是否对公众利益产生影响	优	标准实施后对工程质量和安全、安全生产、技术进步、人身健康及公众利益等其中至少三项产生有利的影响，对其他项目没有影响；或者对其中二项产生较大的积极影响，对其他项目没有影响
		良	标准实施后对于工程质量和安全、安全生产、技术进步、人身健康及公众利益等至少两项产生有利的影响，对其他项目没有影响；或者对其中一项产生较大的积极影响，对其他项目没有影响
		中	标准实施后对工程质量和安全、安全生产、技术进步、人身健康及公众利益没有产生影响
		差	标准实施后对工程质量和安全、安全生产、技术进步、人身健康及公众利益产生负面影响
环境效果	1. 是否有利于能源和资源节约。 2. 是否有利于能源和资源合理利用。 3. 是否有利于生态环境保护	优	标准实施后对能源和资源节约、能源和资源合理利用、生态环境保护等其中至少两项产生有利的影响，对其他项目没有影响
		良	标准实施后对能源和资源节约、能源和资源合理利用、生态环境保护等其中一项产生有利的影响，对其他项目没有影响
		中	标准实施后对能源和资源节约、能源和资源合理利用、生态环境保护没有影响
		差	标准实施后产生了能源和资源浪费，破坏生态环境等影响

3. 施工项目建设标准实施存在问题的改进措施

施工项目建设标准实施主要存在问题及基本改进措施见表6-9。

表6-9　标准实施主要存在问题及基本改进措施

	主要原因	基本改进措施
标准覆盖率（实施率）低	1. 标准缺乏。 2. 标准配置不到位。 3. 标准未执行	1. 企业应建立和完善自身的标准体系。 2. 企业应建立标准资料库，并及时更新。 3. 标准执行应有具体的措施

表 6-9(续)

	主要原因	基本改进措施
标准执行落实效果差	1. 相关人员未能掌握和准确使用标准。 2. 标准可操作性差或执行困难。 3. 组织管理不到位	1. 组织项目相关人员学习标准。 2. 组织标准交底。 3. 修订完善企业标准。 4. 完善标准落实措施,提高其可操作性、针对性和有效性。 5. 从人员、制度、资金等方面加强项目的标准执行管理力度

4. 企业工程建设标准化工作的评价

施工企业应每年进行一次工程建设标准化工作的评价,不断改进标准化工作,并根据评价绩效进行奖惩。企业标准属于科技成果的,可根据其效益申报国家或地方的有关科技进步奖项。

三、标准信息管理

工程建设标准实施的信息管理是指标准员采用信息化手段对工程建设标准实施情况进行监管。

1. 施工项目标准实施信息类型及内容

(1) 信息与信息管理

信息是指用口头形式、书面形式或电子形式传输的知识、新闻和情报等。声音、文字、数字和图像等都是信息表达的形式。现场施工除需要人力和物质资源外,信息也是施工中必不可少的一项重要资源。信息化是指信息资源和信息技术的开发和利用。信息技术包括有关数据处理的软件、硬件技术和网络技术等。

施工项目信息管理的主要工作包括:项目信息的收集整理、录入和利用等。项目信息包括合同管理、成本管理、分包管理、进度管理、质量管理、安全管理、环境管理、竣工管理、物资管理、设备机械管理、工程资料管理等。施工项目信息管理可根据本企业信息管理手册要求进行。

(2) 施工企业工程建设标准化信息内容

① 国家现行有关标准化法律、法规和规范性文件。

② 本企业工程建设标准化组织机构、管理体系和相关制度等。

③ 本企业标准化工作任务和目标,以及标准化工作规划和计划。

④ 国家标准、行业标准和地方标准的现行标准目录和发布信息。

⑤ 法律法规、工程建设标准化体系表和相关标准的执行情况。

⑥ 本企业标准的编制和实施情况。

⑦ 企业工程建设标准化工作评价情况。

⑧ 主要经验及存在的问题。

施工项目工程建设标准的实施信息主要包括:项目采用的工程建设标准、项目工程建设标准实施计划、项目工程建设标准交底记录、项目工程建设标准执行检查记录、项目工程建设标准实施评价及总结等。项目工程建设标准信息,一般在企业信息化管理系统的相关管理子系统中反映,具体可根据企业信息管理手册要求进行分类及编码。施工项目工程建设标准的实施信息由标准员负责收集和整理，并做到真实（客观）、及时、准确、完整和系统，以及有效利用。信息资料类型主要为纸质和电子文档。有条件的企业应建立企业网站和企业标准资料库。

2. 施工项目标准实施信息系统的使用

没有建立企业信息化管理系统的企业，施工项目只能建立自身管理信息系统；已建立企业信息化管理系统的企业，施工项目标准实施信息按企业信息管理手册要求使用。

企业信息管理手册是信息管理的核心指导文件，其内容一般包括：(1) 信息管理任务。(2) 信息管理的任务分工表和管理职能分工表、信息分类、编码体系和编码。(3) 信息输入输出模型。(4) 信息管理工作、处理流程图。(5) 信息处理的工作平台（局域网或门户网站）及使用规定。(6) 各种报表、报告的格式以及报告周期。(7) 项目进展的月度报告、季度报告、年度报告和总结报告的内容及其编制原则和方法。(8) 信息管理相关制度等。

第七章　材料员应具备的基本知识

建筑材料是建筑的物质基础，材料的质量是工程质量的保障，不同工程项目、不同施工阶段，对材料的要求不同。另外，材料的合理使用直接影响施工企业的经济效益。因此，加强材料管理，对提高工程质量、减少材料消耗、降低工程成本、提高企业经济效益有着重要的作用。建筑材料费用一般占总投资的50%～60%，材料的管理是建筑工程管理的重要组成部分，在建筑企业中占据重要地位，属于建筑企业生产领域材料耗用过程的管理，与企业的施工技术管理、施工进度管理、财务成本管理、质量安全管理等其他技术经济管理有着密切关系，是建筑企业项目管理的出发点和落脚点，更是建筑企业实现工程项目进度目标、质量目标、安全目标、成本目标的保障。在建筑企业中，从事施工材料计划、采购、检查、统计、核算等工作的专业人员，称为材料员。

建筑企业的材料管理包括原材料、半成品、外协件等的采购、验收、标识、储存、保管、发放、库存控制等一系列环节。建筑材料的正确、节约、合理利用直接影响建筑工程的质量和造价。

第一节　材料员的职责和要求

材料员的主要职责有材料管理计划、材料采购验收、材料使用存储、材料统计核算和材料资料管理5大类15个方面的职责，其中负责10项，参与5项，这些职责相互依存，是不可分割的统一体。材料员的主要工作职责和应具备的专业技能见表7-1。材料员应具备的专业知识见表7-2。

表7-1　材料员的主要工作职责和应具备的专业技能

分类	主要工作职责	具备的专业技能
材料管理计划	1. 参与编制材料、设备配置计划。 2. 参与建立材料、设备管理制度	能够参与编制材料、设备配置计划和管理制度
材料采购验收	1. 负责收集材料、设备的价格信息。 2. 参与供应单位的评价、选择。 3. 负责材料、设备的选购。 4. 参与采购合同的管理。 5. 负责进场材料、设备的验收和抽样复检	1. 能够分析建筑材料市场信息，并进行材料、设备的计划编制与采购。 2. 能够对进场材料、设备进行符合性判断

表 7-1(续)

分类	主要工作职责	具备的专业技能
材料使用存储	1. 负责材料、设备进场后的接收、发放、储存管理。 2. 负责监督、检查材料和设备的合理使用。 3. 参与回收和处置剩余及不合格的材料和设备	1. 能够组织保管、发放施工材料、设备。 2. 能够对危险物品进行安全管理。 3. 能够参与对施工余料、废弃物进行处置或再利用
材料统计核算	1. 负责建立材料、设备管理台账。 2. 负责材料、设备的盘点、统计。 3. 参与材料、设备的成本核算	1. 能够建立材料、设备的统计台账。 2. 能够参与材料、设备的成本核算
材料资料管理	1. 负责材料、设备资料的编制。 2. 负责汇总、整理、移交材料和设备资料	能够编制、收集、整理施工材料、设备资料

表 7-2　材料员应具备的专业知识

分类	专业知识
通用知识	1. 熟悉国家工程建设相关法律法规。 2. 掌握工程材料的基本知识。 3. 了解施工图识读的基本知识。 4. 了解工程施工工艺和方法。 5. 熟悉工程项目管理的基本知识
基础知识	1. 了解建筑力学的基本知识。 2. 熟悉工程预算的基本知识。 3. 掌握物资管理的基本知识。 4. 熟悉抽样统计分析的基本知识
岗位知识	1. 熟悉与本岗位相关的标准和管理规定。 2. 熟悉建筑材料市场调查分析的内容和方法。 3. 熟悉工程招投标和合同管理的基本知识。 4. 掌握建筑材料验收、存储、供应的基本知识。 5. 掌握建筑材料成本核算的内容和方法

下面对材料员的工作部分职责进行解释。

材料管理计划的制订一般由工程项目部项目经理组织，项目技术负责人负责，材料员等参与编制。

材料、设备配置计划是指为了实现建筑与市政工程项目施工目标，根据工程施工任务、进度，对材料、设备的使用作出具体安排和确定搭配方案。

表 7-1 和表 7-2 中提到的材料包括工程材料和周转材料；设备指建筑设备、小型施工设备和工器具，不包括大中型施工机械设备。

材料采购验收工作一般包括材料采购与验收。材料采购工作中对供应单位的评价和选择及材料采购合同的签订和管理一般由项目经理负责，材料员与其他相关人员参与。

剩余材料、设备的回收和处置及不合格材料、设备的处置由工程项目部负责，材料员参与。

材料成本核算由工程项目部主管经济的负责人组织，材料员参与。

第二节　施工项目材料管理

一、施工项目材料管理的特点

建筑企业的材料管理，是指对施工过程中所需的各种材料进行采购、储备、保管及使用等一系列组织和管理工作的总称。它是借助施工管理过程中如计划、组织、指挥、监督和调节等管理职能，根据一定的原则、程序和方法，来实现材料供应平衡以及高效、合理地组织材料的储存、消费和使用，从而保证建筑施工生产的顺利进行。

由于建筑施工存在工期长、流动性大、产品单一等特点，使得建筑企业的材料管理工作具有特殊性、艰巨性和复杂性，主要表现在：

(1) 建筑材料品种、规格多样，消耗量大。由于建筑产品各不相同，技术要求各异，需用材料的品种、规格、数量及构成比例也随之变化。

(2) 建筑材料占用储备资金较多且周期较长。一个建筑从投入施工到交付使用，往往要以月或年计算工期，由于自然条件的限制，部分建筑材料的生产和供应受到季节性影响，需要做季节性储备，这就决定了材料储备数量较大，占用储备资金较多。

(3) 建筑材料供应不均衡。建筑施工生产是按分部分项分别进行的，生产按工艺程序展开，施工各阶段用料的品种、数量都不相同，材料消耗数量时高时低，这就决定了材料供应的不均衡性。

(4) 材料供应工作涉及面广。在常用的建筑材料中，既有大宗材料，又有零星或特殊材料，材料货源和供应渠道复杂。其中很大一部分需自外省市运入，建筑企业自身运输不能解决，需要借助大量的社会运输力量，这就受运输方式和运输环节的牵制和影响，稍微疏忽就会在某环节出问题，影响施工生产的正常进行，因此需要周密规划。

(5) 建筑材料的来源不稳定。由于建筑施工场所不固定，使得建筑材料的供应没有固定的来源和渠道，也没有固定的运输方式，反映了建筑材料供应工作的复杂性。

材料管理人员，只有充分了解材料管理的特点，充分认识到建筑材料供应与管理工作的重要性、特殊性以及做好材料供应与管理工作的艰巨性和复杂性，才能掌握工作的主动权，做好材料供应与管理工作。

二、施工项目材料管理的内容

施工项目材料管理是项目经理部为顺利完成项目施工任务，从施工准备开始到项目竣工交付为止所进行的材料计划、订货采购、运输、库存保管、供应、加工、使用、回收等所有材料管理工作。施工项目材料管理的主要内容有：

(1) 项目材料管理体系和制度的建立。建立施工项目材料管理岗位责任制，明确项目材料的计划、采购、验收、保管、使用等各环节管理人员的管理责任以及管理制度，实现合理使用材料和降低材料成本的管理目标。

(2) 材料流通过程的管理。材料流通过程的管理包括材料采购策划、供方的评审和评定、合格供货商的选择、采购、运输、仓储等材料供应过程所需要的组织、计划、控制、监督等各项工作，以实现材料供应的有效管理。

(3) 材料使用过程的管理。材料使用过程的管理包括材料进场验收、保管出库、材料领用、材料使用过程的跟踪检查、盘点、剩余物资的回收利用等，以实现材料使用消耗的有效管理。

(4) 材料节约。探索节约材料、研究代用材料、降低材料成本的新技术、新途径和先进科学方法。

三、施工项目材料计划管理

（一）施工项目材料计划的分类

(1) 按照计划的用途划分，材料计划有材料需用计划、材料采购计划和半成品加工订货计划。

① 材料需用计划，由项目材料使用部门根据实物工程量汇总的材料分析和进度计划，分单位工程进行编制。材料需用计划应明确需用材料的品种、规格、数量及质量要求，同时要明确材料的进场时间。

② 材料采购计划，项目材料部门根据经审批的材料需用计划和库存情况编制材料采购计划。计划中应包括材料品种、规格、数量、质量、采购供应时间、拟采用供货商名称及需用资金。

③ 半成品加工订货计划，是项目为获得加工制作的材料编制的计划。计划中应包括所需产品的名称、规格、型号、质量、技术要求和交货时间等，其中若属非定型产品，应附有加工图样、技术资料或提供样品。

(2) 按照计划的期限划分，材料计划有年度计划、季度计划、月计划、单位工程材料计划及临时追加计划。

临时追加计划是因原计划中品种、规格、数量有错漏，施工中采取临时技术措施，机械设备发生故障需及时修复等，需要采取临时措施解决的材料计划。

施工项目常用的材料计划以按照计划的用途和执行时间编制的年、季、月的材料需用计划、半成品加工订货计划和材料采购计划为最主要形式。

项目常用的材料计划有：单位工程主要材料需用计划、主要材料年度需用计划、主要材料月（季）度需用计划、半成品加工订货计划、周转料具需用计划、主要材料采购计划、临时追加计划等。

（二）施工项目材料需用计划的编制

(1) 单位工程主要材料需用计划。项目开工前，项目经理部根据施工图样、预算，并考虑施工现场材料管理水平和节约措施，以单位工程为对象，编制各种材料需用计划，该计划是项目编制其他材料计划以及项目材料采购总量控制的依据。

(2) 主要材料年（季/月）度需用计划。根据工程项目管理需要，结合进度计划安排，在单位工程主要材料需用计划的基础上编制主要材料年度需用计划、主要材料季度需用计划、主要材料月度需用计划，作为项目施工阶段材料计划的控制依据。

(3) 主要材料月度需用计划。主要材料月度需用计划是与项目生产结合最为紧密的材料计划，是项目材料需用计划中最具体的计划。材料月度需用计划作为制订采购计划和向供应商订货的依据，应注明产品的名称、规格型号、单位、数量、主要技术要求（含质量）、进场日期、提交样品时间等。对材料的包装、运输等方面有特殊要求时，也应在材料月度需用计划中注明。

① 编制的依据与主要内容：

a. 在项目施工中，项目经理部生产部门向材料部门提出主要材料月（季）度需用计划。

b. 应根据工程施工进度编制计划，还应随着工程变更情况和调整后的施工预算及时调整计划。

c. 该计划是项目材料部门动态供应材料的依据。

② 编制程序：

a. 计算实物工程量。项目生产部门要根据生产进度计划的工程部位，根据图样和预算计算实物工程量。

b. 进行材料分析。根据相应的材料消耗定额进行材料分析。

c. 形成需用计划。将材料分析得到的材料用量按照品种、规格分类汇总，形成材料需用计划。

（4）周转料具需用计划。根据施工组织设计，按品种、规格、数量、需用时间和进度编制。经审批后的周转料具需用计划提交项目材料管理部门，由材料管理部门提前向租赁站提出租赁计划，作为租赁站送货到现场的依据。

（三）施工项目材料采购计划的编制

1. 材料采购计划

项目材料采购部门应根据生产部门提出的材料需用计划，编制材料采购计划报项目经理审批。

材料采购计划中应确定采购方式、采购人员、候选供应商名单和采购时间等。应根据物资采购的技术复杂程度、市场竞争情况、采购金额以及数量确定采购方式（招标采购、邀请报价采购和零星采购）。

（1）需用计划材料的核定。材料采购部门核定经审批的材料需用计划提出的材料是否能够被单位材料需用计划和项目预算成本所覆盖。如果需要采购物资在预算成本或采购策划以外，按照计划外材料制订追加计划。

（2）确定各种材料的库存量和储备量。各种材料的库存和储备数量是编制采购计划的重要依据。在编制材料采购计划之前必须掌握计划期初库存量、计划期末储备量、经常储备量、保险储备量等，当材料生产或运输受季节影响时，还需考虑季节性储备。

① 计划期初库存量＝编制计划时实际库存量＋期初前的预计到货量－期初前的预计消耗量。

② 计划期末储备量＝(0.5～0.75)×经常储备量＋保险储备量。

③ 经常储备量即经济库存量，是指正常供应条件下，两次材料到货期间为保证生产正常进行需要保持的材料。

④ 保险储备量，是指在材料因特殊原因不能按期到货或现场消耗不均衡造成的材料消耗速度突然加快等情况下，为保证生产材料的正常需用的保险性材料库存。对生产影响不大、数量较少且周边市场方便购买的材料，不需设置保险储备。

⑤ 季节性储备，是指材料生产因季节性中断，在限定季节购买困难的材料。比如北方冬季的砖瓦生产停歇，就需要项目提前进行季节性储备。

季节性储备量＝季节性储备天数×平均日消耗量

(3) 编制材料综合平衡表(表 7-3),提出计划期材料进货量,即申请采购量。

表 7-3　材料综合平衡表

材料名称	计量单位	上期实际消耗量	计划期							备注
			需求量	储备量					进货量	
			计划需求量	期初库存量	期末储备量	期内不可用量	尚可利用资源	合计	申请采购量	

材料申请采购量＝材料需求量＋计划期末储备量－(计划期初库存量－计划期内不可用量)－尚可利用资源

计划期内不可用数量是考虑库存量中,由于材料、规格、型号不符合计划期任务要求扣除的数量。尚可利用资源是指积压呆滞材料的加工改制、废旧材料的利用、工业废渣的综合利用以及采取技术措施可节约的材料等。

(4) 掌握材料供需情况,选择供货商。根据拟采购材料的供需情况,确定采购材料的规格、数量、质量,进场时间和到货方式,采购批量和进场频率,采购价格、所需资金和料款结算方式。

了解需用材料现场存放场地容量,施工现场施工需求的部位,具体技术、品种、规格,对材料交货状态的要求,并与需用方确定确切的使用时间和场所。

了解市场资源情况,向社会供应商征询价格、资源、运输、结算方式和售后服务等情况,选择供货商。

(5) 编制材料采购计划。根据对以上因素的了解、核查,编制材料采购计划,并报项目主管领导审批实施。

2. 半成品加工订货计划

在构件制品加工周期允许时间内,根据施工图样和施工进度提出加工订货计划,经审批后项目材料管理部门及时送交加工。

加工订货产品通常为非标产品,加工原料具有特殊要求,或需在标准产品基础上改变某项指标或功能,因此加工计划必须提出具体的加工要求。如果有必要,可由加工厂家先提供试验品,在需用方认同的情况下再批量加工。

一般加工订货的材料或产品,在编制计划时需要附加图样、说明、样品。

因加工订货产品的工艺复杂程度不同,产品加工周期也不同。所以委托加工时间必须适当考虑时间提前量,必要时还需在加工期间到加工地点跟踪加工进度。

(四) 材料计划的调整

材料计划在实施过程中常会受到各种因素的影响而导致材料计划调整。一旦发生材料计划调整,要及时编制材料调整计划或材料追加计划,并按照计划的编制审核程序审批后实施。造成材料计划调整的常见情况包括:

(1) 生产任务改变。临时增加任务量或临时削减任务量,使材料需用量发生变化,采购、供应各环节也需相应调整。

(2) 设计变更。因设计变更导致的材料需用品种、规格和价格的变化。

(3) 材料市场供需变化。材料的突发性涨价,使采购价格与预算价格之间产生矛盾,造成采购物资超出预算成本的情况。

(4) 施工进度的调整。因施工进度的调整造成材料需用和供应的调整,在项目实施过程中经常发生。

(5) 针对材料计划调整对项目材料管理部门的要求,材料管理部门要与社会供应商建立稳定的供应渠道,利用社会市场和协作关系调整资源余缺,做好协调工作,掌握生产部门的动态变化,了解材料系统各个环节的工作进程。通过统计检查、实地调查、信息交流、工作会议等方法了解各有关部门材料计划的执行情况,及时进行协调,以保证材料计划的实现。

四、施工项目现场材料管理

(一) 材料进场验收

项目材料验收是材料由采购流向消耗转移的中间环节,是保证进入现场的材料满足工程质量标准、满足用户使用功能、确保用户使用安全的重要管理环节。材料进场验收的管理流程如图 7-1 所示。

1. 材料进场验收准备

(1) 验收工具的准备。针对不同材料的计量方法准备所需的计量器具。

(2) 做好验收资料的准备。包括材料计划、合同、材料的质量标准等。

(3) 做好验收场地和保存设施的准备。根据现场平面布置图,认真做好材料的堆放和临时仓库的搭设,要求做到有利于材料的进出和存放,方便施工,避免或减少场内二次搬运,准备露天存放材料所用的覆盖材料。易燃、易爆、腐蚀性材料,还应准备防护用品用具。

2. 核对资料

核对到货合同、发票、发货明细、材质证明、产品出厂合格证、生产许可证、厂名、品种、出厂日期、出厂编号、试验数据等有关资料,查验资料是否齐全、有效。

3. 材料数量检验

材料数量检验应按合同要求、进料计划送料凭证,可采取过磅称重、量尺换算、点包点件等检验方式。核对到货票证标识的数量与实物数量是否相符,并做好记录。

4. 材料质量检验

材料质量检验又分为外观质量检验和内在质量检验。外观质量检验是由材料验收员通过眼看、手摸和借助简单的工具查看材料的规格、型号、尺寸、颜色、完整程度等。内在质量的验收主要是指对材料的化学成分、力学性能、工艺性能、技术参数等的检测,通常由专业人员负责抽样送检,采用试验仪器和测试设备检测。

要求复检的材料要有取样送检证明报告;新材料未经试验鉴定不得用于工程;现场配制的材料应经试配,使用前应经认证。

5. 办理入库手续

材料验收合格后方可办理入库手续。由收料人根据来料凭证和实际数量出具收料单。

6. 验收中出现问题的处理

在材料验收中,对不符合计划要求或质量不合格的材料,应更换、退货或让步接收(降级

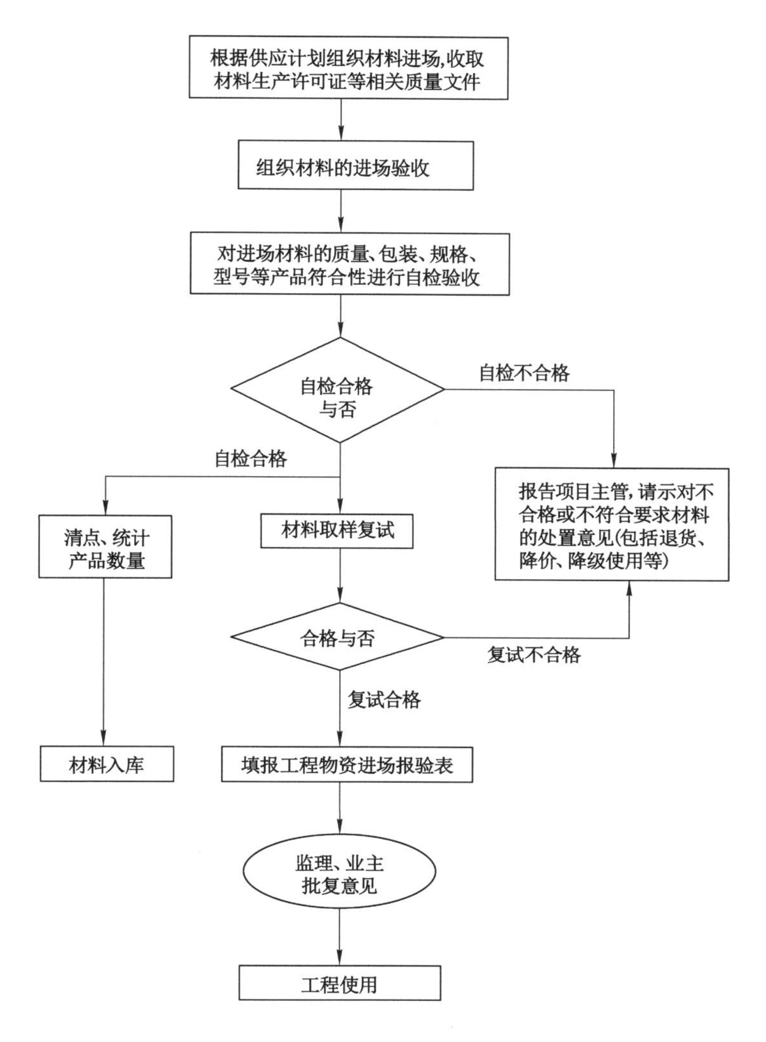

图 7-1　材料进场验收管理流程

使用),严禁使用不合格的材料。若发现下列情况应分别处理:

(1) 材料实到数量与单据或合同数量不同,及时通知采购人员或有关主管部门与供货方联系确定,并根据生产需要的缓急情况按照实际数量验收入库保证施工急需。

(2) 质量、规格不符的,及时通知采购人员或有关主管部门,不得验收入库。

(3) 若出现到货材料证件资料不全和对包装、运输等存在疑义时,应做待验处理。待验材料也应妥善保管,问题没有解决前不得发放和使用。

(二) 材料储存保管

1. 材料储存保管的一般要求

(1) 材料仓库或现场堆放的材料必须有必要的防火、防雨、防潮、防盗、防风、防变质、防损坏等措施。

(2) 易燃易爆、有毒等危险品材料,应专门存放,专人负责保管,并有严格的安全措施。

(3) 有保质期的材料应做好标识,定期检查,防止过期。

(4) 现场材料要按平面布置图定位放置，有保管措施，符合堆放保管制度。

(5) 对材料要做到日清、月结、定期盘点、账物相符。

(6) 材料保管时应将性能互相抵触的材料严格分开，避免发生相互作用而降低使用性能甚至导致材料变质的情况。进库的材料必须验收后入库，按型号、品种分区堆放，并编号、标识，建立台账。

2. 材料保管场所

(1) 封闭库房。价值高、易被偷盗的小型材料，怕风吹日晒雨淋，对温、湿度及有害气体反应较敏感的材料应存放在封闭库房内。例如：水泥、镀钵板、镀锌管、溶剂、外加剂、水暖管件、小型机具设备、电线电料、零件配件等均应在封闭库房内保管。

(2) 货棚。不易被偷盗、个体较大、只怕雨淋、日晒，而对温度、湿度要求不高的材料，可以放在货棚内。例如：陶瓷制品、散热器石材制品等均可存放在货棚内。

(3) 料场。存放在料场的材料，必然是不怕风吹、日晒、雨淋，对温、湿度及有害气体反应不敏感的材料，或者是虽然受到各种自然因素影响，但是在使用时可以消除影响的材料，如钢材中大型型材、钢筋、砂石、砖、砌块、木材等可以存放在料场。料场一般要求地势较高，地面夯实或进行适当处理，如做混凝土地面或铺砖。货位铺设垛基垫起，高出地面 30～50 cm，以免地面潮气上返。

(4) 特殊材料仓库。对保管条件要求较高，如需要保温、低温、冷冻、隔离保管的材料，必须按保管要求存放在特殊库房内。例如：汽油、柴油、煤油等燃料必须分别放在单独库房内保管；氧气、乙炔应专设库房；毒害品必须单独保管。

3. 材料码放

材料码放形状和数量必须满足材料性能要求。

(1) 材料的码放形状，必须根据材料性能、特点、体积特点确定。

(2) 材料的码放数量，首先视存放地点的地坪负荷能力确定，以使地面、垛基不下陷，垛位不倒塌，高度不超标为原则。同时根据底层材料所能承受的荷载，以材料不受压变形、变质为原则。避免因材料码放数量不当造成材料底层受压变形、变质，从而影响使用。

4. 按照材料的消防性能分类设库

不同的材料性能决定了其消防方式不同。材料燃烧有的宜采用高压水灭火，有的只能使用干粉灭火器或黄沙灭火，有的材料在燃烧时伴有有害气体挥发，有的材料存在燃烧爆炸危险，所以现场材料应按材料的消防性能分类设库。

5. 材料保养

材料在库存阶段还需要进行认真保养，避免受外界环境的影响造成所保管材料性能劣化。

(1) 为防止金属材料及金属制品产生锈蚀而采取的除锈保养。

(2) 为避免由于油脂干脱造成其性能受到影响的工具、用具、配件、零件、仪表、设备等需定期进行涂油保养。

(3) 对于易受潮的材料，采用日晒、烘干、翻晾等措施使吸入的水分挥发，或在库房内放置干燥剂吸收潮气以降低环境湿度。

(4) 对于怕高温的材料，采取在夏季采用房顶喷水、室内放置冰块、夜间通风等措施进行降温保养。

(5) 对于易受虫、鼠侵害的材料，进行喷洒、投放药物，采取减少虫害和鼠害的保养措施。

6. 材料标识管理

(1) 材料基本情况标识。入库或进入现场的材料都应挂牌标识，注明材料的名称、品种、规格(标号)、产地、进货日期、有效期等。

(2) 状态标识。仓库及现场设置物资合格区、不合格区、待检区，标识材料的检验状态(合格、不合格、待检、已检待判定)。

(3) 半成品标识。半成品的标识是通过记号、成品收库单、构件表及布置图等方式来实现的。

(4) 标牌。应视材料种类和标注内容选择适宜大小(一般为 250 mm×150 mm、80 mm×60 mm 等)的标识牌来标识。

(三) 材料发放

项目经理部对现场物资严格坚持限额领料制度，控制物资使用，定期对物资使用和消耗情况进行统计分析，掌握物资消耗、使用规律。

超限额用料时，须事先办理手续，填限额领料单，注明超耗原因，经批准后方可领发材料。

项目经理部物资管理人员掌握各种物资的保存期限，按“先进先出”原则办理物资发放，不合格物资登记申报并进行追踪处理。

核对凭证。材料出库凭证是发放材料的依据。要认真审核材料发放地点、单位、品种、规格、数量，并核对签发人的签章及单据、有效印章，无误后方可发放。

物资出库时，物资保管人员和使用人员共同核对领料单，复核、点校实物，保管员登卡、记账；凡经双方签认的出库物资，由现场使用人员负责运输、保管。

检查发放的材料与出库凭证所列内容是否一致，检查发放后的材料实存数量与账务结存数量是否相符。

项目经理部要对物资使用情况定期进行分析，随时掌握库存情况，及时办理采购申请补足，保证材料正常供应。

建立领发料台账，记录领发和节超状况。

(四) 材料使用监督

对于发放后投入使用的材料，项目经理部相关人员进行以下监督管理：

(1) 组织原材料集中加工，扩大成品供应。根据现场条件，将混凝土、钢筋、木材、石灰、玻璃、油漆、砂、石等不同程度地集中加工处理。

(2) 坚持按分部工程或按层数分阶段进行材料使用分析和核算，以便及时发现问题，防止材料超用。

(3) 现场材料管理责任者应对现场材料使用情况进行分工监督检查。

(4) 认真办理领发料手续，记录材料使用台账。

(5) 按施工场地平面图堆料，按要求的防护措施保护材料。

(6) 按规定进行用料交底和工序交接。

(7) 严格执行材料配合比，合理用料。

(8) 做到工完场清，要求“谁做谁清，随做随清，操作环境清，工完场地清”。

(9) 回收和利用废旧材料，要求实行交旧(废)领新、包装回收、修旧利废。

① 施工班组必须回收余料，及时办理退料手续，在领料单中登记扣除。

② 余料要造表上报，按供应部门的安排办理调拨和退料。

③ 设施用料、包装物及容器等，在使用周期结束后组织回收。

④ 建立回收台账，做好节约或超领记录。

五、周转材料现场管理

（一）周转材料的分类

（1）按材料的自然属性划分。周转材料按其自然属性可分为钢质、木质和复合型三类。钢质周转材料主要有定型组合钢模板、大钢模板、钢脚手板等，木质周转材料主要有木模板、杉槁、架木、木脚手板等，复合型周转材料包括竹木、塑钢周转材料，如酚醛覆膜胶合板等。

近年来，通过在原有基础上的改进和提高，传统的杉槁、架木、木脚手板等“三大工具”已经被高频焊管和钢制脚手板替代；木模板也基本由钢模板取代。这些都有利于周转材料的工具化、标准化和系列化。

（2）按使用对象划分。周转材料按使用对象可分为混凝土工程用周转材料、结构及装修工程用周转材料和安全防护用周转材料三类。

（二）周转材料的管理任务

周转材料的管理任务，就是以满足施工生产要求为前提，为保证施工生产任务的顺利进行，以最低的费用完成周转材料的使用、养护、维修、改制及核算等一系列工作。

（1）准备周转材料。根据施工生产的需要，及时、配套地提供足够的、适用的周转材料。

（2）制定管理制度。各种周转材料具有不同的特点，建立健全相应的管理制度和方法，可以加速周转材料的流转，以较少的投入发挥更大的能效。

（3）加强养护维修。加强对周转材料的养护维修，可以延长使用寿命，提高使用效率。

（三）周转材料的管理

周转材料的管理多采用租赁制，对施工项目实行费用承包并对班组实行实物损耗承包。一般是建立租赁站统一管理周转材料，规定租赁标准和租用手续，制定承包方法。

1. 周转材料的租赁

租赁是产权的拥有方和使用方之间的一种经济关系，指在一定期限内产权的拥有方为使用方提供材料的使用权，但不改变其所有权，双方各自承担一定的义务，履行契约。实行租赁制度的前提条件是必须将周转材料的产权集中于企业进行统一管理。

（1）租赁方法。租赁管理应根据周转材料的市场价格和摊销额度的要求测算租金标准。其计算公式为：

日租金＝(月摊销费＋管理费＋保养费)/月度日历天数

管理费和保养费均按材料原值的一定比例计取，一般不超过原值的2%。

租赁需签订租赁合同，在合同中应明确租赁的品种、规格、数量，并附租用物明细表以备核查；租用的起止日期、租用费用以及租金结算方式；使用要求、质量验收标准和赔偿办法；双方的责任、义务及违约责任的追究和处理。

通过对租赁效果的考核可以及时找出问题，采取相应的有效措施提高租赁管理水平。主要考核指标有出租率、损耗率和周转次数。

① 出租率。

出租率＝租赁期内平均出租数量/租赁期内平均拥有量×100%

租赁期内平均出租数量＝租赁期内租金收入/租赁期内单位租金

租赁期内平均拥有量是以天数为权数的各阶段拥有量的加权平均值。

② 损耗率。

损耗率＝租赁期内消耗量总金额/租赁期内出租数量总金额×100%

③ 周转次数。周转次数主要用来考核组合钢模板。

周转次数＝租赁期内钢模支模面积/租赁期内钢模平均拥有量

(2) 租赁管理过程。

① 租用。工程项目确定使用周转材料后，应根据使用方案制订需用计划，由专人同租赁部门签订租赁合同，并做好周转材料进入施工现场的各项准备工作，如存放及拼装场地等。租赁部门必须按合同保证配套供应，并登记周转材料租赁台账。

② 验收和赔偿。租用单位退租前必须清除混凝土灰垢，为验收创造条件。租赁部门对退库周转材料应进行外观质量验收。如有丢失或损坏，应由租用单位赔偿。验收和赔偿都有一定的标准，对丢失或损坏严重的(指不可修复的，如管体有死弯、板面有严重扭曲等)，按原值的50%赔偿；一般性损坏(指可以修复的，如板面打孔、开焊等)，按原值的30%赔偿；轻微损坏(指不需使用机械，仅用手工即可修复的)，按原值的10%赔偿。

③ 结算。租用天数一般是指从提运的次日至退租日的日历天数，租金逐日计取、按月结算。租用单位实际支付的租赁费用包括租金和赔偿费。

$$租金 = \sum(租用数量 \times 单件日租金 \times 租用天数)$$

$$赔偿费 = \sum(丢失损坏数量 \times 单件原值 \times 相应赔偿率)$$

$$租赁费用 = 租金 + 赔偿费$$

根据结算结果由租赁部门填制租金和赔偿结算单。为简化结算工作，也可直接根据租赁合同进行结算，这就要求加强合同管理，严防遗失，避免错算和漏算。

2. 周转材料的费用承包

周转材料的费用承包是指以单位工程为基础，在上级核定的费用额度内，组织周转材料的使用，实行节约有奖，超耗受罚的方法。费用承包管理是适应项目法施工的一种管理形式，或者说是项目法施工对周转材料管理的要求，包括签订承包协议、确定承包额和考核费用承包效果。

(1) 签订承包协议。承包协议是对承、发包双方的责、权、利进行约束的内部法律文件。一般包括工程概况，应完成的工程量，需用周转材料的品种、规格、数量，承包费用，承包期限，双方的责任与权利，不可预见问题的处理以及奖罚等内容。

(2) 确定承包额。承包额是承包者所接受的承包费用的收入。承包额有两种确定方法，一种是扣额法，是按照单位工程周转材料的预(概)算费用收入，扣除规定的成本降低额后剩余的费用。计算公式如下：

扣额法费用收入＝概算费用收入×(1－成本降低率)

另一种是系数法，是指根据施工方案所确定的使用数量，结合额定周转次数和计划工期等因素所限定的实际使用费用，加上一定的系数额作为承包者的最终费用收入，系数额是指一定历史时期的平均耗费系数与施工方案所确定的费用收入的乘积，计算公式如下：

系数额＝施工方案所确定的费用收入×平均耗费系数

扣额法费用收入＝施工方案所确定的费用收入＋系数额

＝施工方案所确定的费用收入×(1＋平均耗费系数)

平均耗费系数＝(实际耗用量－定额耗用量)/实际耗用量

(3) 考核费用承包效果。承包的考核和结算是将承包费用的收支进行对比，出现盈余为节约，反之为亏损。

提高承包经济效果的基本途径有两条：① 在使用数量既定的条件下努力提高周转次数；② 在使用期限既定的条件下，努力减少占用量。还应减少丢失和损坏数量，积极实行和推广组合钢模的整体转移，以减少停滞，加速周转。

3. 周转材料的实物量承包

实物量承包的主体是施工班组，又称为班组定包。实物量承包是由班组承包使用，对施工班组考核回收率和损耗率，实行节约有奖，超耗受罚。在实行班组实物量承包过程中，要明确施工方法和用料要求，合理确定每次周转损耗率，抓好班组领、退的交点，及时进行结算和奖罚兑现。对工期较短、用量较少的项目，可对班组实行费用承包，在核定费用水平后，由班组向租赁部门办理租用、退租和结算，实行盈亏自负。实物量承包是费用承包的深入和继续，是保证费用承包目标值的实现和避免费用承包出现断层的管理措施。

无论是项目费用承包还是实物量承包，都应建立周转材料核算台账，记录项目租用周转材料的数量、使用时间、费用支出及班组实物量承包的结算情况。

六、库存管理方法

(一) 库存储备分类

项目的材料储备形成了材料的库存。项目的材料库存可以分为经常储备、保险储备、季节性储备。

1. 经常储备

经常储备是项目在正常施工条件下材料二次到货之间经常保持的材料储备。

经常储备量＝日均消耗量×供应间隔时间

2. 保险储备

保险储备是指材料供应发生异常，不能按时到货，为保证工程正常施工而进行的材料储备。

保险储备量＝日均消耗量×保险储备时间

保险储备时间需参考以往发生的材料供应延误情况总结确定。

3. 季节性储备

季节性储备是指有些材料受季节影响，在特殊季节不能生产，项目需提前进行的储备。

季节性储备量＝日均消耗量×季节间歇时间

根据上述库存储备的概念，可以得到：

项目最高储备量＝经常储备量＋保险储备量＋季节性储备量

项目最低储备量＝保险储备量

(二) 定量库存控制法

施工企业生产过程中的材料消耗很难做到均衡消耗和等间隔、等批量供应。所以为保证工程的顺利进行，合理对库存量进行管理就是根据现场情况的变化不断调整库存和采购，以保证工程材料的供应满足现场生产需求。

影响材料库存的几种常见情况包括：材料消耗速度增大、材料消耗速度减小、近期交货、提前到货。上述情况都会造成库存的异常变化，采取合理的库存管理方法才能使库存处于合理状态。

(1) 定量库存控制法。定量库存控制法是指当材料库存量下降到订购点时立即提出订购，每次订购数量均为订购点到最高储备量之间的数量，如图 7-2 所示。

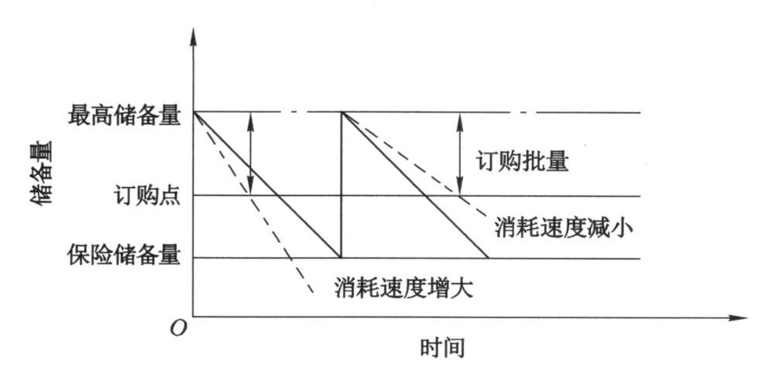

图 7-2　订购点及订购批量

(2) 订购点库存水平应高于保险储备量。因为从材料订购到入库期间，包括了采购招投标、谈判、供应商备料、运输、检验验收等备用期所需用的时间。备用期阶段材料消耗仍在继续，订购点必须设在保险储备量和备用期间材料消耗量的基础上，才能保证材料的连续供应。

这种方法使订购点和订购批量相对稳定，定购周期随情况变化。如果消耗速度增大，则订购周期变短；如果消耗速度减小，则定购周期变长。

订购点的计算公式如下：

订购点＝备用时间材料需用量＋保险储备量

(三) 定期库存控制法

定期库存控制法是事先确定好订购周期，如每季、每月或每旬订购一次，到达订货日期就组织订货。这种方法以每期末的库存量为订购点，结合下周期材料需用计划，从而确定本期订购批量。这种方法订购周期相等，但每次订购点不同，订购数量不同。当材料消耗速度增大时，订购点降低，订购批量增大；当材料消耗速度减小时，订购点增高，订购批量减少，如图 7-3 所示。

订购批量＝最高储备量－订购点实际库存量＋备用时间需用量

七、材料盘点管理

(一) 材料盘点的一般要求

项目经理部定期对物资进行盘点，并对期间的物资管理情况进行总结分析。

项目经理部物资盘点工作包括对需用计划、物资台账、物资领用记录、现场材料清理记录等方面进行综合分析，总结计划的合理性、仓库管理的完好性、领用控制的科学性、材料消耗比例是否正常。

项目部对库存物资进行盘点时，建立盘点计划，明确各盘点人员的职责；盘点期间存货不能流动，或将流入的存货暂时与正在盘点的存货分开，并做盘点记录。

通过材料盘点，准确掌握实际库存材料的数量、质量状况。

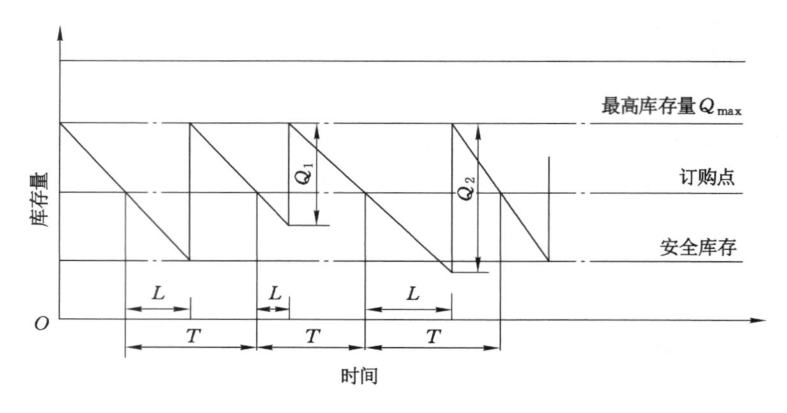

图 7-3　定期库存控制法

（二）材料盘点的内容

通过对仓库材料数量的盘查清点，核对库存材料与账面所记载的数量是否一致。若出现账面数量多于或少于实物数量的情况，则分别记录为盘亏和盘盈。

在清点材料数量的过程中，同时检查材料外观质量是否有变化，是否临近或超过保质期，是否已属于淘汰或限制使用的产品，若有则做好记录，上报业务主管部门处理。检查安全消防、材料码放、温湿度控制及货架等保管措施是否得当，检查地面、门窗是否出现不良隐患，检查操作工具是否完好和计量器具是否符合校验标准。

（三）材料盘点的方法

(1) 定期盘点。定期按照以下步骤对仓库材料进行全面、彻底盘点：

① 按照盘点要求，确定截止日期。

② 以实际库存量和账面结存量进行逐项核对，并同时检查材料质量、有效期、安全消防及保管状况。

③ 编制盘点报告。凡发生数量盈亏者，编制盘点盈亏报告。发生质量降低或材料损坏的，编制报损报废报告。

④ 根据盘点报告批复意见调整账务并做好善后处理。

(2) 每日盘查。对库房每日有变动的常用材料，即当天库房收入或发出的材料，核对是否账物吻合，质量完好。以便及时发现问题和采取措施，必须做到当天收发当天记账。

（四）盘点总结及报告

根据盘点期间的各种情况进行总结，尤其对盘点差异原因进行总结，写成盘点总结及报告，报项目经理审核，并报项目财务部门。

盘点总结报告需要对以下项目进行说明：本次盘点结果、初盘情况、复盘情况、盘点差异原因分析、日后的工作改善措施等。

（五）材料盘点出现问题的处理

盘点中发现数量出现盈亏，且盈亏量在国家和企业规定的范围之内时，可在盘点报告中反映，经业务主管领导审批后调整账务；当盈亏量超过规定范围时，除在盘点报告中反映外，还应填报盘点盈亏报告，经项目领导审批后再行处理。

当库存材料发生损坏、变质、降低等级问题时填写材料报损报废报告，并通过有关部门鉴定等级降低程度、变质情况及损坏损失金额，经领导审批后再行处理。

库存材料在1年以上没有动态时列为积压材料，编制积压材料报告，报经领导审批后再行处理。

当出现品种、规格混串和单价错误时，报经项目领导审批后进行调整。

八、材料账务管理

（一）材料记账依据

仓库材料记账依据一般包括以下几种：

(1) 材料入库凭证——主要包括验收单、入库单、加工单等。

(2) 材料出库凭证——主要包括限额领料单、调拨单、借用单等。

(3) 盘点、报废、调整凭证——主要指盘点产生并经项目领导审批后的库存材料盈亏调整单、数量规格调整单、报损报废单等。

（二）材料记账程序

(1) 凭证审核。有效凭证要按规定填写齐全，如日期、名称、规格、数量、单位、单价审核审批以及收发签字要齐全，否则为无效凭证，不能据以记账。对于材料管理过程中出现的临时性指令，应及时补办相关手续，否则不能作为记账的合法凭证。

(2) 凭证整理。记账前先将凭证按规定记账科目类别分类排列，并按照材料收发实际发生日期的先后进行排列，然后依次序逐项登记。

(3) 账册登记。根据账页上的各项指标逐项登记，记账后对账册上的结存数进行验算。验算公式为：

本项结存＝上期结存＋本期收入－本项发出

九、施工工具的管理

（一）施工工具的分类

工具是人们用以改变劳动对象的手段，是生产力三要素中的重要组成部分。工具可以多次使用，在劳动生产中能长时间发挥作用。

施工生产中用到的工具品种多、用量大，按不同的分类标准有多种分类方法。施工工具分类的目的是满足某一方面管理的需要，便于分析工具管理动态，提高工具管理水平。

(1) 施工工具按价值和使用期限可以分为固定资产工具、低值易耗工具和消耗性工具。

① 固定资产工具是指使用年限在1年以上，单价在规定限额以上的工具，例如：50 t以上的千斤顶、塔吊、水准仪、搅拌机等。

② 低值易耗工具是指使用期限或单价低于固定资产标准的工具，例如：手电钻、灰槽、扳子、锤子等。

③ 消耗性工具是指价格较低、使用寿命短、重复使用次数很少且无回收价值的工具，例如：铅笔、扫帚、油刷、锯片等。

(2) 施工工具按使用范围分为专用工具和通用工具。

① 专用工具是指为完成特定作业项目或满足特殊需要所使用的工具，例如：量具、根据需要自制或定购的非标准工具等。

② 通用工具是指广泛使用的定型产品，例如：扳手、锤子等。

(3) 施工工具按使用方法和保管范围分为班组共用工具和个人随手工具。

① 班组共用工具是指在一定作业范围内为一个或多个施工班组共同使用的工具，包括两种情况：一是在班组内共同使用的工具，一般固定给班组使用并由班组负责保管，例如：胶轮车、水桶等；二是在班组之间或工种之间共同使用的工具，按施工现场或单位工程配备，由现场材料人员保管，例如：水管、搅灰盘、磅秤等。

② 个人随手工具是指在施工中使用频繁、体积小、质量小、便于携带、交由施工人员个人保管的工具，例如：瓦刀、抹子等。

(4) 施工工具按其性能分为电动工具和手动工具两类。

① 电动工具是以电动机或电磁铁为动力，通过传动机构驱动工作头的一种机械化工具，例如：电钻、混凝土振动器、电刨等。电动工具需要接地、绝缘等安全防护措施。

② 手动工具有键刀、托泥板、锄铺等。

(5) 施工工具按使用方向分为木工工具、瓦工工具、油漆工具等，这是根据不同工种区分的。

(6) 施工工具按其产权分为自有工具、借入工具和租赁工具。

(二) 施工工具管理的任务和内容

1. 工具管理的任务

工具管理实质上是工具使用过程中的管理，是在保证生产使用的基础上延长工具使用寿命的管理。工具管理是施工企业材料管理的组成部分，直接影响施工的顺利进行，又影响劳动生产率和工程成本。

(1) 提供工具。工具管理首先是要及时、齐备地向施工班组提供适用、好用的工具，积极推广和采用先进工具，保证施工生产的顺利进行。

(2) 管理工具。工具管理的另一个任务是采取有效的管理方法，延长工具的使用寿命，加速工具的流转，最大限度发挥工具的效能，提高劳动生产效率。

(3) 维修工具。工具管理还要做好工具的收发、保管、养护和维修等工作，保证工具的正常使用。

2. 工具管理的内容

工具管理主要包括存储管理、发放管理和使用管理。

(1) 存储管理。工具验收合格入库后，应按品种、规格、新旧和损坏程度分开存放。要遵循同类工具不得分存两处、成套工具不得拆开存放、不同工具不得叠压存放的原则。要做好工具的存储管理，必须制定合理的维护保养技术规程，还要对损坏的工具及时维修，保证工具处于随时可用的状态。

(2) 发放管理。为了便于考核班组执行工具费定额的情况，对按工具费定额发出的工具，都要将工具的品种、规格、数量、金额和发出日期登记入账。对出租或临时借出的工具，要做好详细记录并办理有关租赁或借用手续，以便按期、按质、按量归还。同时做好废旧工具的回收、修理工作，坚持贯彻执行"交旧领新""交旧换新""修旧利废"等行之有效的制度。

(3) 使用管理。应根据不同工具的性能和特点制定相应的工具使用技术规程和规则，并监督、指导班组按照工具的用途和性能合理使用，减少不必要的损坏、丢失。

(三) 施工工具管理的方法

1. 施工工具租赁管理方法

施工工具租赁是指在不改变所有权的情况下，工具的所有者在一定的期限内有偿向使用者提供工具的使用权，双方各自承担一定义务的一种经济关系。工具租赁的管理方法适合于除消耗性工具和实行工具费补贴的个人随手工具以外的所有工具品种，具体包括以下几步工作：

(1) 制定工具租赁制度。确定租赁工具的品种范围，制定有关规章制度，并设专人负责办理租赁业务。班组应指定专人办理租用、退租和赔偿事宜。

(2) 测算租赁单价。日租金根据租赁单价或按照工具的日摊销费确定，计算公式如下：

日租金＝(工具的原值＋采购、维修、管理费用)/使用天数

采购、维修、管理费用按工具原值的一定比例计算，一般为原值的1%～2%；使用天数可根据本企业的历史水平确定。

(3) 工具出租者和使用者签订租赁协议。租赁协议应包括租用工具的名称、规格、数量、租用时间、租金标准、结算方法及有关责任事项等。

(4) 建立租金结算台账。租赁部门应根据租赁协议建立租金结算台账，登记实际出租工具的有关事项。

(5) 填写租金及赔偿结算单。租赁期满后，租赁部门根据租金结算台账填写租金及赔偿结算单。结算单中金额合计应等于租赁费和赔偿费之和，见表7-4。

表7-4　租金及赔偿结算单

工具名称	规格	单位	租赁费			赔偿费						合计金额
			租用天数	日租金	金额	原值	损坏值	赔偿比例	丢失值	赔偿比例	金额	

(6) 租金费用来源。班组用于支付租金的费用来源是工具费收入和固定资产工具和大型低值工具平均占用费。计算公式如下：

班组租金费用＝工具费收入＋固定资产工具和大型低值工具平均占用费

＝工具费收入＋工具摊销额×月利用率

班组所付租金，从班组租金费用中核减，由财务部门查收后作为工具费支出计入工程成本。

2. 工具的定包管理方法

生产工具定额管理、包干使用简称工具定包管理，是施工企业对班组自有或个人使用的生产工具，按定额数量配发，由使用者包干使用，实行节奖超罚的一种管理方法。

工具定包管理一般在瓦工组、木工组、电工组、油漆组、抹灰工组、电焊工组、架子工组、水暖工组实行。除固定资产工具和实行个人工具费补贴的随手工具以外的所有工具都可以实行定包管理。

实行班组工具定包管理，是按各工种的工具消耗对班组集体实行定包。

(1) 明确工具所有权。企业拥有实行定包的工具的所有权。企业材料部门指定专人负责工具定包的管理工作。

(2) 测定各工种的工具费定额。工具费定额的测定，由企业材料管理部门负责，分三步进行：

第一步，向有关人员调查了解，并查阅2年以上的班组使用工具的资料，以确定各工种所需工具的品种、规格及数量，作为各工种的工具定包标准。

第二步，确定不同工种各工具的使用期限和月摊销费，月摊销费的计算公式如下：

某种工具的月摊销费＝该种工具的单价/该种工具的使用期限(月)

工具的单价采用企业内部不变价格，以避免因市场价格的波动影响工具费定额。工具的使用期限可根据本企业具体情况凭经验确定。

第三步，测定各工种的人均日工具费定额，计算公式如下：

某工种人均日工具费定额＝该工种全部标准定包工具月摊销费总额/(该工种班组额定人数×月工作日)

班组额定人数是由企业劳动部门核定的某工种的标准人数；月工作日一般按30 d计算。

(3) 确定班组月度定包工具费收入。班组月度定包工具费收入的计算公式如下：

某工种班组月度定包工具费收入＝班组月度实际作业工日×该工种人均日工具费定额

班组工具费收入可按季或按月，以现金或转账的形式向班组发放，用于班组向企业使用定包工具的开支。

(4) 工具发放。企业基层材料部门，根据工种班组标准定包工具的品种、规格、数量，向有关班组发放工具。班组可按标准定包数量足量领取，也可根据实际需要少领。自领用之日起，按班组实领工具数量计算摊销，使用期满以旧换新后继续摊销。但使用期满后能延长使用时间的工具应停止摊销收费。凡因班组责任造成的工具丢失和因非班组施工人员正常使用造成的损坏，由班组承担损失。

(5) 设立负责保管工具人员。实行工具定包的班组需设立工具员负责保管工具，督促组内成员爱护并合理使用工具，记载保管手册。零星工具可按定额规定使用期限，由班组交给个人保管，丢失损坏须按规定赔偿。企业应参照有关工具修理价格并结合本单位各工种实际情况，制定工具修理取费标准和班组定包工具修理费收入，这笔收入可记入班组月度定包工具费收入，统一发放。班组因生产需要调动工作，小型工具自行搬运，不予报销任何费用或增加工时，确属班组无法携带需要运输车辆的，由行政部门出车运送。

(6) 班组定包工具费的支出与结算。

第一步，根据班组工具定包及结算台账，按月计算班组定包工具费支出，计算公式如下：

$$\text{某工种班组月度定包工具费支出} = \sum_{i=1}^{n}(\text{第}\ i\ \text{种工具数} \times \text{该种工具的日摊销费}) \times \text{班组月度实际作业天数}$$

第 i 种工具的日摊销费＝该种工具的月摊销费/30

第二步，按月或季结算班组定包工具费收支额，计算公式如下：

某工种班组月度定包工具费收支额＝该工种班组月度定包工具费收入－月度定包工具费支出－月度租赁费用－月度其他支出

若班组已用现金支付月度租赁费用，则此项不计。月度其他支出包括应扣减的修理费和丢失损失费。

第三步，根据工具费结算结果，填制定包工具结算单。

(7) 总结、分析工具定包管理效果。企业每年年终应对工具定包管理效果进行总结、分析，针对不同影响因素提出处理意见。班组工具费结算若有盈余，盈余额可全部或按比例作为工具节约奖励，归班组所有；若有亏损则由班组负担。

(8) 其他工具的定包管理方法。

① 按分部工程的工具使用费实行工具的定包管理方法。这是实行栋号工程全面承包或分部、分项承包中工具费按定额包干、节约有奖、超支受罚的一种工具管理方法。承包者的工具费收入根据工具费定额和实际完成的分部工程量计算；工具费支出根据实际消耗的工具摊销额计算，其中各个分部工程的工具使用费可根据班组工具定包管理方法中的人均日工具费定额折算。

② 按完成万元工作量应耗工具费实行工具的定包管理方法。采用这种方法时，先由企业根据自身具体条件分工种制定万元工作量的工具费定额，再由工人按定额包干，并实行节奖超罚。工具领发时，采取计价“购买”或用“代金成本票”支付的方式，以实际完成产值与万元工具定额计算节约和超支。

3. 对外包队使用工具的管理方法

(1) 外包队均不得无偿使用企业工具。凡外包队使用企业工具者，均必须执行购买和租赁的方法，不得无偿使用。外包队领用工具时，须出具由劳资部门提供的相关资料，包括外包队所在地区出具的证明、外包队负责人、工种、人数、合同期限、工程结算方式及其他情况。

(2) 对外包队一律按进场时申报的工种发放工具费。施工期内出现工种变换的，必须在新工种连续操作 25 d 后，方能申请按新工种发放工具费。外包队的工具费随企业应付工程款一起发放，发放的数可参照班组工具定包管理中某工种班组月度定包工具费收入的方法确定，两者的区别是外包队的人均日工具费定额需按照工具的市场价格确定。

(3) 外包队使用企业工具的支出。外包队使用企业工具的支出采取预扣工具款的方法计算，并列入工具承包合同。预扣工具款的数量，根据所使用工具的品种、数量、单价和使用时间进行预计，计算公式如下：

$$\text{预扣工具款总额} = \sum_{i=1}^{n}(\text{第 } i \text{ 种工具日摊销费} \times \text{该种工具使用数量} \times \text{预计租用天数})$$

$$\text{第 } i \text{ 种工具日摊销费} = \text{该种工具的市场采购价}/\text{使用期限(日)}$$

(4) 外包队向施工企业租用工具的具体程序：

① 外包队进场后由所在施工队工长填写《工具租用单》，一式三份，经材料员审核后分别交由外包队、材料部门和财务部门。

② 财务部门根据《工具租用单》签发《预扣工具款凭证》，一式三份，分别交由外包队、劳资部门和财务部门。

③ 劳资部门根据《预扣工具款凭证》按月分期扣款。

④ 工程结束后，外包队需按时归还所租用的工具，根据材料员签发的实际工具租赁费凭证与劳资部门结算。

(5) 租用过程中出现的问题及解决方法：

① 外包队租用的小型易耗工具必须在领用时一次性计价收费。

② 外包队在使用工具期内所发生的工具修理费须按现行标准支付，并从预扣工程款中扣除。

③ 外包队在使用工具期内发生丢失或损坏的一律按所租用工具的现行市场价格赔偿，并从预扣工程款中扣除。

④ 外包队退场时，领退手续不清，劳资部门不予结算工资，财务部门不准付款。

4. 个人随手工具津贴费管理方法

（1）实行个人随手工具津贴费的范围。个人随手工具津贴费管理方法，适用于本企业内瓦工、木工、抹灰工等专业工种工人所使用的个人随手工具。工人可以选用自己顺手的工具，这种方法有利于加强工具的维护保养，延长工具的使用寿命。

（2）确定个人随手工具津贴费标准。不同工种的个人随手工具津贴费标准不同。根据一定时期的施工方法和工艺要求确定随手工具的品种、数量和历史消耗水平，在这个基础上制定津贴费标准，再根据每月实际作业天数发给个人随手工具津贴费。

（3）实行个人负责制。凡实行个人随手工具津贴费管理方法的工具，单位不再发放，工具的购买、维修、保管、丢失、损坏全部由个人负责。

（4）确定享受个人随手工具津贴的范围。学徒工不能享受个人随手工具津贴，企业将其所需用的生产工具一次性下发。学徒期满后企业将学徒工原领工具根据工具的消耗、损坏程度折价卖给个人，再发给个人随手工具津贴。

十、建筑材料节约措施

（一）在生产过程中采取技术措施

在生产过程中采取技术措施，是指在材料消耗过程中根据材料的性能和特点，采取相应的技术措施以节约材料。下面以混凝土为例，说明采取技术措施实现材料节约的主要方法。

1. 优化混凝土配合比

混凝土是以水泥为胶凝材料，由水和粗、细骨料按适当比例配制而成的混合物，经一定时间硬化成为人造石。组成混凝土的所有材料中，水泥的品种、等级很多，价格最高。因此采取一些节约措施，合理使用水泥，不但可以保证工程质量，而且可以降低成本，实现材料节约。

（1）合理选择水泥的强度等级。在选择水泥强度等级时，通常情况下以所用水泥的强度等级为混凝土强度等级号的1.5～2.0倍为宜；混凝土等级要求较高时，可以取0.9～1.5倍；使用外加剂或其他工艺时，按实际情况选择其他适当比例。

使用高强度水泥配制低强度混凝土时，用较少的水泥就可以达到混凝土所要求的强度，但不能满足混凝土的和易性和耐久性要求，因此需增加水泥用量，从而造成浪费。当必须使用高强度水泥配制低强度混凝土时，可掺入一定数量的混合料，如磨细粉煤灰，在保证必要的和易性的同时也不需要增加水泥用量。反之，如果要用低强度等级的水泥配制高强度等级混凝土时，则因水泥用量太多，会对混凝土技术特性产生一系列不良影响。所以配制混凝土时必须选择合适强度的水泥。

（2）在级配满足工艺要求的情况下尽量选用大粒径的石料。同等体积的骨料，粒径小的总表面积比粒径大的总表面积大，用较多的水泥浆才能裹住骨料表面，从而增加水泥用量。所以在施工中要根据实际情况和施工工艺要求合理确定石子粒径。

（3）掌握合理的砂率。砂率合理，可以使用最少用量的水泥满足混凝土所要求的流动性、黏聚性和保水性。

（4）控制水灰比。水灰比是指水与水泥质量之比。水灰比确定后要严格控制，水灰比过大会影响混凝土的黏聚性和保水性，产生流浆、离析现象，并降低混凝土的强度。

2. 合理掺用外加剂

配制混凝土时合理掺用外加剂可以改善混凝土的和易性，并能提高其强度和耐久性，达到节约水泥的目的。

3. 充分利用水泥性能富余系数

按照水泥生产标准，出厂水泥的实际强度等级均高于其标识等级，两者之间的差值称为水泥的富余性能。生产单位设备条件、技术水平、检测手段不同，都会使水泥质量不稳定，富余系数波动较大。一般大水泥厂生产的水泥，富余强度较大，所以建筑企业要加快测试工作，及时掌握各种水泥的活性，充分利用其富余系数，一般可节约10%左右的水泥量。

4. 掺加粉煤灰

发电厂燃烧粉煤灰后的灰渣，经冲水后排出的是湿原状粉煤灰。湿原状粉煤灰经烘干磨细，成为与水泥细度相同的磨细粉煤灰。一般情况下，在混凝土中加入10.3%的磨细粉煤灰可节约6%的水泥。

在大量混凝土浇捣施工过程中，应由专人管理配合比，贯彻执行各项节约水泥措施，保证混凝土的质量和水泥用量的节约。

（二）加强材料管理，降低材料消耗

1. 加强材料的基础管理

材料的基础管理是实施各项管理措施的基本条件。加强材料消耗定额管理和材料计划管理，坚持进行材料分析和“两算对比”等基础管理，可以有效降低材料采购、供应和使用中的风险，为实现材料使用中的节约创造条件。正确使用材料消耗定额，能够编制准确的材料计划，就能够按需要采购供应材料；实行限额领料管理方法，可有效地控制材料消耗数量。实际工作中，许多工程预算完成较晚，很难事先做出材料分析，只能边干边算，极易形成材料超耗。通过材料分析和“两算对比”就可以做到先算后干，并对材料消耗心中有数。

2. 合理配置采购权限

企业应根据一定时期内的生产任务、工程特点和市场需求状况，不断地调整材料采购工作的管理流程，合理配置采购权限，以批量规模采购、资金和储备设施的充分利用、提高采购供应工作效率、调动基层的积极性为前提，力求相对合理的管理分工，获得较高的综合经济效益。

3. 提高配套供应能力

现场材料管理工作包括管供、管用和管节约。选择合理的供应方式，并做好施工现场的平衡协调工作，可以实现材料供应的高效率、高质量。从组织资源开始，就要求提高对生产的配套供应能力，最大限度提高材料使用效率。

4. 加速材料储备的周转

合理确定材料储备定额，是为了使用较少的材料储备满足较多的施工生产需要。因此材料储备合理，可以加速库存材料的周转，避免资金超占，减少人力支出，从而降低综合材料成本。

5. 开展文明施工

高水平的现场材料管理体现在文明施工中。材料供应到现场时尽量做到一次就位，减少二次搬运和堆积损失；材料堆放合理便于发放；及时清理、回收和再利用剩余材料和废旧材料；督促施工队伍减少操作中的材料损耗。落实这些措施既有利于现场面貌改观，又能够节约材料，提高企业的经济效益。

6. 定期进行经济活动分析

定期进行经济活动分析，开展业务核算，通过分析找出问题并采取相应措施，同时推广行之有效的现场材料管理经验，可以提高工程项目的经济运行能力和成本控制水平。

（三）实行材料节约奖励制度

实行材料节约奖励制度，是材料消耗管理中运用的一种经济手段。材料节约奖励属于单项奖，奖金可在材料节约价值中支付。材料节约奖励，以认真执行定额、准确计量、手续完备、资料齐全、节约财物为基础，遵循多节多奖，不节不奖，国家、企业、个人三兼顾的原则确定，是一种行之有效的激励方式。

实行材料节约奖励制度，一般采用两种基本方法：一种是规定节约奖励标准，按照节约额的比例提取奖金，奖励操作工人及有关人员；另一种是在节约奖励标准中规定超耗罚款标准控制材料超耗现象。实行材料节约奖励制度，以细致和完善的过程管理为条件，以满足企业经营需要为目标，必须做好一系列的工作。

1. 有合理的材料消耗定额

推行材料节约奖励制度，离不开材料消耗定额。材料消耗定额是考核材料实际消耗水平的标准。所以实行材料节约奖励制度的建筑企业，必须具有切合实际的材料消耗定额，并经上级批准执行。

对没有定额的少数分项工程，可根据历年材料消耗统计资料，测定平均消耗水平，报上级审批后作为试用定额执行。经过实践以后，可逐步调整为施工定额。

2. 有严格的材料收发制度

建筑企业材料管理中最基本的基础管理工作之一就是材料收发制度。没有材料收发制度，就无法进行经济核算、限额领料，也就无法推行材料节约奖励制度。所以，凡实行材料节约奖励的企业，必须有严格的收发料制度。收发料时一定要严格执行有关规定和制度，还要检验收发料过程中可能发生的差错，及时查明原因并按规定办理调整手续。

3. 有完善的材料消耗考核制度

应建立完善的制度予以准确考核材料消耗的节超。材料消耗总量、完成工程量及材料品种和质量是决定材料消耗水平的三个因素，考核材料消耗必须从这三个方面着手。

(1) 材料消耗总量。材料消耗总量是指完成本项工程所消耗的各种材料的总量，是现场材料部门凭限额领料单发放的材料数量，包括正常施工用料和质量原因造成的修补或返工用料。材料消耗总量的结算，应在该工程全部结束且不再发生材料使用时进行，如果结算后又发生材料耗用，应合并结算后重新考核。

(2) 完成工程量。在相同的材料消耗总量下，完成的工程量越大，材料单耗就越低；反之，完成的工程量越小，材料单耗就越高。所以在结算材料消耗总量的同时，要准确考核完成的工程量，以考核材料单耗。限额领料单中的工程量由任务单签发者按工程总任务量折算，工程量结算时要剔除对外加工部分。

对于需要较长时间才能完成的较大的分项工程，为了正确核算工程量，要在分项工程完成后进行复核。因设计变更或工程变更增减工程量的，应调整预算和限额领料数量；签发任务单时与编制施工组织设计时的预算工程量有出入的，要查清原因并确定工程量。属于建设单位和设计单位变更设计的，需有书面资料方可调整预算。

4. 材料品种和质量

对所用材料的品种和质量，材料定额中都有具体要求和明确规定。如果发生以高代低和以次代优等情况，均应按规定调整定额用量。

5. 工程质量稳定

工程质量优良就是最大的节约。实行材料节约奖励制度，必须切实贯彻执行质量监督检验制度，验收合格的分项工程方能实施奖励。

6. 制定材料节约奖励办法

实行材料节约奖励制度，必须先制定奖励办法，包括实行奖励的范围、定额标准、提奖比例、结算、考核制度等，经批准后方可执行。

（四）实行项目材料承包责任制

项目材料承包责任制是使责、权、利紧密结合，降低单位工程材料成本的一种有效管理方法，体现了企业与项目、项目与个人在材料消耗过程中的职责、义务和与之相适应的经济利益。实行项目材料承包一般有三种形式，即单位工程材料承包、按工程部位承包和特殊材料单项承包。

1. 单位工程材料承包

单位工程材料承包适用于工期短且便于考核的单位工程。实行从开工到竣工的全部工程用料一次性承包。承包实行双控指标，即承包内容包括材料实物量和材料金额。单位工程材料承包反映工程项目的整体效益，有利于统筹管理材料采购、消耗和核算工作。由企业向项目负责人发包，考核对象是项目承包者。项目负责人从整体考虑，协调各工种、工序之间的衔接，控制材料消耗。

2. 按工程部位承包

按工程部位承包适用于工期长、参建人员多或操作单一、损耗量大的单位工程，分为基础、结构、装修、水电安装等施工阶段，分部位实行承包。按工程部位承包是由主要工程的分包施工组织承包，实行定额考核、包干使用的制度。其专业性强，管理到位，有利于各承包组织积极发挥作用。

3. 特殊材料单项承包

特殊材料单项承包是指对消耗量大、价格较高、容易损耗的特殊材料实行承包，这些材料一般功能要求特殊，使用过程易损耗或易丢失。从国外进口的材料，一般也是实行施工组织对单项材料的承包。特殊材料单项承包可以在大面积施工、多工种参建的条件下，使某项专用材料消耗控制在定额之内。

第三节　项目施工材料质量控制措施

一、材料进场前质量控制

仔细阅读工程设计文件、施工图、施工合同、施工组织设计及其他与工程所用材料有关的文件，熟悉这些文件对材料品种、规格、型号、强度等级、生产厂家与商标的规定和要求。

认真查阅所用材料的质量标准，学习材料的基本性质，全面了解材料的应用特性、适用范围，必要时对主要材料、设备及构配件的选择向业主提出合理的建议。

掌握材料信息，认真考察供货厂家。掌握材料质量、价格、供货能力信息，获得质量好、价格低的材料资源，以便既确保工程质量又降低工程造价。对重要的材料、构配件及设备，项目管理人员应对其生产厂家的资质、生产工艺、主要生产设备、企业资质管理认证情况等进行审查或实地考察，对产品的商标、包装进行了解，杜绝假冒伪劣产品，确保产品的质量可靠稳定，同时还应掌握供货情况和价格情况。对一些重要的材料、构配件及设备，订货前项目部必须申报，经监理工程师论证同意后报业主备案，方可订货。

二、材料进场时质量控制

（一）物、单必须相符

材料进场时，项目管理人员应检查到场材料的实际情况与所要求的材料在品种、规格、型号、强度等级、生产厂家与商标等方面是否相符，检查产品的生产编号或批号、型号、规格、生产日期与产品质量证明书是否相符，如有任何一项不符，应要求退货或要求供应商提供材料的资料。标志不清的材料可要求退货(也可进行抽检)。

（二）检查材料质量保证资料

进入施工现场的各种原材料、半成品、构配件都必须有相应的质量保证资料，主要包括：

(1) 生产许可证或使用许可证。

(2) 产品合格证、质量证明书或质量试验报告单。合格证等都必须盖有生产单位或供货单位的红章并标明出厂日期、生产批号或产品编号。

三、材料进场后质量控制

（一）施工现场材料的基本要求

工程中使用的所有原材料、半成品、构配件及设备，都必须事先经监理工程师审批后方可进入施工现场。

施工现场不能存放与本工程无关或不合格的材料。

所有进入现场的原材料与提交的资料在规格、型号、品种、编号上必须一致。

不同种类、厂家、品种、型号、批号的材料必须分别堆放，界限清晰，并设专人管理，避免使用时混乱，便于追踪工程质量，分析质量事故的原因。

应用新材料必须符合国家和建设行政主管部门的有关规定，事前必须通过试验和鉴定。代用材料必须通过计算和充分论证，并要符合结构构造的要求。

（二）进场材料应及时复验

为了防止假冒伪劣产品用于工程，或为了考察产品质量的稳定性，或为了掌握材料在存放过程中性能的降低情况，或因原材料在施工现场重新配制，对重要的工程材料应及时进行复验。凡标志不清或认为质量有问题的材料，对质量保证资料有怀疑或与合同规定不符的一般材料，凡由工程重要程度决定、应进行一定比例试验的材料，需要进行跟踪检验以控制和保证其质量的材料等，均应进行复验。对于进口的材料设备和重要工程或关键施工部位所用材料，应进行全部检验。

采用正确的取样方法明确复验项目。在每种产品质量标准中，均规定了取样方法。材料的取样必须按规定的部位、数量和操作要求进行，确保所抽样品具有代表性。抽样时，按要求填写材料见证取样表，明确复验项目。常用材料进场复验项目、组批原则及取样规定见相应的材料质量标准。

取样频率应正确。在材料的质量标准中均明确规定了产品出厂(矿)检验的取样频率，在一些质量验收规范(如防水材料施工验收规范)中也规定了取样批次。必须确保取样频率不低于这些规定，这是控制材料质量的需要，也是工程顺利进行验收的需要。业主、政府主管部门、勘察单位、设计单位在施工过程中一般介入不深，在主体竣工验收时，主要是看质量保证资料和外观，如果取样频率不够，往往会对工程质量产生质疑，作为材料管理人员要重视这一问题。

选择资质符合要求的实验室来进行检测。材料取样后应在规定的时间内送检，送检前监理工程师必须考察实验室的资质等级情况。实验室要经过当地政府主管部门批准，持有在有效期内的“建筑企业实验室资质等级证书”，其实验范围必须在规定的业务范围内。

认真审定抽检报告。与材料见证取样表对比，做到物单相符。将试验数据与技术标准规定值或设计要求值进行对照，确认合格后方可允许使用该材料。否则，责令施工单位将该种或该批材料立即运离施工现场，对已应用于工程的材料及时给出处理意见。

(三)合理组织材料供应确保施工正常进行

项目部应合理地、科学地组织材料采购、加工、储备、运输，建立严密的计划、调度与管理体系，加快材料周转，减少材料占用量，按质、按量、如期满足工程项目需要。

(四)合理组织材料使用以减少材料的损失

正确按定额计量，使材料耗损降低，加强运输和仓库保管工作，加强材料限额管理和发放工作，健全现场管理制度以避免材料损失。

第四节　施工项目材料管理制度

一、建筑材料管理相关法律、法规、规定

建筑材料管理相关法律法规的相关条例或条例部分内容节选如下。

(一)《中华人民共和国建筑法》

第二十五条　按照合同约定，建筑材料、建筑构配件和设备由工程承包单位采购的，发包单位不得指定承包单位购入用于工程的建筑材料、建筑构配件和设备或者指定生产厂、供应商。

第三十四条　工程监理单位与被监理工程的承包单位以及建筑材料、建筑构配件和设备供应单位不得有隶属关系或者其他利害关系。

第五十六条　设计文件选用的建筑材料、建筑构配件和设备，应当注明其规格、型号、性能等技术指标，其质量要求必须符合国家规定的标准。

第五十七条　建筑设计单位对设计文件选用的建筑材料、建筑构配件和设备，不得指定生产厂、供应商。

第五十九条　建筑施工企业必须按照工程设计要求、施工技术标准和合同的约定，对建筑材料、建筑构配件和设备进行检验，不合格的不得使用。

（二）《中华人民共和国产品质量法》

第二十七条　产品或者其包装上的标识必须真实，并符合下列要求：

（1）有产品质量检验合格证明。

（2）有中文标明的产品名称、生产厂厂名和厂址。

（3）根据产品的特点和使用要求，需要标明产品规格、等级、所含主要成分的名称和含量的，用中文相应予以标明；需要事先让消费者知晓的，应当在外包装上标明，或者预先向消费者提供有关资料。

（4）限期使用的产品，应当在显著位置清晰地标明生产日期和安全使用期或者有效日期。

（5）使用不当，容易造成产品本身损坏或者可能危及人身、财产安全的产品，应当有警示标志或者中文警示说明。

第二十九条　生产者不得生产国家明令淘汰的产品。

第三十条　生产者不得伪造产地，不得伪造或者用他人的厂名、厂址。

第三十一条　生产者不得伪造或者冒用认证标志等质量标志。

第三十二条　生产者生产产品，不得混杂、掺假，不得以假充真、以次充好，不得以不合格产品冒充合格产品。

第三十三条　销售者应当建立并执行进货检查验收制度，验明产品合格证明和其他标识。

第三十四条　销售者应当采取措施，保持销售产品的质量。

第三十五条　销售者不得销售国家明令淘汰并停止销售的产品和失效、变质的产品。

第三十六条　销售者销售的产品的标识应当符合本法第二十七条的规定。

第三十七条　销售者不得伪造产地，不得伪造或者冒用他人的厂名、厂址。

第三十八条　销售者不得伪造或者冒用认证标志等质量标志。

第三十九条　销售者销售产品，不得掺杂、掺假，不得以假充真、以次充好，不得以不合格产品冒充合格产品。

（三）《建设工程质量管理条例》

第八条　建设单位应当依法对工程建设项目的勘察、设计、施工、监理以及与工程建设有关的重要设备、材料等的采购进行招标。

第十四条　按照合同约定，由建设单位采购建筑材料、建筑构配件和设备的，建设单位应当保证建筑材料、建筑构配件和设备符合设计文件和合同要求。建设单位不得明示或者暗示施工单位使用不合格的建筑材料、建筑构配件和设备。

第二十二条　设计单位在设计文件中选用的建筑材料、建筑构配件和设备，应当注明规格、型号、性能等技术指标，其质量要求必须符合国家规定的标准。

除有特殊要求的建筑材料、专用设备、工艺生产线等外，设计单位不得指定生产厂、供应商。

第二十九条　施工单位必须按照工程设计要求、施工技术标准和合同约定，对建筑材料、建筑构配件、设备和商品混凝土进行检验，检验应当有书面记录和专人签字。未经检验和检验产品不合格的，不得使用。

第三十一条　施工人员对涉及结构安全的试块、试件以及有关材料，应当在建设单位或者在工程监理单位监督下现场取样，并送具有相应资质等级的质量检测单位进行检测。

第三十五条　工程监理单位与被监理工程的施工承包单位以及建筑材料、建筑构配件和设备供应单位有隶属关系或者其他利害关系的，不得承担该项建设工程的监理业务。

第三十七条　未经监理工程师签字，建筑材料、建筑构配件和设备不得在工程上使用或者安装，施工单位不得进行下一道工序的施工，未经总监理工程师签字，建设单位不得拨付工程款，不进行竣工验收。

第五十一条　供水、供电、供气、公安消防等部门或者单位不得明示或者暗示建设单位、施工单位购买其指定的生产供应单位的建筑材料、建筑构配件和设备。

（四）《建设工程勘察设计管理条例》

第二十七条　设计文件中选用的材料、构配件、设备，应当注明其规格、型号、性能等技术指标，其质量要求必须符合国家规定的标准，除有特殊要求的建筑材料、专用设备和工艺生产线等外，设计单位不得指定生产厂、供应商。

第二十九条　建设工程勘察、设计文件中规定采用的新技术、新材料，可能影响建设工程质量和安全，又没有国家技术标准的，应当由国家认可的检测机构进行试验、论证，出具检测报告，并经国务院有关部门或者省、自治区、直辖市人民政府有关部门组织的建设工程技术专家委员会审定后，方可使用。

（五）《实施工程建设强制性标准监督规定》

第五条　工程建设中拟采用的新技术、新工艺、新材料，不符合现行强制性标准规定的，应当由拟采用单位提请建设单位组织专题技术论证，报批准标准的建设行政主管部门或者国务院有关主管部门审定。

工程建设中采用国际标准或者国外标准，现行强制性标准未作规定的，建设单位应当向国务院建设行政主管部门或者国务院有关行政主管部门备案。

第十条　强制性标准监督检查的内容包括：工程项目采用的材料、设备是否符合强制性标准的规定。

二、企业施工材料管理制度

建筑是材料的使用者，建筑施工就是使用建筑材料建造建筑物的过程，企业材料管理制度，对于施工的正常开展和企业利润的保证有着重要作用。每个合格的施工企业都有一套完整的管理制度，比如项目材料管理责任制、材料计划与采购管理制度、材料供应管理制度、物资进场验收与保管管理制度、施工现场料具管理制度、周转材料管理制度、劳动保护用品管理制度、材料节约制度、限额领料制度、新型建筑材料推广应用管理规定。

第八章　机械员应具备的基本知识

机械与设备是建筑施工企业至关重要的施工工具，是完成建筑工程施工任务的基础，也是保证建筑工程施工质量的关键。确保建筑机械设备资源的使用能力，以良好的设备经济效益为建筑工程施工企业生产经营服务，是建筑机械设备管理的主题和中心任务，也是建筑工程施工企业管理的重要内容。

近年来，随着我国建筑行业飞速发展，各种施工机械设备不断涌现，为充分发挥机械设备效能和挖掘机械设备的潜力，加大建筑施工企业机械与设备的管理力度就显得尤其重要，这也要求广大建筑施工企业管理人员必须提高对施工机械设备的重视程度，并采取措施提高自身的机械与设备管理水平。

在建筑工程施工现场，从事施工机械的计划、安全使用监督检查、成本统计核算等工作的专业人员称为机械员。

第一节　机械员的职责和要求

机械员的主要工作职责，即机械管理计划、机械前期准备、机械安全使用、机械成本核算和机械资料管理。机械员的主要工作职责和应具备的专业技能见表 8-1。机械员应具备的专业知识见表 8-2。

表 8-1　机械员的主要工作职责和应具备的专业技能

分类	主要工作职责	应具备的专业技能
机械管理计划	1. 参与制订施工机械设备使用计划，负责制订维护保养计划。 2. 参与制定施工机械设备管理制度	能够参与编制施工机械设备管理计划
机械前期准备	1. 参与施工总平面布置及机械设备的采购或租赁。 2. 参与审查特种设备安装、拆卸单位资质和安全事故应急救援预案、专项施工方案。 3. 参与特种设备安装、拆卸的安全管理和监督检查。 4. 参与施工机械设备的检查验收和安全技术交底，负责特种设备使用备案、登记	1. 能够参与施工机械设备的选型和配置。 2. 能够参与核查特种设备安装、拆卸专项施工方案。 3. 能够参与组织进行特种设备安全技术交底

表 8-1(续)

分类	主要工作职责	应具备的专业技能
机械安全使用	1. 参与组织施工机械设备操作人员的教育培训和资格证书查验,建立机械特种作业人员档案。 2. 负责监督检查施工机械设备的使用和维护保养,检查特种设备安全使用状况。 3. 负责落实施工机械设备安全防护和环境保护措施。 4. 参与施工机械设备事故调查、分析和处理	1. 能够参与组织施工机械设备操作人员的安全教育培训。 2. 能够对特种设备安全运行状况进行评价。 3. 能够识别、处理施工机械设备的安全隐患
机械成本核算	1. 参与施工机械设备定额的编制,负责机械设备台账的建立。 2. 负责施工机械设备常规维护保养支出的统计、核算、报批。 3. 参与施工机械设备租赁结算	1. 能够建立施工机械设备的统计台账。 2. 能够进行施工机械设备成本核算
机械资料管理	1. 负责编制施工机械设备安全和技术管理资料。 2. 负责汇总、整理、移交机械设备资料	能够编制、收集、整理施工机械设备资料

表 8-2　机械员应具备的专业知识

分类	专业知识
通用知识	1. 熟悉国家工程建设相关法律法规。 2. 熟悉工程材料的基本知识。 3. 了解施工图识读的基本知识。 4. 了解工程施工工艺和方法。 5. 熟悉工程项目管理的基本知识
基础知识	1. 了解工程力学的基本知识。 2. 了解工程预算的基本知识。 3. 掌握机械制图和识图的基本知识。 4. 掌握施工机械设备的工作原理、类型、构造及技术性能的基本知识
岗位知识	1. 熟悉与本岗位相关的标准和管理规定。 2. 熟悉施工机械设备的购置、租赁知识。 3. 掌握施工机械设备安全运行、维护保养的基本知识。 4. 熟悉施工机械设备常见故障、事故原因和排除方法。 5. 掌握施工机械设备的成本核算方法。 6. 掌握施工临时用电技术规程和机械设备用电知识

下面对机械员的部分职责进行解释。

机械管理计划,包括施工机械的采购和租赁、使用、维修保养、装卸等计划,机械员主要参与使用计划和维修保养计划的制订。使用计划和机械设备管理制度由机械管理部门组织制定，机械员参与，以便充分了解项目施工过程中机械设备使用的整体需要和管理要求；维护保养计划是在使用计划的基础上由机械员负责制订。

前期机械的准备，是项目施工前的一项重要工作，一般由项目经理负责，技术负责人具体安排指导，机械员根据需要参与相关工作，但是向建设主管部门备案和登记使用特种设备的工作，由机械员负责。

特种设备是指涉及生命安全、危险性较大的锅炉、压力容器（含气瓶）、压力管道、电梯、起重机械、客运索道、大型游乐设施和场（厂）内专用机动车辆及其所用的材料、附属的安全附件、安全保护装置和与安全保护装置相关的设施。

协助特种设备安装、拆卸的安全管理和监督检查，是指机械员在机械设备安装及拆卸单位作业时，在安装及拆卸现场进行巡视，协助项目安全负责人监督、检查。

参与施工机械设备的检查验收，是指对新购置、租赁、安装、改造的机械设备的产品质量、安全控制可靠性、调试试运行等进行全面检查验收，机械员须在场参与工作。

施工机械设备的安全技术交底，一般与分部、分项安全技术交底同步并逐级进行。项目技术负责人对机械员交底，机械员对机械作业班组作业人员进行交底。安全技术交底主要内容包括：工程项目和分部、分项工程的概况；工程项目和分部、分项工程的危险部位；针对危险部位采取的具体预防措施；作业中应注意的安全事项；作业人员应遵守的安全操作规范和规程；作业人员发现事故隐患应采取的措施和发生事故后应及时采取的躲避和急救措施。

施工机械设备安全使用需要重点控制的环节是：加强对操作人员的培训，把好特种机械设备作业人员的就业准入关；加强施工机械设备的维护和保养，保证机械设备的规范操作；确保施工机械设备安全防护装置、安全警告标识的设置到位。

重大机械设备事故一般由各级建设主管部门根据事故等级进行分级调查、分析和处理，机械员按要求协助。

机械成本管理中定额的编制，一般由项目财务部门负责，机械员参与。施工机械设备台账是企业为了加强对机械设备的管理、更加详细地了解机械设备方面的信息而设置的一种辅助账本。施工机械设备租赁结算，一般由财务部门负责结算，机械员参与。

施工机械设备资料，一般包括机械设备的数据报表、监测、检查、维修记录等。

第二节　建筑施工机械设备的分类与型号

凡土石方施工工程、路面建设与养护、移动式起重装卸作业和各种建筑工程所需的综合性机械化施工工程所必需的机械装备，称为工程施工机械。

一、常用建筑施工机械设备分类

常用建筑施工机械设备按其功能主要分为以下六类。

(1) 土石方机械，包括挖掘机械、铲土运输机械、压实机械和凿岩机械。

① 挖掘机械：单斗挖掘机（又可分为履带式挖掘机和轮胎式挖掘机）、多斗挖掘机（又可分为轮斗式挖掘机和链斗式挖掘机）、多斗挖沟机（又可分为轮斗式挖沟机和链斗式挖沟机）、滚动挖掘机、铣切挖掘机、隧洞掘进机（包括盾构机械）等。

② 铲土运输机械：推土机（又可分为轮胎式推土机和履带式推土机）、铲运机（又可分为

履带自行式铲运机、轮胎自行式铲运机和拖式铲运机)、装载机(又可分为轮胎式装载机和履带式装载机)、平地机(又可分为自行式平地机和拖式平地机)、运输车(又可分为单轴运输车和双轴牵引运输车)、平板车和自卸汽车等。

③ 压实机械:轮胎压路机、光面轮压路机、单足式压路机、振动压路机、夯实机、捣固机等。

④ 凿岩机械:凿岩台车、风动凿岩机、电动凿岩机、内燃凿岩机和潜孔凿岩机等。

(2) 起重机械:塔式起重机、自行式起重机、桅杆起重机、抓斗起重机等。

(3) 桩工机械:钻孔机、柴油打桩机、振动打桩机、压桩机等。

(4) 钢筋混凝土机械:混凝土搅拌机、混凝土搅拌站、混凝土搅拌楼、混凝土输送泵、混凝土搅拌输送车、混凝土喷射机、混凝土振动器、钢筋加工机械等。

(5) 路面机械:平整机、道砟清筛机等。

(6) 其他工程机械:架桥机、气动工具(风动工具)等。

二、工程机械产品型号编制方法

(一) 编制产品型号的基本原则

工程机械产品型号一般按类、组、型分类原则编制,以简明易懂、同类间无重复型号为基本原则。

(二) 产品型号的构成

工程机械产品的型号由组、型、特性代号与主参数代号构成。如需增添变型、更新代号时,其变型、更新代号置于原产品型号的尾部,如图 8-1 所示。

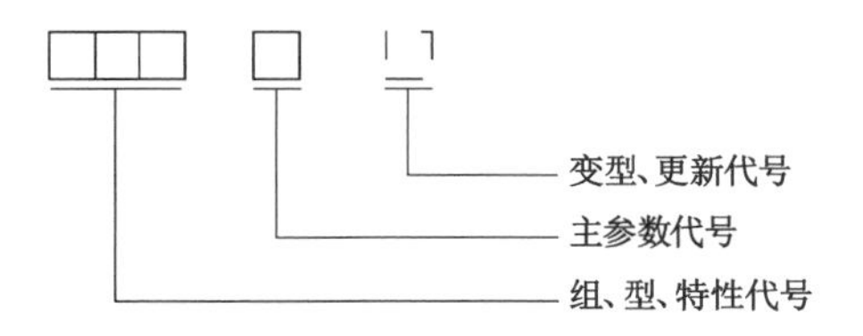

图 8-1　工程机械产品型号的编制方法

(三) 产品型号的代号

1. 组、型、特性代号

组、型、特性代号均用印刷体大写正体汉语拼音字母表示,该字母应是组、型与特性名称中有代表性的汉语拼音字头表示(如果与其他型号有重复时,也可用其他字母表示,组、型、特性代号的字母总数原则上不超过 3 个,最多不超过 4 个。如果其中有阿拉伯数字,则阿拉伯数字位于产品型号的前面。

2. 主参数代号

主参数代号用阿拉伯数字表示,每一个型号尽可能采用一个主参数代号。

3. 变型、更新代号

当产品结构、性能有重大改进和提高,需重新设计、试制和鉴定时,其变型、更新代号采用汉语拼音字母 A、B、C 等置于原产品型号尾部。

4. 产品型号编制表

产品型号编制规定见表8-3。表中未列入的产品,可按编制型号的原则编制产品型号。

表 8-3　产品型号编制表（节选）

类	组		型		特性	产品		主参数	
名称	名称	代号	名称	代号	代号	名称	代号	名称	单位表示法
挖掘机械	单斗挖掘机	W(挖)	履带式	—	—	履带式机械挖掘机	W	整机质量级	t
					Y(液)	履带式液压挖掘机	WY		
					D(电)	履带式电动挖掘机	WD		
			轮胎式	L(轮)	—	轮胎式机械挖掘机	WL		
					Y(液)	轮胎式液压挖掘机	WLY		
					D(电)	轮胎式电动挖掘机	WLD		
			汽车式	Q(汽)	—	汽车式机械挖掘机	WQ		
					Y(液)	汽车式液压挖掘机	WQY		
			步履式	B(步)	—	步履式机械挖掘机	WB		
					Y(液)	步履式液压挖掘机	WBY		
					D(电)	步履式电动挖掘机	WBD		
	挖掘装载机	WZ(挖装)	—	—	—	挖掘装载机	WZ	标准斗容量—额定载重量	m^3—kN
	多斗挖掘机	W(挖)	轮斗式	U(轮)	—	机械轮斗挖掘机	WU	生产率	m^3/h
					Y(液)	液压轮斗挖掘机	WUY		
					D(电)	电动轮斗挖掘机	WUD		
挖掘机械	多斗挖掘机	W(挖)	链条斗式	T(条)	—	机械链斗挖掘机	WT	生产率	m^3/h
					Y(液)	液压链斗挖掘机	WTY		
					D(电)	电动链斗挖掘机	WTD		
	多斗挖沟机	G(沟)	轮斗式	L(轮)	—	机械轮斗挖沟机	GL	挖沟深度	m×10
					Y(液)	液压轮斗挖沟机	GLY		
					D(电)	电动轮斗挖沟机	GLD		
			链斗式	D(斗)	—	机械链斗挖沟机	GD		
					Y(液)	液压链斗挖沟机	GDY		
					D(电)	电动链斗挖沟机	GDD		
	掘进机	J(掘)	隧道式	S(隧)	—	隧道掘进机	JS	刀盘直径	
			顶管式	G(管)		顶管掘进机	JG	管子直径	
			盾构式	D(盾)		盾构掘进机	JD	盾构直径	
	特殊用途挖掘机	W(挖)	隧道式	S(隧)	—	履带式隧道挖掘机	WS	整机质量级	t
			湿地式	SD(湿地)		湿地挖掘机	WSD		

表 8-3(续)

类	组		型		特性	产品		主参数	
名称	名称	代号	名称	代号	代号	名称	代号	名称	单位表示法
铲土运输机械	铲运机	C(铲)	拖式	T(拖)	—	机械拖式铲运机	CT	铲斗几何容量(堆装)	m^3
					Y(液)	液压拖式铲运机	CTY		
	平地机	P(平)	自行车平地机	—	—	机械式平地机	P	功率	kW×0.735
					Y(液)	液力机械式平地机	PY		
					Q(全)	全液压式平地机	PQ		
	运输车	YC(运车)	单轴式	—	—	单轴牵引运输车	YC	载重量	t
			双轴式	2(双)	—	双轴牵引运输车	2YC		
	平板车	PC(平车)	半挂式	—	—	半挂式平板车	PC		
			全挂式		Q(全)	全挂式平板车	PCQ		
	翻斗车	F(翻)	重力卸料式		—	重力卸料翻斗车	F		t×10
					H(后)	后置式重力卸料翻斗车	FH		
			液压卸料整车架式	Y(液)	—	液压翻斗车	FY		
					H(后)	后置式液压翻斗车	FYH		
	装载机	Z(装)	履带式	S(湿)	—	履带式机械装载机	Z	额定载重量	t×10
					Y(液)	履带式液力机械装载机	ZY		
					Q(全)	履带式全液压装载机	ZQ		
			履带湿地式		—	机械湿地装载机	ZS		
					Y(液)	液力机械湿地装载机	ZSY		
					Q(全)	全液压湿地装载机	ZSQ		
			轮胎式	L(轮)	—	轮胎式液力机械装载机	ZL		
					Q(全)	轮胎式全液压装载机	ZLQ		
			特殊用途	—	LD(轮井)	轮胎式井下装载机	ZLD		
					LM(轮木)	轮胎式木材装载机	ZLM		
	铲运机	C(铲)	自行轮胎式	L(轮)	—	轮胎式铲运机	CL	铲斗几何容量(堆装)	m^3
					S(双)	轮胎式双发动机铲运机	CLS		
			自行履带式	U(履)	—	履带式铲运机	CU		

注:本表见《工程机械 产品型号编制方法》(JB/T 9725—1999)。

5. 产品型号示例

WY25 型挖掘机,表示整机质量为 25 t 的履带式液压挖掘机。

WUD400/700 型挖掘机,表示生产率为 400～700 m^3/h 的电动轮斗挖掘机。

ZL30A 型装载机,表示额定载重量为 3 t、第一次变型的轮胎式液力机械装载机。

CLS7 型铲运机表示铲斗容量为 7 m^3 的轮胎式双发动机铲运机。

LTL7500 型摊铺机,表示最大摊铺宽度为 7 500 mm 的轮胎式沥青混凝土摊铺机。

CZ2500 型除雪机,表示作业面宽度为 2 500 mm 的转子式除雪机。

QLY16 型起重机,表示最大额定总起重量为 16 t 的液压式轮胎起重机。

QTG80 型起重机，表示额定起重力矩为 800 kN·m 的固定式塔式起重机。

3Y12/15 型压路机，表示最小工作质量为 12 t、最大工作质量为 15 t 的三轮光轮压路机。

CZ20 型沉拔桩锤，表示功率为 20 kW 的机械振动沉拔桩锤。

JZM350 型搅拌机，表示出料容量为 350 L 的摩擦锥形反转出料混凝土搅拌机。

GTY4/8 型钢筋调直切断机，表示调直切断钢筋直径为 4～8 mm 的液压定长钢筋调直切断机。

UBJ3 型灰浆泵，表示生产率为 3 m^3/h 的挤压式灰浆泵。

第三节　机械设备管理相关规定和标准

为了防止和减少生产安全事故，保障人民生命和财产安全，国家制定了较完善的法律法规，《中华人民共和国安全生产法》《中华人民共和国建筑法》《中华人民共和国行政许可法》《中华人民共和国产品质量法》《中华人民共和国节约能源法》《建设工程安全生产管理条例》(国务院令第 393 号)《特种设备安全监察条例》(国务院令第 373 号)《安全生产许可证条例》《关于特大安全事故行政责任追究的规定》都有和建筑施工机械设备管理相关的法律规定。国务院和各省、自治区、直辖市住房和城乡建设主管部门颁发了一系列建筑施工机械设备管理的行政规章、规范性文件和技术规程。

一、建筑施工机械安全监督管理有关规定

(一) 住房和城乡建设部(或原建设部)颁布的建筑施工机械安全监督管理的主要行政规章

(1)《建筑起重机械安全监督管理规定》(建设部令 166 号)。

(2)《建筑起重机械备案登记办法》(建质〔2008〕76 号)。

(3)《建筑施工特种作业人员管理规定》(建质〔2008〕75 号)。

(二) 建筑起重机械安全监督管理规定

《建筑起重机械安全监督管理规定》(建设部令 166 号)(以下简称《规定》)适用于建筑起重机械的租赁、安装、拆卸、使用及其监督管理，主要内容有：

1. 明确了管理的责任主体安全责任

(1) 安全监督管理责任主体：国务院建设主管部门对全国建筑起重机械的租赁、安装、拆卸、使用实施监督管理，县级以上建设主管部门对本区域内的建筑起重机械的租赁、安装、拆卸、使用实施监督管理。相关责任主体：出租单位、安装拆卸单位(简称安装单位)、使用单位、施工总承包单位、检验检测机构、监理单位。

(2) 施工总承包单位安全职责：

① 向安装单位提供拟安装设备位置的基础施工资料，确保建筑起重机进场安装、拆卸所需的施工条件。

② 审核建筑起重机械的特种设备制造许可证、产品合格证、制造监督检验证明、备案证明等文件。

③ 审核安装单位、使用单位的资质证书、安全生产许可证和特种作业人员的特种作业操作资格证书。

④ 审核安装单位制定的建筑起重机械安装、拆卸工程专项施工方案和生产安全事故应急救援预案。

⑤ 审核使用单位制定的建筑起重机械生产安全事故应急救援预案。

⑥ 指定专职安全生产管理人员监督检查建筑起重机械安装、拆卸、使用情况。

⑦ 施工现场有多台塔式起重机作业时，应当组织制定并实施防止塔式起重机相互碰撞的安全措施。

（3）使用单位的安全职责：

① 根据不同施工阶段，周围环境以及季节、气候的变化，对建筑起重机械采取相应的安全防护措施。

② 制定建筑起重机械生产安全事故应急救援预案。

③ 在建筑起重机械活动范围内设置明显的安全警示标志，对集中作业区做好安全防护。

④ 设置相应的设备管理机构或者配备专职的设备管理人员。

⑤ 指定专职设备管理人员、专职安全生产管理人员进行现场监督检查。

⑥ 建筑起重机械出现故障或者发生异常情况的，立即停止使用，消除故障和事故隐患后，方可重新投入使用。

使用单位应当对在用的建筑起重机械及其安全保护装置、吊具、索具等进行经常性和定期的检查、维护和保养，并做好记录；在建筑起重机械租赁期结束后，应当将定期检查、维护和保养记录移交出租单位。建筑起重机械租赁合同对建筑起重机械的检查、维护、保养另有约定的，遵从约定。

2. 建立建筑起重机械动态管理安全保证制度

（1）备案制度：出租单位在建筑起重机械首次出租前，自购建筑起重机械的使用单位在建筑起重机械首次安装前，应当持建筑起重机械特种设备制造许可证、产品合格证和制造监督检验证明到本单位工商注册所在地县级以上地方人民政府建设主管部门办理备案。

（2）安装拆卸告知制度：安装单位安装拆卸施工前应将建筑起重机械安装、拆卸工程专项施工方案，安装、拆卸人员名单，安装、拆卸时间等材料报施工总承包单位和监理单位审核后告知工程所在地县级以上地方人民政府建设主管部门。

（3）检验检测验收制度：建筑起重机械安装完毕，安装单位应当按照安全技术标准和安装使用说明书的有关要求对建筑起重机械进行自检、调试和试运转。自检合格的，应当出具自检合格证明，并向使用单位进行安全使用说明。使用单位应当组织出租、安装、监理等有关单位进行验收，或者委托具有相应资质的检验检测机构进行验收。建筑起重机械验收合格后方可投入使用，未经验收或者验收不合格的不得使用。建筑起重机械在验收前应当经具有相应资质的检验检测机构监督检验合格。

（4）使用登记制度：使用单位应当自建筑起重机械安装验收合格之日起30日内，将建筑起重机械安装验收资料、建筑起重机械安全管理制度、特种作业人员名单等，向工程所在地县级以上地方人民政府建设主管部门办理建筑起重机械使用登记。登记标志置于或者附着于该设备的显著位置。

3. 界定了起重机械设备准入、市场准入、从业准入条件

(1) 设备准入:出租单位出租的建筑起重机械和使用单位购置、租赁、使用的建筑起重机械应当具有特种设备制造许可证、产品合格证、制造监督检验证明。有下列情形之一的建筑起重机械,不得出租、使用:

① 属国家明令淘汰或者禁止使用的。

② 超过安全技术标准或者制造厂家规定的使用年限的。

③ 经检验达不到安全技术标准规定的。

④ 没有完整安全技术档案的。

⑤ 没有齐全有效的安全保护装置的。

(2) 市场准入:安装单位应当依法取得建设主管部门发的相应资质和建筑施工企业安全生产许可证,并在其资质许可范围内承揽建筑起重机械安装、拆卸工程。

(3) 从业人员准入:建筑起重机械安装拆卸工、起重信号工、起重司机、司索工等特种作业人员应当经建设主管部门考核合格,并取得特种作业操作资格证书后,方可上岗作业。

(4) 规定了各责任主体违规处罚

出租单位、安装单位、使用单位、施工总承包单位、建设单位、监理单位未履行《规定》明确的安全责任,由县级以上地方人民政府建设主管部门责令限期改正,予以警告,并处罚款及其他处罚。建设主管部门的工作人员有违规行为的依法给予处分,构成犯罪的依法追究其刑事责任。

(三) 建筑起重机械备案登记管理规定

《建筑起重机械备案登记办法》(建质〔2008〕76 号)根据《建筑起重机械安全监督管理规定》制定,备案登记包括建筑起重机械备案、安装(拆卸)告知和使用登记。

1. 备案

建筑起重机械出租单位或者自购建筑起重机械使用单位(以下简称“产权单位”)在建筑起重机械首次出租或安装前,应当向本单位工商注册所在地县级以上地方人民政府建设主管部门(以下简称“设备备案机关”)备案。

产权单位办理建筑起重机械备案时,应向设备备案机关提交以下资料:

(1) 产权单位法人营业执照副本;

(2) 特种设备制造许可证;

(3) 产品合格证;

(4) 制造监督检验证明;

(5) 建筑起重机械设备购销合同、发票或相应有效凭证;

(6) 设备备案机关规定的其他资料。

所有资料复印件应当加盖产权单位公章。所有证件、证明、合同等应提供原件和复印件,原件当场核对后退回,复印件加盖产权单位公章。

设备备案机关对符合备案条件且资料齐全的建筑起重机械进行编号,向产权单位核发建筑起重机械备案证明和备案牌。设备备案机关应当在备案证明和备案牌上注明备案有效期限。首次备案的建筑起重机械备案有效期限不得超过制造厂家或安全技术标准规定的生产使用年限,已投入使用的年限应当扣除。建筑起重机械备案牌应当固定在建筑起重机械的显著位置,不得随意拆取,不得转借。

建筑起重机械有下列情形之一的，设备备案机关不予备案，并通知产权单位。

(1) 属国家和地方明令淘汰或者禁止使用的。

(2) 超过制造厂家或者安全技术标准规定的使用年限的。

(3) 经检验达不到安全技术标准规定的。

建筑起重机械因机械质量原因发生生产安全事故的，设备备案机关应当暂时收回备案证明及备案牌。建筑起重机械重新启用时，必须经取得相应资质的检验检测机构重新检验检测合格后，向设备备案机关申请返还备案证明及备案牌。

建筑起重机械产权单位变更时，变更单位双方应当持起重机械原备案申请表、备案证明、备案牌和建筑起重机械备案变更申请表及产权变更证明到原设备备案机关办理备案变更手续，原产权单位应当将建筑起重机械的原始资料和安全技术档案移交给现产权单位。

超过备案有效期限以及处于延续备案有效期内的建筑起重机械，产权单位不得变更，不得办理备案变更手续。

2. 安装(拆卸)告知

从事建筑起重机械安装、拆卸活动的单位(以下简称"安装单位")办理建筑起重机械安装(拆卸)告知手续前，应当将以下资料报送施工总承包单位、监理单位审核。

(1) 建筑起重机械备案证明。

(2) 安装单位资质证书、安全生产许可证副本。

(3) 安装单位特种作业人员证书。

(4) 建筑起重机械安装(拆卸)工程专项施工方案。

(5) 安装单位与使用单位签订的安装(拆卸)合同及安装单位与施工总承包单位签订的安全协议书。

(6) 安装单位负责建筑起重机械安装(拆卸)工程专职安全生产管理人员、专业技术人员名单。

(7) 建筑起重机械安装(拆卸)工程生产安全事故应急救援预案。

(8) 辅助起重机械资料及其特种作业人员证书。

(9) 施工总承包单位、监理单位要求的其他资料。

施工总承包单位、监理单位应当在收到安装单位提交的齐全有效的资料之日起 2 个工作日内审核完毕，并签署意见。安装单位应当在建筑起重机械安装(拆卸)前 2 个工作日内通过书面形式、传真或者计算机信息系统告知工程所在地县级以上地方人民政府建设主管部门，同时按规定提交经施工总承包单位、监理单位审核合格的有关资料。

3. 使用登记

建筑起重机械使用单位在建筑起重机械安装验收合格之日起 30 日内，向工程所在地县级以上地方人民政府建设主管部门(以下简称"使用登记机关")办理使用登记，使用单位在办理建筑起重机械使用登记时，应当向使用登记机关提交下列资料：

(1) 建筑起重机械备案证明；

(2) 建筑起重机械租赁合同；

(3) 建筑起重机械检验检测报告和安装验收资料；

(4) 使用单位特种作业人员资格证书；

(5) 建筑起重机械维护保养等管理制度;

(6) 建筑起重机械生产安全事故应急救援预案;

(7) 使用登记机关规定的其他资料。

使用登记机关应当自收到使用单位提交的资料之日起7个工作日内,对于符合登记条件且资料齐全的建筑起重机械核发建筑起重机械使用登记证明。

有下列情形之一的建筑起重机械,使用登记机关不予使用登记并有权责令使用单位立即停止使用或者拆除:

(1) 违反国家和省有关规定的;

(2) 未经检验检测或者经检验检测不合格的;

(3) 未经安装验收或者经安装验收不合格的。

使用登记机关应当在安装单位办理建筑起重机械拆卸告知手续时,注销建筑起重机械使用登记证明。

(四) 特种机械设备操作人员的管理规定

适用特种机械设备操作人员的管理规定有《建筑施工特种作业人员管理规定》(建质〔2008〕75号),建筑起重机械特种作业人员的培训、考核、发证、从业和监督管理有以下规定。

1. 建筑起重机械特种作业人员界定

建筑施工特种作业人员是指在房屋建筑和市政工程施工活动中,从事可能对本人、他人及周围设备设施的安全造成重大危害作业的人员。建筑起重机械特种作业人员是指在房屋建筑和市政工程施工活动中从事起重机械作业的人员,包括:建筑起重信号司索工、建筑起重机械司机、建筑起重机械安装拆卸工。

建筑起重机械包括建筑施工现场的塔式起重机、施工升降机、物料提升机。

2. 建筑起重机械特种作业人员持证上岗规定

建筑起重机械特种作业人员必须经建设主管部门考核合格,取得建筑施工特种作业人员操作资格证书(以下简称“资格证书”),方可上岗从事相应作业。县级以上地方人民政府建设主管部门及其建设工程安全生产监督机构按照工程项目监管权限,对施工现场建筑起重机械特种作业人员持证上岗及作业情况实施监督。

3. 建筑起重机械特种作业人员培训考核

申请从事建筑施工特种作业的人员,应当具备下列基本条件:

(1) 年满18周岁且符合相关工种规定的年龄要求;

(2) 经医院体检合格且无妨碍从事相应特种作业的疾病和生理缺陷;

(3) 初中及以上学历;

(4) 符合相应特种作业需要的其他条件。

首次申请从事建筑起重机械特种作业的人员,应当经具备资格的培训机构培训后方可参加考核。

建筑起重机械特种作业人员考核按照住房和城乡建设部颁布的《建筑施工特种作业人员安全技术考核大纲(试行)》和《建筑施工特种作业人员安全操作技能考核标准(试行)》进行,包括安全技术理论考核和安全操作技能考核。

4．建筑起重机械特种作业人员证书管理

资格证书有效期为两年。有效期满需要延期的，建筑施工特种作业人员应当于期满前3个月内向原考核发证机关申请办理延期复核手续。延期复核合格的，资格证书有效期延长2年。

二、建筑施工机械安全技术规程、规范

正确使用建筑施工机械，除了安全监督管理规定外，还应遵循相关安全技术标准，主要的安全技术标准如下：

(1)《工程建设标准强制性条文》直接涉及施工机械设备的强制性条文在第10篇施工安全部分。

(2)《建筑施工塔式起重机安装、使用、拆卸安全技术规程》(JGJ 196—2010)规定了塔式起重机的安装、使用和拆卸的基本技术要求，适用于房屋建筑工程、市政工程所用塔式起重机的安装、使用和拆卸。

(3)《塔式起重机安全规程》(GB 5144—2006)规定了塔式起重机与架空输电线的安全距离。

(4)《施工现场临时用电安全技术规范》(JG 46—2016)规定了施工现场电气设备和电源线路安装应符合的要求。

(5)《起重机械吊具与索具安全规程》(LD 48—93)规定了起重吊具、索具的要求。

(6)《建筑施工升降机安装、使用、拆卸安全技术规程》(JGJ 215—2010)规定了房屋建筑工程、市政工程所用的齿轮齿条式、钢丝绳式人货两用施工升降机的要求。

(7)《龙门架及井架物料提升机安全技术规范》(JGJ 88—2010)规定了建筑工程和市政工程所使用的以卷扬机或曳引机为动力、吊笼沿导轨垂直运行的物料提升机的设计、制作、安装、拆除及使用。该标准不适用于电梯、矿井提升机和升降平台。物料提升机的设计、制作、安装、拆除及使用，除应符合本规范外，尚应符合国家现行有关标准的规定。

(8)《建筑机械使用安全技术规程》(JGJ 33—2012)规定了建筑施工中各种类型建筑机械的使用与管理，包括动力与电气装置、建筑起重机械、土石方机械、运输机械、桩工机械、混凝土机械、钢筋加工机械、木工机械、地下施工机械、焊接机械和其他中小型机械等11类机械的使用安全技术规程。

(9)《施工现场机械设备检查技术规范》(JGJ 160—2016)规定了新建、改建和扩建的工业与民用建筑及市政工程施工现场机械设备的检查。主要技术内容包括施工现场动力设备及低压配电系统、土方及筑路机械、桩工机械、起重机械与垂直运输机械、混凝土机械、焊接机械、钢筋加工机械、木工机械及其他机械、装修机械、掘进机械检查技术规程。

第四节　机械与设备管理制度

一、“三定”制度

“三定”制度是指在机械与设备使用中定人、定机、定岗位责任的制度。“三定”制度将机械与设备使用、维护保养等各环节的要求都落实到具体人身上，是行之有效的一项基本管理

制度。

(一)“三定”制度的作用

(1) 有利于保持机械与设备良好的技术状况,有利于落实奖罚制度。

(2) 有利于熟练掌握操作技术和全面了解机械与设备的性能、特点,便于预防和及时排除机械故障,避免发生事故,充分发挥机械与设备的效能。

(3) 便于做好企业定编定员工作,有利于加强劳务管理。

(4) 有利于原始资料的积累,便于提高各种原始资料的准确性、完整性和连续性,便于对资料进行统计、分析和研究。

(5) 便于单机经济核算工作和设备竞赛活动的开展。

(二)“三定”制度的主要内容

“三定”制度的主要内容包括坚持人机固定的原则、实行机长负责制和贯彻岗位责任制。

(1) 人机固定是指将每台机械与设备和它的操作者相对固定下来,无特殊情况不得随意变动。当机械与设备在企业内部调拨时,原则上人随机调。

(2) 机长负责制即按规定应配两人以上的机械与设备,应任命一人为机长并全面负责机械与设备的使用、维护、保养和安全。若一人使用一台或多台机械与设备,该人就是这些机械与设备的机长。对于无法固定使用人员的小型机械,应明确机械所在班组长为机长,即企业中每一台机械与设备都应明确对其负责的人员。

(3) 岗位责任制包括机长负责制和机组人员负责制,并对机长和机组人员的职责做出详细和明确的规定,做到责任到人。机长是机组的领导者和组织者,全体机组人员都应听从其指挥,服从其领导。

(三)“三定”制度的形式

根据机械类型的不同,“三定”制度有下列三种形式:

(1) 单人操作的机械,实行专机专责制,其操作人员承担机长职责。

(2) 多班作业或多人操作的机械,均应组成机组,实行机组负责制,其机组长即机长。

(3) 班组共同使用的机械和一些不宜固定操作人员的设备,应指定专人或小组负责保管和保养,限定具有操作资格的人员进行操作,实行班组长领导下的分工负责制。

(四)“三定”制度的管理

(1) 机械操作人员的配备,应由机械使用单位选定,报机械主管部门备案;重点机械的机长,还要经企业分管机械的领导批准。

(2) 机长或机组长确定后,应由机械使用单位任命,并应保持相对稳定,不要轻易更换。

(3) 企业内部调动机械时,大型机械原则上做到人随机调,重点机械必须人随机调。

二、交接制度

(一)新机械交接

(1) 按机械验收试运转规定办理。

(2) 交接手续同上。

(二)机械与设备调拨的交接

(1) 机械与设备调拨时,调出单位应保证机械与设备技术状况的完好,不得拆换机械零件,并将机械的随机工具、机械履历书和交接技术档案一并交接。

(2) 如遇特殊情况,附件不全或技术状况很差的设备,交接双方先协商取得一致后,按双方协商的结果交接,并将机械状况和存在的问题、双方协商解决的意见等报上级主管部门核备。

(3) 机械与设备调拨交接时,原机械驾驶员向双方交底,原则上规定机械操作人员随机调动,遇不能随机调动的驾驶员,应将机械附件、机械技术状况、原始记录、技术资料做出书面交接。

(4) 机械交接时必须填写交接单,对机械状况和有关资料逐项填写,最后由双方经办人和单位负责人签字,作为转移固定资产和有关资料转移的凭证,机械交接单一式四份。

(三) 机械使用的班组交接和临时替班的交接

(1) 交接的主要内容:① 交接生产任务完成情况。② 交接机械运转、保养情况和存在的问题。③ 交接随机工具和附件情况。④ 交接燃油消耗和准备情况。⑤ 交接人填写本班的运转记录。

(2) 交接记录应交机械管理部门存档,机械管理部门应及时检查交接制度执行情况。

(3) 由于交接不清或未办交接而造成机械事故,按机械事故处理方法对当事人双方进行处理。

三、调动制度

(一) 机械与设备调动

机械与设备调动是指公司下属单位之间固定资产管理、使用、责任、义务权限的变动,资产权仍归公司所有。机械与设备调动工作的运作,由公司决定,具体包括以下几个方面:

(1) 公司物资设备部根据公司生产会议或公司领导的决定,向调出单位下达机械与设备调令,一式四份,调出单位、调入单位、物资设备部、财务部各一份。

(2) 调入、调出单位机械与设备主管或机管人员双方联系,确定实施调运的若干细节。

(3) 双方必须明确表 8-4 中的各项问题。

表 8-4　机械与设备调出、调入单位必须明确的问题

单位	必须明确的问题
调出单位	1. 必须保证调出设备应该具备的机械状况及技术性能。 2. 调出设备的技术资料(说明书、履历书、保修卡、各种证明等)、专用工具、随机附件等必须向调入单位交代清楚,并填写机械交接单,一式两份,存档备查。 3. 调出单位为该设备购进的专用配件,可有偿转给调入单位,调入单位在无特殊原因的条件下必须接收。 4. 因失保、失修造成的调动设备技术低下,资质不符,调出单位修复后才能调出。若调出单位确有困难,双方可本着互尊、互让、互利的原则,确定修复的项目、部位、费用,并由调出单位一次性付给调入单位,再由调入单位负责修复。 5. 机械与设备严重资质不符,双方不能达成协议,可由公司组成鉴定小组裁决。公司裁决小组成员有组长、副组长和成员: (1) 组长:公司主管生产副经理。 (2) 副组长:物资设备部经理。 (3) 成员:物资设备部人员 2 或 3 名及调出、调入单位机械主管。 6. 调动发生后,调出单位机械、财务部门方可销账、销卡

表 8-4(续)

单位	必须明确的问题
调入单位	1. 主动与调出单位联系调动事宜。 2. 支付调动运输费及有关间接费用。 3. 办理 A 类设备随机操作人员的人事调动手续。 4. 机械、财务建账、建卡。 5. 负责将完善的两份调令返还给公司物资设备部。 6. 调入、调出单位有不统一的意见时,应由公司仲裁

注:表中 A 类设备指 15 吨以上(含)载重汽车、平板拖车;20 吨以上(含)汽车、履带起重机;200 吨米以上(含)塔式起重机;单台价格在 20 万元以上(含)金属切削机床、锻压设备、焊接和其他设备。

(二) 固定资产转移

(1) 当办完对公司以外的机械与设备交接手续后,调出单位填写《固定资产调拨单》转公司机械与设备部门一份,再转入调入单位。物资设备部及时消除台账,财务科消除财务账。

(2) 公司项目间机械与设备调动手续办妥后,公司及项目机械部门只做台账及财务账增减工作。

(3) 凡调出公司以外的机械与设备,均要填写《固定资产调拨单》。

四、凭证操作制度

为了更好地贯彻“三定”责任制,加强对施工机械与设备的使用和操作人员的管理,保障机械与设备合理使用、安全运转,施工机械与设备操作人员都要经过该机种的技术考核合格,取得操作证后,方可独立操作该种机械(如果要增加考核合格的机种,可在操作证上列出增加操作的机种)。

(一) 技术考核方法与内容

技术考核方法主要是现场实际操作,同时进行基础理论考核。考核内容主要是熟悉本机种操作技术,懂得本机种的技术性能、构造、工作原理和操作、保养规程,以及进行低级保养和故障排除,同时进行体格检查。考核不合格人员应在合格人员指导下进行操作,并努力学习,争取下次考核合格。经三次考核仍不合格者,应调做其他工作。

(二) 凭证操作要求

(1) 操作证每年组织一次审验,审验内容是操作人员的健康状况和奖惩、事故等记录,审验结果填入操作证有关记事栏。未经审验或审验不合格者,不得继续操作机械。

(2) 凡是操作下列施工机械的人员,都必须持有关部门颁发的操作证:起重机、外用施工梯、混凝土搅拌机、混凝土泵车、混凝土搅拌站、混凝土输送泵、电焊机、电工等作业人员及其他专人操作的专用施工机械。

(3) 凡符合条件的人员,经培训考试合格,取得合格证后,方可独立操作机械与设备。

第五节　施工机械设备的资料管理

一、施工机械设备的资料管理

(一) 施工机械设备资料的组成

机械设备资料是指设备从购置、安装调试、使用、维护、改造直至报废的全寿命周期管理过程中与设备相关的管理资料和技术资料，包括机械设备登记卡片、机械设备台账、机械设备技术档案等，建筑起重机械设备资料还包括安拆工程技术档案资料。

1. 机械设备登记卡片

机械设备登记卡片是机械设备主要情况的基础资料，卡片记载机械设备规格型号、主要技术性能、附属设备、替换设备等情况，以及机械设备运转、修理、改装、机长变更、事故等情况。机械设备登记卡片由企业设备管理部门建立，一机一卡，由专人负责管理。

2. 机械设备台账

机械设备台账是掌握企业机械资产状况，反映企业各类机械的拥有量、机械分布及其变动情况的主要依据。设备台账一般有两种编制形式：一种是设备分类编号台账，以《设备统一分类及编号目录》为依据，按类组代号分页，按资产编号顺序排列，可便于新增设备的资产编号和分类分型号的统计；另一种是按设备使用部门顺序编制使用单位的设备台账，这种形式有利于生产和设备维修计划管理和进行设备清点。

设备台账登记企业所拥有的机械设备的统一编号、设备名称、型号、购进日期、总重、制造厂等信息，主要体现机械的静态情况。对高精度、大型、稀有及关键设备应分别建立台账。

3. 机械设备技术档案

机械设备技术档案是指设备从设计、制造(购置)、安装、调试、使用、维护、修理、改造、更新直至报废全寿命周期管理过程中形成的图纸、文字说明、原始证件、工作记录、事故处理报告等不断积累并应整理归档保存的重要文件资料，设备管理部门对每台设备应建立档案并进行编号，便于查用。设备档案资料的完整程度是体现一个企业设备管理基础工作水平的重要标志。设备技术档案资料的作用是：

(1) 掌握机械设备使用性能变化的情况，以保证安全生产；

(2) 掌握机械设备运行的累计资料和技术状况变化的规律，以便安排好设备的保养和维修工作；

(3) 为机械设备保修所需的配件供应计划的编制，以及大、中修理的技术鉴定，提供可靠的科学依据；

(4) 为贯彻技术岗位责任制，分析机械设备的事故原因，申请机械报废等，提供有关技术资料和依据。

(二) 机械设备技术档案的内容

机械设备技术档案内容一般由购置设备时的原始证明文件资料和运行使用资料组成。

1. 设备前期的技术档案资料

设备前期的技术档案资料即施工机械原始证明文件资料，包括：

(1) 设备购置合同(副本)。

(2) 随机技术文件：使用保养维修说明书、出厂合格证、零件装配图册、随机附属装置资料、工具和备品明细表、配件目录等；起重机械的备案证明、制造许可证、监督检验证明等。

(3) 开箱检验单。

(4) 随机附件及工具的交接清单。

(5) 设备安装、技术调试、试验等的有关记录及验收单。

2. 设备后期技术档案资料

设备后期技术档案资料通常是机械设备投入使用后形成的资料，包括：

(1) 计划检修记录及维修保养、设备运转记录、安全检查记录。

(2) 设备技术改造的批准文件和图纸资料。

(3) 建筑起重设备(塔机、施工电梯、物料提升机等)备案证;历次安装的检测报告、定期检验报告。

(4) 设备事故报告单、事故分析及处理的资料。

(5) 检修前的检测鉴定、大修进厂的技术鉴定、出厂检验记录及修理内容等。

(6) 机械报废技术鉴定记录。

(7) 其他属于本机的有关技术资料。

3. 机械设备履历书

机械设备履历书是技术档案中的一种单机档案形式,由机械使用单位建立和管理,作为掌握机械使用情况和进行科学管理的依据。塔式起重机、施工升降机、混凝土搅拌站(楼)、混凝土输送泵等设备应以履历书的形式进行设备单机档案管理。机械设备履历书的主要内容有:

(1) 试运转及磨合期记录。

(2) 机械运转记录、产量和消耗记录。

(3) 保养、中大修理、检查记录。

(4) 主要零部件、装置及轮胎更换记录。

(5) 机长更换交接班记录。

(6) 检查、评比及奖惩记录。

(7) 事故记录。

4. 建筑起重机械安装、拆卸工程档案

建筑起重机械安装、拆卸工程档案由安拆单位负责建立,包括以下资料:

(1) 委托安装、拆卸合同(协议)。

(2) 安装、拆卸工程专项施工方案。

(3) 安全施工技术交底的有关资料。

(4) 安装自检和验收资料。

(5) 安装、拆卸工程生产安全事故应急救援预案。

(6) 法律法规、技术规范标准规定的其他资料。

有关设备说明书、原图、图册、底图等设备的技术资料由设备技术资料室建档保管和复制供应。已批准报废的机械设备,其技术档案和使用登记书等均应保管,定期编制销毁记录。

(三) 施工机械的现场资料管理

施工现场要收集、编制和整理各类资料,机械设备资料包括:

(1) 机械设备平面布置图。

(2) 施工现场机械安全管理制度。

(3) 机械租赁合同、机械设备安装与拆除合同及安全协议。

(4) 安全管理技术交底资料。总包单位与分包单位对设备操作人员的安全技术交底;尤其对塔机、外用电梯、物料提升机等设备,出租、承租双方要共同对塔机组和信号工技术交底;施工单位和安拆单位应共同对起重机械设备安装与拆除人员进行安全技术交底。安全技术交底要有交底人、被交底人的签字及交底日期等记录。

(5) 各类机械设备合格证、出租单位的营业执照、起重设备安装企业的资质证书复印件资料、安装拆除单位的《安全生产许可证》的复印件、机械备案证。

(6) 大型设备安拆施工方案(塔吊、外用电梯、龙门吊、电动葫芦式和龙门架式起重设备等)及多台起重设备交叉作业防碰撞施工方案、审批记录。

(7) 所有机械设备的进场验收记录;起重机械的进场、基础、安装、顶升附着、拆除等各项检查验收记录。各种安全装置(如电梯防坠器)检测合格报告。各种验收表要填写规范,该量化的必须量化。

(8) 施工现场建立健全设备台账,现场机械设备旁边要悬挂安全操作规程和警示标牌。

(9) 机械操作人员、起重吊装人员等特种作业人员持证上岗记录(花名册)及复印件。

(10) 机械设备保养维修记录、自检及月检记录和设备运转履历书(包括设备租赁单位的检查记录和隐患整改记录)。

(四) 施工机械安全检查资料

1. 安全检查资料收集的基本要求

机械员负责监督检查施工机械设备的使用和维护保养,检查特种设备安全使用状况,应协助项目负责人建立健全项目安全检查制度;参与安全检查并负责填写施工机械设备安全检查记录;对检查中发现的事故隐患应下达隐患整改通知单,定人、定时间、定措施进行整改;重大事故隐患整改后,应由相关部门组织复查并做好记录;安全检查形成的记录资料应按规定留存归档。

2. 机械设备安全检查的基本表格

《建筑施工安全检查标准》(JGJ 59—2019)将施工用电、物料提升机与施工升降机、塔式起重机、起重吊装和施工机具单独列为检查评定项目,要求采取检查评分表的形式进行分项检查评分。检查评分表中分保证项目和一般项目,保证项目是对施工人员生命、设备设施及环境安全起关键性作用的项目,一般项目为除保证项目以外的其他项目。

二、施工机械设备信息化管理

施工机械设备信息化管理是运用电子计算机和现代信息技术,以施工机械设备管理相关信息的采集、处理、传递、存储、利用为手段,建立网络化管理平台,使机械设备从购置、租赁、安装调试、使用、维护、改造直至报废的全寿命周期管理全过程处于有效控制,实现有效调度,合理、配套组合机械资源,创造良好的使用效益,从而提高企业施工机械设备科学化管理水平。

(一) 机械设备信息化管理的主要工作内容

1. 建立机械设备管理日常事务处理系统

最基础的工作是使用计算机完成日常账表;制作机械设备登记卡片、机械设备台账、机械设备技术档案,建立机械设备电子档案;自动对数据进行处理,自动生成设备明细表、配件消耗清单、油料消耗清单、租金结算等各种报表,并按照规定的格式自动生成报表,替代管理人员的手工数据统计。对各台机械设备进行单机核算,统计其各种评价指标,如设备利用率、设备完好率;查询、统计求和实际台班、台时、完成产量等,评价其经济性。还可以按照一定的方法计算出每台机械每年应提取的折旧、大修理基金,设备报废时综合评价其整个寿命周期内的经济性。

2. 建立机械设备管理信息工作系统

在企业内部，建立向多职能部门横向进行信息、数据和资料交换以及资源共享的局域网，各部门的信息交换通过互联网实现。设备管理和租赁业务操作实现从人工经验型管理向计算机信息化管理的转化。一是市场信息和新技术、新工艺和客户信息管理。采集机械制造商、销售商信息存档，从价格、工艺、质量、技术性能、寿命周期、售后服务、使用过程中的维修成本等进行归类、分析，同时存储各生产厂家先进的技术简介和工艺，为购置、更新、改造提供科学依据。了解并掌握相关单位机械设备装备情况，建立信息网络，及时掌握建设市场信息，分析设备的市场供求关系，企业根据自身发展制定设备投资规划并进行投资效益预测，编制年度购置计划，分析对比及选型，上报并审批、落实购置计划。二是对管理人员和管理机构网络进行管理，并能形成机构网络图。制订短期培训计划和长期培训计划，明确目标和任务，分析各类技术素质。掌握司驾人员工作状况，统计考核结果，提供实时参考数据，进行择优聘用和人才优化组合。

3. 建立机械设备运行远程监控系统

利用网络技术，对施工机械运行使用状态进行监督，统计汇总技术、经济、安全管理及各项数据，为企业提供有效的监督管理手段。

施工机械野外施工、露天作业，工况恶劣，故障率高；施工作业设备分散，流动性大，维护困难，管理难度大。远程监督控制管理系统采集施工现场地理位置、运动信息、工作状态和施工进度等信息，实时查询运转记录、设备状况，及时掌握作业情况，进行数据分析、远程监测、故障诊断和技术支持，发现问题采取有效的管理措施，保证施工机械可靠运行和安全运转。如建筑施工用塔式起重机远程监控将运行数据传输到数据库，用户终端计算机登录网站，即可查看实时数据和查询历史数据，以及控制、操作历史资料，计算机界面可以显示日期、时间、载荷、负荷率、幅度、高度、回转角度、吊钩速度、力矩比等工作信息。管理平台可以按照权限进行任意参数查询和超载查询，并对塔机的起重量、载荷比、开关机时间等进行统计分析，实现远程监控。

4. 建立机械设备运行成本的监管系统

燃料、辅油料、维修费用，零配件费用等，是机械设备运行成本的主要组成部分，是评价机械功效指标的主要内容。管理质量直接影响设备性能的正常发挥和企业的经济效益。机械设备运行成本监管系统建立大修和事故记录以及日常保养维修、易损零配件更换，燃料消耗、辅油料更换等记录，利用计算机进行维修性能分析，制订机械维修计划，故障模式影响与危害性分析，进行零部件的寿命分析和经济效益分析，同时有效监管机械设备使用的各类成本，有效降低成本费用，延长设备使用寿命。

（二）信息化推动机械设备科学管理的主要功效

利用现代技术对机械设备进行管理，信息更及时、准确、全面，大幅提高工作效率，也使机械设备管理更科学，经营决策更合理，这是企业推进科学管理的必然要求。

1. 提高机械设备管理的工作效率

计算机强大的信息存储和处理能力可快速地完成日常账表制作、分类、统计、比较等工作，因面提高了工作效率。

2. 提高工作质量和管理水平

计算机对管理工作的标准化、规范化的要求促进管理水平和工作质量的提高。网络技术的应用使管理延伸到现场作业，使企业的各级管理人员随时掌握企业机械设备的利用状况和机械技术状况，建立现场管理的动态反馈机制，有利于机械设备资源的合理利用，有效提高管理工作的科学化水平。

3. 保障作业计划的准确性和科学性

信息化管理对机械设备的技术状态监测和设备剩余使用寿命的预测，有科学的结论，维修保养针对性更强，可间接减少保养维修的次数和工时数，提高机械设备的利用率。

4. 对施工机械使用费直接进行控制

在信息化管理中，所有机械设备作业的记录完整、准确，为机械设备施工作业成本控制提供了量化条件，油料、配件供应和人力资源使用更符合实际需要。

5. 有利于企业和项目的经营投资决策

综合利用机械设备管理数据信息，监控机械的寿命周期和效益成本，为机械设备投资和技术改造提供技术工艺标准和技术经济分析资料，保持最佳的机械设备投资利润率。

第九章　劳务员应具备的基本知识

第一节　劳务员的职责和要求

劳务员是指在建筑工程施工现场从事劳务管理计划制订、劳务人员资格审查与培训、劳动合同与工资管理、劳务纠纷处理等工作的专业人员。

劳务员的主要职责包括劳务管理计划制订、资格审查培训、劳动合同管理、劳务纠纷处理、劳务资料管理五大部分。劳务员的主要工作职责和应具备的专业技能见表9-1，应具备的专业知识见表9-2。

表9-1　劳务员的主要工作职责和应具备的专业技能

分类	主要工作职责	应具备的专业技能
劳务管理计划制订	1. 参与制订劳务管理计划。 2. 参与组建项目劳务管理机构和制定劳务管理制度	能够参与编制劳务需求计划及培训计划
资格审查培训	1. 负责验证劳务分包队伍资质，办理登记备案；参与劳务分包合同签订，对劳务队伍现场施工管理情况进行考核评价。 2. 负责审核劳务人员身份、资格，办理登记备案。 3. 参与组织劳务人员培训	1. 能够验证劳务队伍资质。 2. 能够审验劳务人员身份、职业资格。 3. 能够评审劳务分包合同，对劳务队伍进行综合评价
劳动合同管理	1. 参与或监督劳务人员劳动合同的签订、变更、解除、终止及参加社会保险等工作。 2. 负责或监督劳务人员进出场及用工管理。 3. 负责劳务结算资料的收集整理，参与劳务费的结算。 4. 参与或监督劳务人员工资的支付，负责劳务人员工资公示及台账的建立	1. 能够规范性审查劳动合同。 2. 能够核实劳务分包款、劳务人员工资 3. 能够建立劳务人员个人工资台账
劳务纠纷处理	1. 参与编制、实施劳务纠纷应急预案。 2. 参与调解、处理劳务纠纷和工伤事故的善后工作	1. 能够参与编制劳务人员工资纠纷应急预案，并组织实施。 2. 能够参与调解、处理劳资纠纷和工伤事故的善后工作
劳务资料管理	1. 负责编制劳务队伍和劳务人员管理资料。 2. 负责汇总、整理、移交劳务管理资料	能够编制、收集、整理劳务管理资料

表 9-2　劳务员应具备的专业知识

分类	专业知识
通用知识	1. 熟悉国家工程建设相关法律法规。 2. 了解工程材料的基本知识。 3. 了解施工图识读的基本知识。 4. 了解工程施工工艺和方法。 5. 熟悉工程项目管理的基本知识
基础知识	1. 熟悉流动人口管理和劳动保护的相关规定。 2. 掌握信访工作的基本知识。 3. 了解人力资源开发及管理的基本知识。 4. 了解财务管理的基本知识
岗位知识	1. 熟悉与本岗位相关的标准和管理规定。 2. 熟悉劳务需求的统计计算方法和劳动定额的基本知识。 3. 掌握建筑劳务分包管理、劳动合同、工资支付和权益保护的基本知识。 4. 掌握劳务纠纷常见形式、调解程序和方法。 5. 了解社会保险的基本知识

下面对劳务员的部分职责进行解释。

劳务管理计划的制订、组建项目劳务管理机构、制定劳务管理制度等工作，一般由项目经理组织，劳务员等各有关管理人员参与。

劳务资格审查主要包括劳务企业资质审查和劳务人员职业资格审查。审查具体要求参见住房和城乡建设部有关规定。具体工作一般由项目经理主持，劳务员等各有关管理人员参与。

劳动合同管理在工程项目中有两种情况：对劳务分包队伍的管理和对自有劳务人员的管理。因此对劳务分包队伍行使监督职责，对自有劳务人员则直接负责。劳务费的结算分劳务分包费结算和劳务工人工资结算两种情况。一般由项目经理组织，劳务员等各有关管理人员参与。

劳务纠纷处理包括两项主要工作：一是制定劳务纠纷应急预案，一般由企业相关部门编制总纲要，项目经理组织对预案进行细化和责任分工，并组织实施；二是调解、处理劳务纠纷和工伤事故的善后工作，根据情况的严重程度由企业或项目经理组织有关人员处理，劳务员协助。

第二节　劳动合同管理

一、劳动合同

根据《中华人民共和国劳动法》(简称《劳动法》)第 16 条，劳动合同是劳动者与用人单位之间确立劳动关系、明确双方权利和义务的协议。根据这个协议，劳动者加入企业、个体经济组织、事业组织、国家机关、社会团体等用人单位，成为该单位的一员，承担一定的工种、岗位或职务工作，并遵守所在单位的内部劳动规则和其他规章制度；用人单位应及时安排被录用劳动者工作，按照劳动者提供劳动的数量和质量支付劳动报酬，并且根据劳动法律、法规规定和劳动合同提供必要的劳动条件，保证劳动者享有劳动保护及社会保险、福利等权利和待遇。

《中华人民共和国劳动合同法》（简称《劳动合同法》）第12条规定：按照合同期限的不同可将劳动合同分为固定期限、无固定期限和以完成一定的工作为期限的劳动合同。劳动合同的订立、变更、终止和解除的相关规定参见《劳动合同法》相关条文。

二、劳务用工实名制管理

建筑工人实名制是指建筑企业通过单位和施工现场对签订劳动合同的建筑工人按真实身份信息对其从业记录、培训情况、职业技能、工作水平和权益保障等进行综合管理的制度。2019年2月17日，中华人民共和国住房和城乡建设部和人力资源社会保障部共同印发《关于印发建筑工人实名制管理办法（试行）的通知》。全国建筑工人管理服务信息平台标准化服务接口的开通执行，从而使得建筑工人信息在企业与政府、企业与企业之间产生对接。

劳务实名制管理是劳务管理的一项基础工作。实行劳务实名制管理，使总包对劳务分包人数清、情况明、人员对号、调配有序，从而促进劳务企业合法用工，切实维护农民工权益，调动农民工积极性，实施劳务精细化管理，增强企业核心竞争力。

（一）实行劳务用工实名制的意义

（1）实行劳务实名制管理，督促劳务企业、劳务人员依法签订劳动合同，明确双方权利和义务，规范双方履约行为，使劳务用工管理逐步纳入规范有序的轨道，从根本上规避用工风险、减少劳动纠纷、促进企业稳定。

（2）实行劳务实名制管理，掌握劳务人员的技能水平、工作经历，有利于有计划、有针对性地加强对农民工的培训，切实提高他们的知识和技能水平，确保工程质量和安全生产。

（3）实行劳务实名制管理，逐人做好出勤、完成任务的记录，按时支付工资，张榜公示工资支付情况，使总包可以有效监督劳务企业的工资发放。

（4）实行劳务实名制管理，使总包企业了解劳务企业用工人数、工资总额，便于总包企业有效监督劳务企业按时、足额缴纳社会保险费。

（二）管理措施

劳务企业要与劳务人员依法签订书面劳动合同，明确双方权利和义务。应将劳务人员花名册、身份证、劳动合同文本、岗位技能证书复印件报总包方备案，并确保人、册、证、合同、证书相符且统一。人员有变动的要及时变动花名册，并向总包方办理变更备案。无身份证、无劳动合同、无岗位证书的“三无”人员不得进入现场施工。

逐步建立劳务人员入场、继续教育培训档案，记录培训内容、时间、课时、考核结果、取证情况，并注意动态维护，确保资料完整、齐全。项目部要定期检查劳务人员培训档案，了解培训开展情况，并可抽查检验培训效果，劳务人员现场管理实名化。进入现场施工的劳务人员要佩戴工作卡，注明姓名、身份证号、工种、所属分包企业，没有佩戴工作卡的不得进入现场施工。分包企业要根据劳务人员花名册编制出勤表，每日点名考勤，逐人记录工作量完成情况，并定期制定考核表。考勤表、考核表须报总包企业备案。

劳务企业要根据劳务人员花名册按月编制工资台账，记录工资支付时间、支付金额，经本人签字确认后张贴公示。劳务人员工资台账须报总包企业备案。

劳务企业要按照施工所在地政府要求，根据劳务人员花名册为劳务人员投保社会保险，并将缴费收据复印件、缴费名单报总包企业备案。

（三）利用IC卡实现实名制管理的方法

目前，劳务实名制管理手段主要有手工台账、Excel表和IC卡。使用IC卡进行实名制管理，将科技手段引入项目管理中，能够充分体现总承包单位的项目管理水平。因此，有条件的项目应逐步推行使用IC卡进行项目实名制管理。

IC卡可实现如下管理功能：

（1）人员信息管理：劳务企业将劳务人员基本身份信息、培训、继续教育信息等录入IC卡，便于保存和查询。

（2）工资管理：劳务企业按月将劳务人员的工资通过银行存入个人管理卡，劳务人员使用管理卡可就近在ATM机支取现金，查询余额，也可异地支取。

（3）考勤管理：在施工现场进出口通道安装打卡机，劳务人员进出施工现场进行打卡，打卡机记录出勤状况，项目劳务管理员通过采集卡对打卡机的考勤记录进行采集并打印，作为考勤的原始资料存档备查，另作为公示资料进行公示，使每一个劳务人员知道自己在本期内的出勤情况。

（4）门禁管理：作为劳务人员准许出入项目施工区、生活区的管理系统。

第三节　建筑劳务计划

一、劳动定额基本知识

（一）劳动定额基本原理

1. 劳动定额的概念及表现形式

（1）劳动定额的概念

劳动定额是指在正常的生产技术和生产组织条件下，为完成单位合格产品所规定的劳动消耗标准。

（2）劳动定额的表现形式

劳动定额按其表现形式不同分为时间定额和产量定额。

① 时间定额。时间定额也称为工时定额，是指在一定的生产技术和生产组织条件下，某工种、某种技术等级的小组或个人，完成符合质量要求的单位产品所需工作时间。必需的工作时间包括基本工作时间、辅助工作时间、准备与结束工作时间、必须休息时间以及不可避免的工作时间。

时间定额以工日为单位，每个工日工作时间按现行制度规定为8个小时。其计算方法如下：

单位产品时间定额（工日）＝1/每日产量

或

单位产品时间定额（工日）＝小组成员工日数的总和/台班产量

② 产量定额。产量定额是指在一定的生产技术和生产组织条件下，某工种、某种技术等级的工人小组或个人在单位时间内（工日）应完成合格产品的数量。其计算方法如下：

每工产量＝1/单位产品时间定额（工日）

或

台班产量＝小组成员工日数的总和/单位产品的时间定额(工日)

时间定额与产量定额互为倒数,成反比例关系:

时间定额×产量定额＝1

③ 劳动定额实例。按定额标定的对象不同,劳动定额又分为单项工序定额、综合定额,表示完成产品中的各单项(工序或工种)定额的综合。按供需综合的用“综合”表示,见表 9-3,按工种总和的一般“合计”表示,计算方法如下:

综合实践定额(工日)＝各单项(工序)时间定额的总和

综合产量定额＝1/综合实践定额(工日)

表 9-3 砖基础砌体劳动定额 单位:m^3

项目		砖基础深在 1.5 m 以内			序号
		厚度			
		1 砖	1.5 砖	2 砖及 2 砖以上	
综合	时间定额/产量定额	0.89/1.12	0.86/1.16	0.833/1.2	一
砖	时间定额/产量定额	0.37/2.7	0.336/2.98	0.309/3.24	二
运输	时间定额/产量定额	0.427/2.34	0.427/2.34	0.427/2.34	三
调制砂浆	时间定额/产量定额	0.093/10.8	0.097/10.3	0.097/10.3	四
编号		1	2	3	

注:工作内容为清理地槽,砌垛、角,抹防潮层砂浆等。

例如:砌 1 立方米 1.5 砖基础综合需 0.86 工日,是由砌砖、运输、调制砂浆三个工序的时间定额之和得到的。

0.336＋0.427＋0.097＝0.86 (工日)

其综合产量定额＝1/0.86＝1.16 (立方米)

即工日综合可砌 1.16 立方米 1.5 砖基础。

表 9-3 摘自《全国建筑安装工程统一劳动定额》第四分册砖石工程的砖基础。

2. *劳动定额的应用*

时间定额和劳动定额虽然是同一劳动定额的不同表现形式,但是它们的作用有所不同。

时间定额用单位产品的工日数表示,便于计算完成某一分部(项)工程所需的总工日数,便于核算工资、编制施工进度和计算分项工程的工期;产量定额用单位时间内完成合格产品的数量表示,便于施工小组分配任务,考核工人的劳动效率和签发施工任务单。

(二) *劳动定额的制定方法*

编制劳动定额常用的方法有四种,即比较类推法、经验估计法、统计分析法和技术测定法,如图 9-1 所示。

1. 比较类推法

比较类推法也称为典型定额法。它是以同类型工序、同类型产品定额典型项目的水平或技术测定的实际消耗工时为基准,经过分析比较,以此类推同一组定额中相邻项目定额的一种方法。

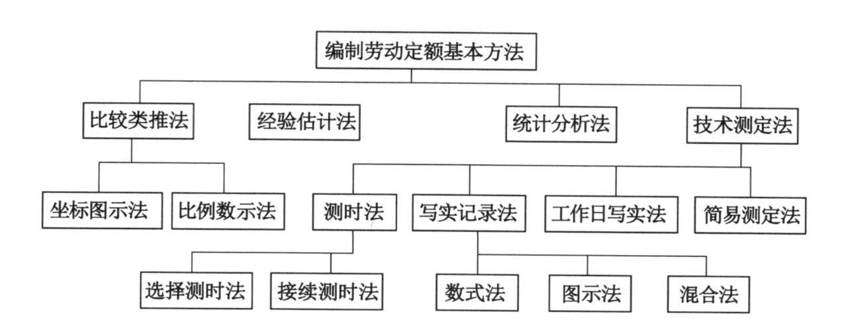

图 9-1　编制劳动定额的方法

采用这种方法编制定额时，对典型定额的选择必须恰当，通常采用主要项目和常用项目作为典型定额比较类推。用来对比的工序、产品的施工(生产)工艺和劳动组织的特征，必须是“类似”或“近似”的，各种影响因素也“相似”，具有可比性，这样可以提高定额的准确性。

这种方法简便、工作量小，适用于产品规格多、工序重复、工作量小的施工(生产)过程。比较类推法常用的方法有两种。

(1) 比例数示法

比例数示法是在选择典型定额项目后，经过技术测定或统计资料确定其定额水平，以及与相邻项目的比例关系，再根据比例关系计算得出同一组定额中其余相邻项目水平的方法。例如挖地槽、地沟的时间定额水平的确定就采用了这种方法，见表 9-4。

表 9-4　挖地槽、地沟时间定额确定表　　单位：工日/m^3

项目	各类土开挖工日比例关系	挖地、地沟在 1.5 m 以内		
		上口宽度 0.8 m 以内	上口宽度 1.5 m 以内	上口宽度 3 m 以内
一类土	1.00	0.167	0.144	0.133
二类土	1.43	0.233	0.205	0.120
三类土	2.50	0.417	0.357	0.338
四类土	3.76	0.620	0.538	0.500

(2) 坐标图示法

坐标图示法以横坐标表示影响因素值的变化，以纵坐标表示产量或工时消耗的变化。选择一组同类型的典型定额项目(一般为四项)，并且技术测定或统计资料确定各典型定额项目的水平，在坐标图上用“点”表示，连接各点形成一条曲线，即影响因素与工时(产量)之间的变化关系，从曲线上可找出所需的全部项目的定额水平。

2. 经验估计法

经验估计法是根据有经验的工人、施工技术人员和定额员的实践经验，并参照有关技术资料，结合施工图纸、施工工艺、施工技术组织条件和操作方法等进行调查、讨论和分析制定定额的方法。

该方法技术简单，工作量少，速度快，但人为因素较多，准确性较低。

3. 统计分析法

统计分析法是将过去一定时期内实际施工中的同类工程或生产同类产品的实际工时消

耗和产量的统计资料(如施工任务书、考勤报表和其他有关统计资料),经过整理,与当前生产技术组织条件的变化结合起来,进行分析研究制定定额的方法。统计资料应真实、系统且完整,并且能够代表平均先进水平的地区、企业、施工队伍的情况。统计分析法简单易行,工作量小,较经验估计法有较多的原始资料,更能反映实际施工水平。统计分析法适合于施工(生产)条件正常、产品稳定、批量大、统计工作制度健全的施工(生产)过程。

4. 技术测定法

技术测定法是以现场观测为特征,以各种不同的技术方法为手段,通过对施工过程中的具体活动进行实地观察,详细记录施工过程中工人和机械的工作时间消耗、完成产品的数量及有关影响因素,并整理记录;通过客观分析各种因素对产品工作时间的影响,在取舍的基础上获得可靠的数据资料,然后对测定的资料进行整理、分析、计算制定定额的一种方法。

(1) 测时法

测时法主要用来观察研究施工过程中某些重复的循环工作的工时消耗,主要适用于施工机械,可为制定劳动定额提供单位产品所必需的基本工作时间的技术数据。按使用秒表和记录时间的方法不同,测时法又分为选择测时法和持续测时法两种。

选择测时法又称为间隔测时法或重点计时法,不是连续地测定施工过程中全部循环工作的组成部分,而是将完成产品的各个工序一一分开,有选择地对各工序的工时消耗进行测定;经过若干次选择测时后,直到填满表格中规定的测时次数,完成各个组成部分全部测试工程为止。选择测时法主要用于测定工时消耗不长的循环操作过程,比较容易掌握,使用范围比较广泛,缺点是测定起始和结束点时容易产生读数偏差。

连续测时法又称为接续测时法,是对完成产品的循环施工过程的组成部分进行不间断的连续测定,不能遗漏任何一个循环的组成部分。连续测时法所测定的时间包括施工过程中的全部循环时间,因此保证了所得结果具有较高的精确度。连续测时法在观察技术上要求较高,秒针走动过程中,观测者应根据各组成部分之间的定时点记录其终止时间。在测时过程中,应注意随时记录对组成部分的延续时间有影响的施工因素,以便于整理测时数据时分析研究。

(2) 写实记录法

写实记录法是研究各种性质的工作时间消耗的方法。通过对基本工作时间、辅助工作时间、不可避免的中断时间、准备与结束时间、休息时间以及各种损失时间的写实记录,可以获得分析工时消耗和制定定额的全部资料。观察方法比较简便,易掌握,并能保证必需的精度,在实际工作中得到广泛应用。

按记录时间的方法不同分为数示法、图示法和混合法三种。

(3) 工作日写实法

工作日写实法是对工人在整个工作班组内的全部工时利用情况,按照时间消耗的顺序进行实地考察、记录和分析研究的一种测定方法。根据工作日写实的记录资料,可以分析哪些工时消耗是合理的和哪些工时消耗是无效的,并找出工时损失的原因,拟定措施,消除引起工时损失的因素,从而进一步提高劳动生产率。因此,工作日写实法是一种应用广泛且行之有效的方法。

(4) 简易测定法

简易测定法是指采用前述三种方法中的某一种方法在现场观察时,将观察的组成部分简化，只测定组成时间中的某一种定额时间，如基本工作时间（含辅助时间）；然后借助“工时消耗规范”计算得出所需数据的一种简易方法。简易测定法是简化技术测定的方法，但仍保持现场实地观察记录的基本原则。该方法简便、容易掌握、速度快，省去了技术测定前的诸多准备工作，简化了现场取得资料的过程，节省了人力和时间。缺点是不适合用来测定全部工时消耗。企业编制补充定额时常采用这种方法。其计算公式为：

定额时间＝基本工作时间/(1－规范时间占工时消耗百分比)

式中，基本工作时间可用简易测定法获得。规范时间可查“定额工时消耗规范”。

总之以上四种测定方法，可以根据施工过程的特点以及测定的目的分别选用。但应遵循的基本程序是：预先研究施工过程，拟定施工过程的技术组织条件，选择观察对象，进行计时观察，拟订和编订定额。同时还应注意与比较类推法、统计分析法、经验估计法结合使用。

（三）工作时间的界定

工人在工作班内消耗的工作时间，按其消耗的性质可以分为两大类：必须消耗的时间（定额时间）和损失时间（非定额时间）。

必须消耗的时间是指工人在正常施工的条件下，为完成一定产品（工作任务）所消耗的时间，是制定定额的主要依据。必须消耗的时间包括有效工作时间、不可避免的中断时间和休息时间。

有效工作时间是从生产效果来看，与产品生产直接有关的时间消耗，包括基本工作时间、辅助工作时间、准备和结束工作时间。

基本工作时间是工人完成基本工作所消耗的时间，也就是完成生产一定产品的施工工艺过程所消耗的时间。基本工作时间与工作量成正比。

辅助工作时间是为保证基本工作能顺利完成所做的辅助性工作消耗的时间。例如：工作过程中工具的矫正和小修、机械的调整、搭设小型脚手架等所消耗的工作时间。辅助工作时间与工作量有关。

准备和结束工作时间是指执行任务前或任务完成后所消耗的工作时间，例如：工作地点、劳动工具和劳动对象的准备工作时间，工作结束后的调整工作时间等。准备和结束工作时间与所负担的工作量无关，但与工作内容有关。这项时间消耗可分为班内的准备、结束工作时间和任务的准备、结束工作时间。

不可避免的中断所消耗的时间是由于施工工艺特点引起的工作中断所消耗的时间，例如：汽车司机在汽车装卸货时消耗的时间。与施工过程、工艺特点有关的工作中断时间，包括在定额时间内；与工艺特点无关的工作中断所占用的时间，是由于不合理引起的，属于损失时间，不能计入定额时间。

休息时间是指工人在工作过程中为恢复体力所必需的短暂休息和生理需要的时间消耗，在定额时间中必须进行计算。

损失时间是指与产品生产无关，而与施工组织和技术上的缺点有关，与工作过程中个人过失或某些偶然因素有关的时间消耗。损失时间包括多余和偶然工作、停工、违背劳动纪律所引起的工时损失。

多余工作是指工人进行了任务以外的工作而又不能增加产品数量的工作，例如：重砌质量不合格的墙体，对已磨光的水磨石进行多余的磨光等。多余工作的工时损失不应计入定额时间中。偶然工作也是工人在完成任务以外进行的工作，但能够获得一定的产品，如电工铺设电缆时需要临时在墙上开洞，抹灰工不得不补上偶然遗留的墙洞等。在拟订定额时，可适当考虑偶然工作时间的影响。

停工时间可以分为施工本身造成的停工时间和非施工本身造成的停工时间。施工本身造成的停工时间，是施工组织不善、材料供应不及时、工作面准备工作做得不好、工作地点组织不良等情况引起的停工时间。非施工本身造成的停工时间，是由于气候条件、水源、电源中断引起的停工时间，后一类停工时间在定额中可以适当考虑。违背劳动纪律造成的工作时间损失，是指工人在工作班开始和午休后迟到，午饭前和工作班结束前的早退，擅自离开工作岗位，工作时间内聊天等造成的工时损失。该类时间在定额中不予考虑。

工人工作时间分类如图 9-2 所示。

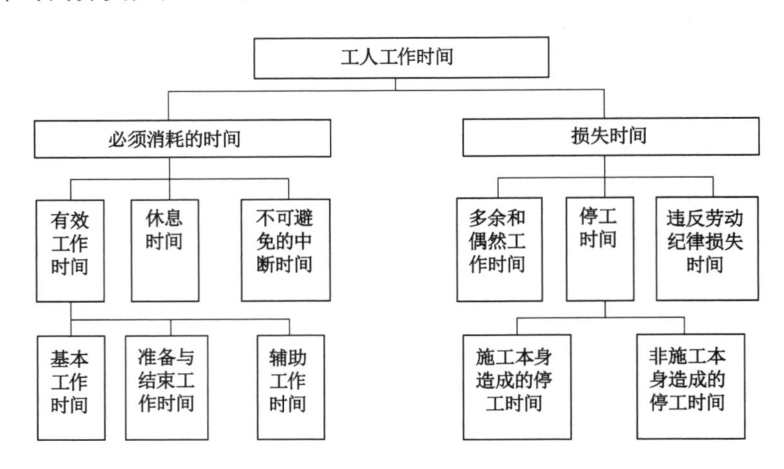

图 9-2　工人工作时间分类

二、劳动力需求计划

（一）劳动力需求计划的编制原则和要求

1. 劳动力需求计划的编制原则

（1）劳务需求计划应以劳务定额为依据。

（2）劳务需求计划应围绕项目的施工组织设计中工程项目的开工日期、施工部位及工程量，计算具体劳务需求的各工种的人员数量。

（3）符合项目实施过程中进度计划变化的要求。

（4）控制人工成本，实现劳动力资源的优化配置。

（5）优先选用本单位劳动力，本单位劳动力不足时再考虑外部劳动力。

（6）根据企业需要选择专业分包和劳务分包队伍，提供合格劳动力，保证工程进度、工程质量、安全生产。

（7）根据国家及地方的法律法规对分包企业的履约和用工行为实施监督管理。

2. 劳动力需求计划的编制要求

（1）要保持劳动力均衡使用。劳动力使用不均衡，不仅会给劳动力调配带来困难，还会出现过多、过大的需求高峰，增加了劳动力的管理成本，还会带来住宿、交通、饮食、工具等方面的问题。

（2）根据工程的实物量和定额标准分析劳动需用总工日，根据施工组织设计和进度计划确定各个阶段生产工人的数量和各工种人员数量之间的比例，以便对劳务人员进行组织、培训，以保证现场施工的劳动力的有效使用。

(3) 要准确计算工程量。劳动力管理计划的编制质量，不仅与计算的工程量的准确程度有关，还与工期计划合理性有直接关系。工程量越准确，工期越合理，劳动力使用计划越准确。

(二) 劳动力总量需求计划的编制

劳动力的需求，工程项目部以表格的形式向公司劳务主管部门申报。在表格的形式上，国家及行业无统一限制，各企业可根据自身需要制定。内容一般包括各作业工种的人数和使用期限(以表 9-5 为例)。如何确定内容是编制此表的关键。

表 9-5　劳动力需求计划表

	1月	2月	3月	4月	…	1月	2月	3月	4月	…
工种 1										
工种 2										
工种 3										
工种 4										

1. 劳动力总需求计划的编制程序

确定建筑工程项目劳动力的需求量，是劳动力管理计划的重要组成部分，不仅决定了劳动力的需求计划，而且直接影响其他管理计划的编制。

劳动力需求计划的编制程序如下：

(1) 确定劳动效率

确定劳动力的劳动效率是编制劳动力需求计划的前提。只有确定了劳动力的劳动效率，才能制订科学、合理的计划。在建筑工程施工中，劳动效率通常用“产量/单位时间”或“工程消耗量/单位工作量”来表示。

在一个工程中，分部分项工程量一般是确定的，可以通过图纸和工程量清单的规范计算得到，而劳动效率的确定比较复杂。在建筑工程中，劳动效率可以在《建设工程劳动定额》中直接查得，代表社会平均先进水平的劳动效率。但是在实际应用时，必须考虑具体情况，如环境、气候、地形、地质、工程特点、实施方案的特点、现场平面布置、劳动组合、施工机具等，进行合理调整。

(2) 确定劳动力投入量

劳动力投入量也称为劳动组合投入强度，在劳动力投入总工时一定的情况下，假设在持续的时间内劳动力持续强度相等，而且劳动效率也相等，在确定的每日班次的劳动时间时可计算。

劳动投入量＝劳动力投入总工时/(班次/日)×活动持续时间
＝工程量×工时消耗量×单位工程量/(班次/日)×
工时/班次×活动持续时间

(3) 劳动力需求计划的编制

在编制劳动力需求计划时，由于工程量、劳动力投入量、持续时间、班次、劳动效率在每班工作时间内存在一定的变量关系，因此，在计划中要注意它们之间的相互调节。

在工程项目中经常安排混合班组承担一些工作任务，此时要考虑整体劳动效率，还要考虑设备能力的制约，以及与其他班组工作的协调。劳动力需求计划还包括对现场其他人员的使用计划，如为劳动力服务的人员（如厨师、司机等）、工地警卫、勤杂人员、工地管理人员等，可根据劳动投入量计划按比例计算，或根据现场实际需要安排。

2. 劳动力总需求计划的编制方法

(1) 经验比较法

与已完成的同类或类似的项目进行比较计算。可利用产值人工系数或投资人工系数来比较计算，在资料比较少的情况下，一般在仅具有施工方案和生产规模的资料时才使用这种方法。

(2) 分项综合系数法

利用实物工程量中的综合人工系数计算总工日。例如：机械挖土方，平时定额为 0.2 工时/立方米，10 000 立方米则需要 0.2×10 000 工时＝2 000 工时；设备安装，大型压缩机安装为 20 工时/吨，若压缩机 30 吨，则需要 20×30 工时＝600 工时。同样可以计算出各分项工程所需工时数，再将所有分项工程所需的同工种工时数进行累加，就得到各工种的总工时数。

(3) 概算定额法

用概（预）算中的人工含量计算劳动力需求总量。这种方法在投标文件的施工组织设计中被广泛采用。因此在施工准备阶段编制劳动力总需求计划时，可以直接使用施工组织设计中的数据（工人、人数、期限等）。但要根据中标工程的实际情况进行核对。由于该方法简单、快捷，因此在工程实践中广泛应用，但是其准确性很大程度上取决于施工组织设计的准确性。

(4) 公式法

公式法是指将上述三种方法进行综合，并根据实际要求利用公式计算相应参数的一种方法。表 9-5 所示表格，是实践中较常见的一种，适用于项目部向公司劳务主管部门申报用表，不适于公司层面使用。公司用表要有汇总、平衡、缺口等要求，且侧重点也可能不同。利用公式法进行计算的公式如下：

① 平均人数计算。

平均人数＝用工所需日历工日数÷月度日历日数

② 计划平均人数、计划工资总额和计划实际用工的计算。

计划平均人数＝计划用工总日数÷计划工期天数

计划工资总额＝计划用工总日数×工日单价

计划实际用工＝计划用工总日数÷计划劳动生产率指数

③ 计划工人劳动生产率、计划工资总额和计划平均工资的计算。

计划工人劳动生产率＝计划施工产值÷计划平均人数

计划工资总额＝计划施工产值×百元产值系数

计划平均工资＝计划工资总额÷计划平均人数

④ 劳动定额完成情况指标的计算。

劳动定额完成情况指标是指完成定额工日与实用工日（即全部作业工日数）之比值，比值越高，定额完成情况越好。完成定额工日是指本期完成的实际验收工程量按劳动定额计算的所需定额工日数。

$$完成定额工日数 = \sum(完成工作量 \times 劳动定额)$$

$$劳动定额完成程度=完成定额工日数 \div 全部作业工日数 \times 100\%$$

（三）劳务用工需求的编制表格

1. 劳务用工需求计划的主要内容

劳务用工需求计划的内容主要包括以下两部分：

(1) 项目部劳动力计划的主要内容

① 根据企业(项目)工程组织设计的开工、竣工时间和具体施工部位及工程量，安排所需劳务企业或施工队伍。

② 按工期进度要求和实际劳务需求，编制工程施工部位劳务需求计划表。

③ 根据劳务净需求的新增部分，制订具体的补充或调剂计划。

④ 劳务净需求涉及引进新的劳务企业或施工队伍时，劳务需求计划应包括：a. 引进劳务企业或施工队伍的资质类别、等级、规模以及引进的渠道，资质审核、在施工考察、劳务分包招投标、分包合同签订、分包合同及分包劳务人员备案等具体内容。b. 引进企业或施工队伍进场的具体时间以及入场安全教育培训和住宿管理等内容。

(2) 公司劳动力需求计划的主要内容

总承包企业的劳务主管部门应根据本公司生产部门的年度、季度、月度生产计划制定劳动力招用、管理和储备的计划草案，汇总本公司各项目部计划需求后形成公司的《劳务管理工作计划表》予以实施，并根据现场生产需要进行动态调整。

2. 劳务用工需求计划表

表 9-6 是某企业劳务用工需求计划表。表 9-7 是某企业年度建筑施工企业劳动力供应保障月报表。

表 9-6　某企业劳务用工需求计划表

序号	项目工程名称	需求队伍类型	需求时限	需求队伍人数	落实人数	缺口人数	解决途径
1							
2							
3							
⋮							
合计							

表 9-7　某企业年度建筑施工企业劳动力供应保障月报表

<table>
<tr><th rowspan="3">序号</th><th rowspan="3">项目名称</th><th colspan="14">__年 1～__月施工总产值及劳动力情况</th><th colspan="3">__年__月
劳动缺口数</th><th colspan="2">是否申请调剂解决，
方式为：__</th></tr>
<tr><th colspan="3">工程项目（项）</th><th colspan="3">开复工面积（万 m²）</th><th rowspan="2">竣工项目（项）</th><th rowspan="2">竣工面积/m²</th><th colspan="3">施工总产值/万元</th><th rowspan="2">分包企业数</th><th colspan="2">人数</th><th rowspan="2">人数</th><th rowspan="2">短暂工种名称</th><th rowspan="2">短暂工种人数</th><th rowspan="2">希望推荐当地劳务企业调剂确定（是/否）</th><th rowspan="2">希望与劳务基地联系确定（是/否）</th></tr>
<tr><th>小计</th><th>结转</th><th>新开</th><th>小计</th><th>结转</th><th>新开</th><th>小计</th><th>结转</th><th>新开</th><th>计划数</th><th>已落实</th></tr>
<tr><td></td><td></td><td></td><td></td><td></td><td></td><td></td><td></td><td></td><td></td><td></td><td></td><td></td><td></td><td></td><td></td><td></td><td></td><td></td><td></td><td></td></tr>
<tr><td></td><td></td><td></td><td></td><td></td><td></td><td></td><td></td><td></td><td></td><td></td><td></td><td></td><td></td><td></td><td></td><td></td><td></td><td></td><td></td><td></td></tr>
<tr><td></td><td></td><td></td><td></td><td></td><td></td><td></td><td></td><td></td><td></td><td></td><td></td><td></td><td></td><td></td><td></td><td></td><td></td><td></td><td></td><td></td></tr>
<tr><td></td><td></td><td></td><td></td><td></td><td></td><td></td><td></td><td></td><td></td><td></td><td></td><td></td><td></td><td></td><td></td><td></td><td></td><td></td><td></td><td></td></tr>
<tr><td></td><td></td><td></td><td></td><td></td><td></td><td></td><td></td><td></td><td></td><td></td><td></td><td></td><td></td><td></td><td></td><td></td><td></td><td></td><td></td><td></td></tr>
<tr><td></td><td></td><td></td><td></td><td></td><td></td><td></td><td></td><td></td><td></td><td></td><td></td><td></td><td></td><td></td><td></td><td></td><td></td><td></td><td></td><td></td></tr>
</table>

填报人：　　　　　　　　电话：　　　　　　　　　　　　　　　　　　　填报日期：　　年　月　日

（四）劳动力计划平衡方法

1. 劳动负荷曲线

一个施工项目从准备、实施、竣工各阶段所需要的施工人员（包括各工种工人和管理人员）的数量都不相等，而且时间也不同。根据资源耗用规律，人力需求数量从少到多，逐渐形成相对平稳的高峰，然后逐渐减少。这一规律可用函数 $f(x)$ 表示，这种函数曲线所描述的就是劳动力动员直方图的包络曲线，可称为劳动力负荷曲线，曲线有限点坐标值的表格形成就是劳动力动员计划表。

（1）制定劳动力负荷曲线的原始条件

制定劳动力负荷曲线的原始条件包括：施工项目的工程范围、工作规范、工程设计、施工图设计；施工项目所在地区的环境条件：项目的分部、分项工程量；项目总体施工统筹计划；设备、材料的交货方式、交货时间、供货状态等。这些条件在施工准备阶段往往不可能完全具备，因此要根据所掌握的资料运用不同的方法制定劳动力负荷曲线。

（2）劳动力负荷曲线的绘制方法

① 类比法。分析已积累的各种类型项目不同规模时的劳动力计划和实际耗用劳动力的高峰系数、高峰持续系数、平均系数、高峰期人数以及各工种的数据等。剔除虚假数据，列出实施项目与类比项目间的差异，计算出类比系数，如规模系数、投资比例系数、建设成本估算值比例系数。根据计算得到的类比系数，结合实际经验进行修正，绘制劳动力动员直方图和劳动力负荷曲线，如图 9-3 和图 9-4 所示。

② 标准（典型）曲线法。当绘制企业各项目劳动力负荷曲线数据不足时，可以采用该方法，即套用已有的同类项目劳动力负荷曲线，根据现有项目情况加以修正。

2. 劳动力计划平衡

劳动力计划平衡是公司劳务管理部门，根据各项目部申报的劳动力需求计划进行汇总后所进行的一项工作。该项工作类似于材料需求计划中的平衡库存，即对于自有劳动力的企业，优先使用自有劳动力，对于有长期合同的合格分包方也可以优先采用，用总量减去平

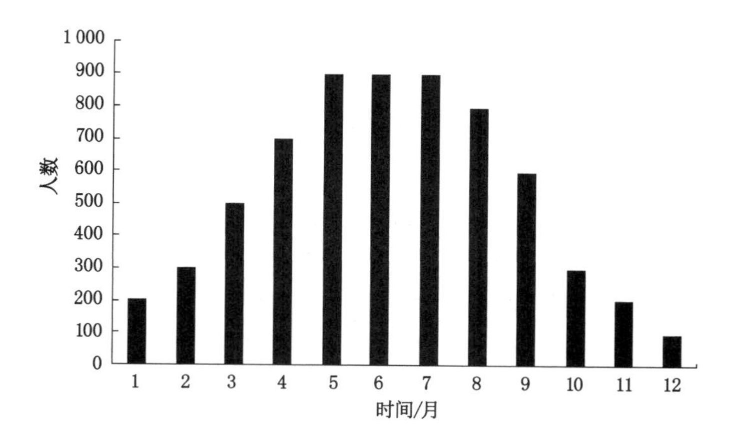

图 9-3　劳动力动员直方图

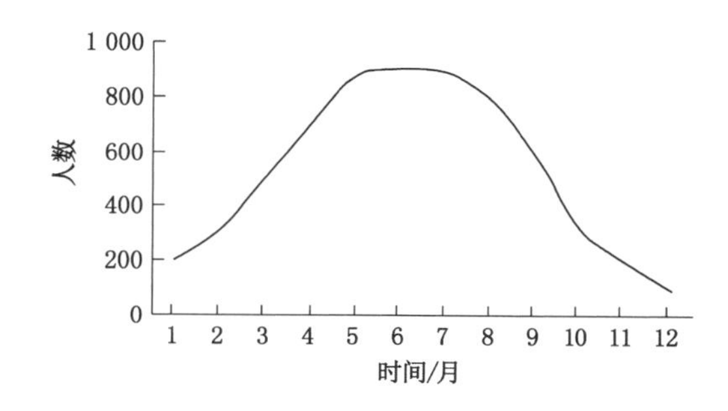

图 9-4　劳动力负荷曲线

衡量，就得到缺口量，通过公开招标或议标等形式解决缺口量。

要使劳动力计划平衡，应注意以下几个方面：

(1) 劳动力计划要具体反映各月、各工种的需求人数，计划逐月累计投入的总人数、高峰人数、高峰持续时间、高峰系数、总施工周期。

(2) 劳动力计划要编制企业按月需求的各种总计划人数，分施工项目的月度、季度计划使用劳动力总人数等。

(3) 劳动力计划一般用表格的形式表达。其制定方法与劳动力需求总量计划直方图基本相同，只是按工种分别计算，汇总制表。具体形式可参见表 9-6。

三、劳务管理计划的编制

(一) 劳务管理计划的含义与内容

1. 劳务管理计划的含义

劳务管理计划是指企业劳务管理人员根据企业自身施工需要和劳动力市场供求状况所制定的，从数量和质量方面确保工程进度和工程质量所需劳动力的筛选、引进以及管理的计划。

2. 劳动管理计划的内容

施工企业制订劳动管理计划应围绕国家、地方相关部门对施工企业及劳务分包的管理规定和企业(项目)的施工组织设计要求,从而制订具体工程项目所需劳动力的审核、筛选、组织、培训以及日常监督管理计划,其计划内容见表9-8。

表9-8 劳动管理计划内容表

内容	备注
人员的配备计划	根据工程项目的开、竣工日期和施工部位及工程量,拟定具体施工作业工种、人员数量,以及筛选、组织劳动力进场或调剂的具体时间、渠道和措施
教育培训计划	对项目施工人员进行安全、质量和文明施工教育
考核计划	对分包企业的分包合同的履约情况、管理制度的建立健全及执行情况、劳动合同签约情况以及劳务人员的工资发放情况等劳动用工行为的考核办法和措施
应急预案	施工现场劳动力短缺、停工待料、劳动纠纷等突发事件处理的应急预案

(二)劳务管理计划的过程与措施

1. 劳务管理计划的流程

劳务管理计划流程图如图9-5所示。

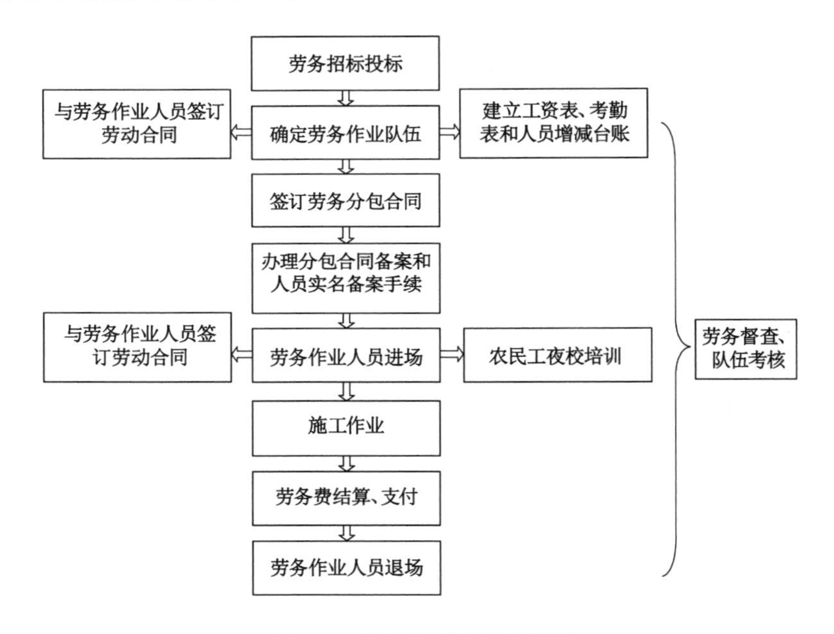

图9-5 劳务管理计划流程图

2. 劳务管理计划的过程和实施

劳务管理计划的过程包含劳务分包招标投标、新作业队伍引进、合同签订及备案、企业资格准入审验、劳动力管理、劳务费结算支付、劳务管理统计分析、劳务督察。通过实施劳务管理计划,看是否完成以下劳务管理计划:

(1)通过劳务管理计划的实施,掌握企业用工需求变化,合理组织和调剂工程所需劳务队伍,确定劳务队伍和施工作业人员引进渠道和进退场时间,在施工作业人员的数量和质量上为企业实现预定目标提供保证。

(2) 通过劳务管理计划的实施，使劳务队伍的审核、考察以及进场的教育培训和生活后勤管理工作更具有针对性。

(3) 通过劳务管理计划的实施，使劳务队伍的日常劳务管理工作更规范。

四、劳务人员培训计划的编制

(一) 劳务人员培训计划的编制

劳务人员培训计划是指从企业的发展战略出发，在全面、客观地分析培训需求的基础上对培训时间、培训地点、培训者、培训对象、培训方式以及培训内容等进行预先系统设置。

1. 劳务人员培训计划的编制原则

劳务人员培训计划的编制是一个复杂的系统工程，有许多因素需要考虑。这些因素直接影响培训计划的质量和效果。编制培训计划的基本原则见表 9-9。

表 9-9　劳务培训计划基本原则

原则	内　容
注重全面与系统性原则	1. 全员性。一方面全员都是受训者，另一方面全员都是培训者。 2. 全方位性。全方位性主要体现在培训的内容丰富宽广，满足不同层次人员的需求。 3. 全程性。企业的培训贯穿员工整个职业生涯
理论与实践相结合的原则	1. 符合企业培训目的。培训的根本目的是为了提高广大员工在生产中解决具体问题的能力，从而提高企业的效益。 2. 发挥学员学习的主观能动性。理论与实践相结合的原则，要求积极发挥学员的主观能动性，强调学员的参与和合作
培训与提高相结合的原则	1. 培训与提高相结合。全员培训就是有计划、有步骤地对在职的各类人员进行培训，这是提高员工素质的必由之路。 2. 组织培训和自我提高相结合。在个人成长环境中，组织和个人的因素都是相当重要的
人格素质培训与专业素质培训相结合原则	1. 从培训的三个方面内容——知识、技能和态度来看，三者必须兼备，缺一不可。 2. 从培训的难易程度来看，态度的培训更困难。 3. 员工的态度影响培训效果。 总之，在培训中应将人格素质的训练融入知识技能的学习中，而不是与现实脱节，甚至成为形式主义
人员培训与企业战略文化相适应原则	1. 培训应服务于企业的总体战略。 2. 培训应有助于优秀企业文化的塑造和形成。 3. 培训应有助于企业管理工作的有序和优化。 4. 人员培训必须面向市场。 5. 人员培训必须面向时代

2. 劳务人员培训计划的编制内容

培训计划必须满足企业和员工的需求，兼顾企业资源条件和员工素质基础，并充分考虑人才培养的超前性及培训结果的不确定性。不同的企业，培训计划不一样。

通常一个比较完整的培训计划应涵盖的内容见表 9-10。

表 9-10　劳务人员培训计划内容

内容	备注
培训的目标	培训的目标是指培训活动所要达到的目的,从受训者角度进行理解就是指培训活动结束后应该掌握什么内容。培训目标的制订不但对培训活动具有指导意义,而且是培训评估的重要依据。设置培训目标,应包括以下三个要素: 1. 内容要素:企业希望员工做什么事情。 2. 标准要素:企业希望员工以什么样的标准来做这件事。 3. 条件要素:在什么条件下达到这样的标准
培训的内容和对象	培训的内容是指应当进行什么样的培训,而培训的对象是指哪些员工要接受培训,这两项都是培训需要分析的。需要强调的是,为了便于受训人员学习,通常将培训的内容编制成相应的教材。培训的内容不同,教材的形式不同,不论教材的形式如何,都要紧紧围绕培训的内容
培训者	培训者的选择是培训实施过程中一项重要的工作,培训者选择得恰当与否对整个培训活动的效果和质量有着直接影响,优秀的培训者往往都能够使培训工作更富有成效
培训时间	培训时间是指培训在什么时候进行,在培训实施中这是非常重要的一点,通常培训时间的确定要考虑两个因素:一是培训需求,二是受训人员。培训时间确定得科学合理,一方面可以保证满足培训的需求;另一方面也有助于受训人员安心地接受培训,从而保证培训的效果
培训地点和设施	培训地点是指培训要在什么地方进行,培训地点的选择也会影响培训的效果,合适的地点有助于创造有利的培训条件,建立良好的培训环境,从而增强培训的效果。培训的地点选择主要考虑培训方式,应当有利于培训的有效实施。 此外,在培训计划中还应清楚列出培训所需的设备,如座椅、音响、投影仪、屏幕、白板、文具等,准备好相应的设备也是培训顺利实施的一个重要保证
培训方式、方法和费用	在实践中,培训的方式、方法有很多,不同的方法具有不同的特点,企业应当根据自己的具体情况来选择合适的方法。一般情况下,应该根据培训的内容和成人学习的特点来选择相应的培训方法。此外,由于培训都是需要费用的,因此在计划中还需要编制培训预算,这里的培训费用一般只计算直接发生的费用,如培训地点的场租、培训的教材费、培训者的授课费、培训的设备费等。对培训的费用进行预算,既便于获取资金支持以保证培训顺利进行,也是培训评估的依据

(二)劳务培训的主要内容

建筑业务人员教育培训的主要内容见表 9-11。

表 9-11　劳务培训计划的主要内容

内容	备注
安全生产培训	安全生产是安全与生产的统一,其宗旨是安全促进生产,生产必须安全。搞好安全工作,改善劳动条件,可以调动职工的生产积极性;减少职工伤亡,可以减少劳动力的损失;减少财产损失,可以增加企业效益,无疑促进生产发展。而生产必须安全,因为安全是生产的前提条件,没有安全就无法生产
岗位技能培训	主要围绕砌筑工、木工、架子工、钢筋工、混凝土工、抹灰工、建筑油漆工、管道工、电工、电焊 装饰装修工、中小型建筑机械操作工等建筑业主要工种开展

表 9-11(续)

内容	备注
新工艺、新工法和施工技术专题培训	
普法维权培训	包括以下主要内容： 1.《中华人民共和国劳动合同法》相关法律知识； 2. 劳务分包合同知识； 3. 房屋建筑与市政基础设施工程劳务管理； 4. 农民工应当掌握的保障工资收入与取得经济补偿的相关法律知识； 5. 女职工和未成年工特殊保护权益； 6. 务工人员发生工伤如何维护合法权益； 7. 务工人员获得法律援助的办法和途径
城市生活常识培训	1. 交通安全知识； 2. 生活安全知识； 3. 文明礼仪常识； 4. 发生违反治安法规行为，影响社会和谐稳定的有关处罚规定

其中，岗位操作技能训练可依托施工现场根据生产实际组织进行。

（三）培训的主要形式

建筑业务人员教育培训的形式主要有以下几种：

（1）入场教育和日常现场教育。

（2）农民工夜校。

（3）开展岗位技能练兵、岗位技能大赛等活动。

第四节　劳务分包作业管理

劳务分包单位与用工单位签订劳务分包合同后，相关施工人员、施工用设备和机具准备已满足施工需要，在得到用工单位许可后进场施工作业。

一、劳务队伍进场要求

（一）进场准备

劳务分包队伍进场前应将所有施工人员的姓名、性别、年龄、联系电话等基本信息上报用工单位，并提交一份由所有施工人员亲笔签的名册以及身份证复印件；无身份证的农民工原则上不允许进场；以此作为发放农民工生活费、工资、上级部门检查及伤亡事故认定的基本依据。

用工单位根据本单位管理规定，为劳务分包队伍的人员和车辆等统一办理工地出入证，劳务分包队伍须准备相关人员的照片；禁止使用不满 16 周岁和超过 55 周岁的人员；禁止使用在逃人员、身体或智力残疾人员及其他不适合施工作业的人员。

劳务分包队伍的负责人、技术人员、安全员应接受主管部门组织的安全教育培训，并考核合格，持有相应的岗位安全合格证书；特种作业人员根据施工作业内容和相关法规要求配备，并持有有效的特种作业资格证书；组织全体劳务队伍施工人员进场前安全教育，培训合格后方可进场施工。

（二）分包备案资料准备与报送

劳务分包队伍入场前，在用工单位规定的时间内向用工单位提交下列企业资料，由用工单位审核后，向相应建设行政主管部门备案。

(1) 营业执照。

(2) 经过年审的资质证书。

(3) 有效期内的安全生产许可证。

(4) 参与本项目施工的主要责任人、技术人员的工作简历和上岗资格证书。

(5) 特殊工种的《特种作业操作证书》。

(6) 企业所在地税务部门核发的《税务登记证》原件及复印件等。

二、劳务作业人员管理

劳务作业队伍按照用工单位要求提供劳务队伍组织机构设置，人员分工情况及质量、安全、健康管理体系资料，包括管理图、管理制度、相关责任人，作为用工单位对劳务作业人员进行监督管理的依据。

进场参与施工的管理人员及施工作业人员的配备，其素质、数量必须与投标文件、合同或协议规定相符；分包队伍现场负责人必须常驻现场，履行组织管理职能，未经用工单位批准不得随意更换。

所有进场人员必须服从门卫管理，自觉出示证件；所有人员进入现场必须统一着装，必须戴安全帽，现场内禁止吸烟，高空作业必须严格按照操作规程系好安全带；搞好文明施工，做到工完场清脚下净，做好成品保护工作。

岗前教育培训，由用工单位项目部组织，对进入施工现场的劳务人员进行岗前培训，建立培训档案：

(1) 培训的内容包括针对项目特点的施工技术、安全生产、法制教育、职业健康、环境保护等方面的内容。其中施工技术、安全生产应作为重点培训内容。

(2) 培训采取集中学习、授课、看录像等形式进行，累计学习必须达到 16 学时。

(3) 培训记录要有学习内容和时间、地点、授课人的详细记录，以及受教育人的亲笔签名，并将此资料归档保存。

对工程的重点部位、关键工序、特殊过程、技术复杂或要求高、易发生质量和安全事故的施工，施工前劳务作业队伍技术人员应组织作业人员进行施工技术、质量、安全和环保交底，并形成书面记录。

人员动态管理，对劳务人员按照以下要求实施动态管理：

(1) 劳务人员的增减、变更应报用工单位项目部审批，未经同意不得随意更换人员，尤其是具有较高技术等级的人员，未经同意不得随意更换人员，未经登记和岗前培训的劳务人员也不得进入施工现场。

(2) 定期对劳务人员进行清点、核对，每月应上报劳务人员变动情况。

(3) 对劳务人员的进场、退场做好书面记录。

(4) 新增人员要按进场管理要求查验相关资料和岗前培训合格后方可进行劳务作业。

三、劳务作业安全管理

劳务队伍应按照用工单位的安全管理规定，加强内部安全体系建设，健全安全责任机制，完善作业安全规程和安全管理制度，加强人员安全教育培训，强化作业现场管理，及时发现和消除各类违章作业和冒险蛮干行为，提高劳务队伍自身安全保障能力。

（一）各级人员的安全责任

1. 劳务队伍负责人

（1）对劳务队伍的安全工作负总责。

（2）负责本队安全体系建设，明确带班长、安全员的人选及职责。

（3）负责制定本队作业安全规程和安全管理制度。

（4）负责本队安全投入费用的提取及使用。

（5）负责录用合格的劳务人员，并对新劳务人员进行岗前安全培训。

（6）负责劳保用品的采购发放，并监督作业人员的正确使用。

（7）每月召开一次安全会议，定期组织安全检查，对查出的事故隐患及安全问题的整改负责。

（8）发生事故，按规定时效及时上报并采取应急措施，并全力配合现场救护和事故调查工作。

（9）对因安全管理不力或责任未落实所造成的事故负责，并承担相应的法律责任和所带来的所有经济损失。

2. 劳务队伍技术员

（1）协助劳务队伍负责人，做好现场作业管理和安全监护。

（2）负责现场安全措施落实和人员作业行为的检查及违规行为的纠正。

（3）在现场负责与使用方管理人员的协调以及与其他劳务队的作业联系及安全确认。

（4）对现场突发情况进行安全处置，确保作业人员及时避险或安全撤离。

（5）对管理方下达的现场安全指令进行认真落实，确保现场作业安全秩序。

3. 劳务队伍安全员

（1）协助劳务队伍负责人及带班长做好劳务队伍的日常安全管理和现场安全检查。

（2）协助负责人做好新来人员的岗前安全教育和在岗人员的安全教育活动。

（3）在负责人和技术人员的领导下做好现场安全检查，及时发现和制止违规行为。

（4）对作业中发现影响人员安全的情况，及时向负责人报告，并采取必要的防范措施。

4. 劳务作业人员

（1）服从管理，自觉接受安全教育，严格遵守作业安全规程。

（2）正确佩戴和使用劳动防护用品。

（3）作业过程中与周围人员保持协调联系并确认安全，做到“三不伤害”。

（4）发现危及安全的情况，及时报告并采取自我保护措施。

（二）安全管理制度

劳务队必须制定、完善如下安全管理制度：（1）作业安全规程和安全注意事项。（2）安全教育制度。（3）安全会议制度。（4）现场检查制度。（5）隐患整改和违规查处制度。（6）劳保用品使用制度。（7）安全费用提取使用制度。（8）事故报告制度。

（三）劳务安全资料

同时应建立以下安全记录资料：(1) 劳务人员名册及个人基本情况档案。(2) 新来人员岗前安全教育档案和试卷、安全培训台账及劳务人员教育记录。(3) 劳保用品发放记录。(4) 安全会议记录。(5) 现场检查(含违规处理记录)。(6) 作业人员健康检查记录档案。(7) 安全费用使用记录。(8) 事故管理台账。

第五节　工资支付相关知识

工资支付，就是工资的具体发放办法，包括如何计发在制度工作时间内职工完成一定的工作量后应获得的报酬，或者在特殊情况下的工资如何支付等问题，具体包括工资支付项目、工资支付水平、工资支付形式、工资支付对象、工资支付时间等。

一、工资支付的项目

（一）工资支付的项目

支付的工资一般包括计时工资、计件工资、奖金、津贴和补贴、延长工作时间的工资以及特殊情况下支付的工资。但是以下劳动收入不属于工资范围：

(1) 单位支付给劳动者个人的社会保险福利费用，如丧葬抚恤救济费、生活困难补助费、计划生育补贴等。

(2) 劳动保护方面的费用，如用人单位支付给劳动者的工作服、解毒剂、清凉饮料费用等。

(3) 按规定未列入工资总额的各种劳动报酬及其他劳动收入，如根据国家规定发放的创造发明奖、国家星火奖、自然科学奖、科学技术进步奖、合理化建议和技术改进奖、中华技能大奖等，以及稿费、讲课费、翻译费等。

（二）工资支付的时间和要求

我国工资支付的法律规章明确规定：工资应当以货币形式按月支付给劳动者本人，不得克扣或者无故拖欠劳动者工资。

劳动者在法定体假日和婚丧假期间以及依法参加社会活动期间，用人单位应当依法支付工资。工资应当按月支付，是指按照用人单位与劳动者约定的日期支付工资，如果遇节假日或休息日，应提前在最近的工作日支付。工资至少每月支付一次，对于实行小时工资制和周工资制的人员，工资也可以按日或周发放。对完成一次性临时劳动或某项具体工作的劳动者，用人单位应按有关协议或合同规定在其完成劳动任务后即支付工资。用人单位不得克扣或者无故拖欠劳动者工资，但是有下列情况之一的，用人单位可以代扣劳动者工资：

(1) 用人单位代扣代缴的个人所得税；

(2) 用人单位代扣代缴的应由劳动者个人负担的各项社会保险费用；

(3) 法院判决、裁定中要求代扣的抚养费、赡养费；

(4) 法律、法规规定可以从劳动者工资中扣除的其他费用。

另外，以下减发工资的情况也不属于“克扣”：

(1) 国家的法律、法规中有明确规定的；

(2) 依法签订的劳动合同中有明确规定的；

(3) 用人单位依法制定并经职代会批准的厂规、厂纪中有明确规定的；

(4) 企业工资总额与经济效益相联系，经济效益下浮时，工资必须下浮的(但支付给提供正常劳动职工的工资不得低于当地的最低工资标准)；

(5) 因劳动者请事假等相应减发工资等。

“无故拖欠”不包括：

(1) 用人单位遇到非人力所能抗拒的自然灾害、战争等时，无法按时支付工资；

(2) 用人单位确因生产经营困难、资金周转受到影响，在征得本单位工会同意后可暂时延期支付劳动者工资，延期时间的最长限制可由各省、自治区、直辖市劳动行政部门根据各地情况确定。

除上述情况外，拖欠工资均属无故拖欠。

二、工资支付的流程

从法律角度和实际操作层面来讲，企业制定的薪酬制度最终落实于工资的支付环节，因此有必要首先对工资支付的流程进行梳理。

(1) 确定工资支付的项目及工资总额，根据企业的薪酬制度或与劳动者签订的劳动合同确定支付给劳动者的工资总额及工资包含的项目；

(2) 按照周期对劳动者进行工作考勤记录，确定劳动者提供正常劳动的时间及劳动者的休假时间及其他非提供正常劳动的期间；

(3) 根据薪酬制度、考勤休假制度及劳动者在一个劳动周期内的考勤记录，按时足额向劳动者支付工资，并在支付时向劳动者提供本人的工资清单。

第六节　劳务管理资料

一、劳务管理资料的种类

根据企业类别，可将建筑业劳务管理资料分为施工总承包企业的劳务管理资料、专业分包企业的劳务管理资料和劳务分包企业的劳务管理资料；根据资料的内容，可将建筑业劳务管理资料分为企业资料、合同资料、人员资料、劳务费用、过程劳务作业资料等相关资料。

(一) 施工总承包企业劳务管理资料

(1) 企业资料，包括有关劳务用工的相关法规、地方政府及行业主管部门的文件；本企业劳务管理规章和制度；选定的专业分包企业和劳务分包企业的营业执照、资质证书、业绩、年审记录等资料。

(2) 合同资料，包括专业分包合同、劳务分包合同及相应招投标文件、变更与洽商协议、安全协议、代发工资协议。

(3) 人员资料，包括进场人员名单、上岗证书、资格证书、培训资料、考勤表、人员增减台账等。

(4) 劳务费用资料，包括派工单、工资发放单、社保缴纳台账、劳务队伍月份结算清单、劳务费用结算与支付凭证相关资料等。

(5) 过程劳务作业资料，包括日常劳务作业检查资料、劳务作业考核评价资料等。

(二) 专业分包企业的劳务管理资料

(1) 企业资料，包括有关劳务用工的相关法规、地方政府及行业主管部门的文件；本企业劳务管理规章和制度;选定的劳务分包企业的营业执照、资质证书、业绩、年审记录等资料。

(2) 合同资料,包括劳务分包合同及相应招投标文件、变更与洽商协议、安全协议、代发工资协议。

(3) 人员资料,包括进场人员名单、上岗证书、资格证书、培训资料、考勤表、人员增减台账等。

(4) 劳务费用资料,包括派工单、工资发放单、社保缴纳台账、劳务队伍月份结算清单、劳务费用结算与支付凭证相关资料等。

(5) 过程劳务作业资料,包括日常劳务作业检查资料、劳务作业考核评价资料等。

(三) 劳务分包企业的劳务管理资料

(1) 企业资料,包括有关劳务用工的相关法规、地方政府及行业主管部门的文件;本企业劳务管理规章和制度;本企业的营业执照、资质证书、业绩、年审记录等资料。

(2) 合同资料,包括劳务分包合同及相应招投标文件、变更与洽商协议、安全协议等。

(3) 人员资料,包括进场人员名单、上岗证书、资格证书、培训资料、考勤表、人员增减台账等。

(4) 劳务费用资料,包括派工单、工资发放单、社保缴纳台账、劳务队伍月份结算清单、劳务费用结算与支付凭证相关资料等。

(5) 过程劳务作业资料,包括日常劳务作业检查资料、劳务作业考核评价资料等。

二、劳务管理资料的主要内容

劳务管理资料的主要内容见表 9-12。

表 9-12　劳务管理资料的主要内容

资料种类	资料名称	资料内容概述
企业资料	相关法规	包括国家法律,如《劳动法》《劳动合同法》等;行政法规,如《劳动保障监察条例》等;部门规章,如《建设领域农民工工资支付暂行办法》;地方性法规和地方政府规章
	企业劳务管理规章制度	如企业制定的专业分包招标选择制度、劳务用工管理制度、分包企业评价考核管理制度、施工安全操作规程等
	项目选定的分包企业资料	包括专业分包与劳务分包的资料、营业执照、安全生产许可证、年检记录、业绩等
合同资料	分包合同	包括专业分包合同、劳务分包合同以及企业直接用工所签订的劳动合同
	分包招投标文件	包括专业分包和劳务分包的招标文件、投标文件、开标记录、评标报告及中标通知书等
	分包合同的变更与洽商协议	合同履行过程中,双方通过协商达成变更协议、会议纪要、补充协议等
	与分包企业间的安全协议	包括总包与专业分包商、劳务分包商之间签订的安全协议,劳务分包商与专业分包商之间签订的安全协议
	代发工资协议	包括总包、分包的劳务人员的银行代发工资协议

表 9-12(续)

资料种类	资料名称	资料内容概述
人员资料	进场人员名单	总包、分包队伍拟定或提交的进入施工现场人员花名册、进场劳务人员名单等
	上岗证书	劳务员、安全员、资料员等上岗证书
	资格证书	电焊工、塔吊司机等特种作业人员上岗证书
	培训资料	技能培训、安全培训、三级教育、农民工学校等培训学习资料
	考勤表	现场劳务人员的出工记录、考勤记录等
	人员增减台账	现场实际施工人员变动情况记录表
劳务费用资料	派工单	管理人员向劳务人员发施工指令的单据、对劳务人员分配施工任务并记录其作业活动的原始记录
	工资发放单	工资表、工资发放明细表等
	社保缴纳台账	总包、分包等用工单位为劳务人员购买社会保险的台账及凭证
	劳务队伍月结算清单	每月向劳务队伍付劳务费用的表格、核算资料和凭证
	劳务费用结算资料	劳务作业完成后,向劳务队伍或劳务人员支付劳务费用的表格、核算资料和凭证
	劳务费用支付凭证	劳务人员签收劳务费用凭证、工资发放凭证、劳务队伍提供的发票等
过程劳务作业资料	日常劳务作业检查资料	项目部在施工现场对劳务作业队伍或劳务作业人员施工作业质量、安全、进度等检查的表格、报告等
	劳务作业考核评价资料	劳务作业队伍或劳务作业人员的考核评价表及报告
	工作联系单	总包与分包之间或专业分包与劳务分包之间有关的正式往来函件
	有关奖惩文件	根据日常劳务作业检查或评价考核对劳务作业队伍、劳务作业人员的奖励及惩罚的通知、文件等

三、劳务资料的收集

施工总承包企业、专业分包企业及劳务分包企业应根据公司各部门职能划分情况,单独或与其他职能合并归入某一职能部门,由该职能部门或具体人员负责相关劳务资料的日常收集工作。

为保证各项目编制的劳务管理资料的统一化、标准化,施工总承包企业、专业分包企业及劳务分包企业可统一拟定一套劳务管理资料格式或标准模板。

四、劳务资料的整理

在劳务管理过程中形成各项资料,应由公司相应职能部门或者专人按照各类档案归档范围要求做好日常的收集、整理、保管工作,并根据公司管理制度要求,将相关归档资料移送公司存档。

五、劳务管理资料档案编制

(一) 劳务管理资料档案的编制要求

《建设工程文件归档整理规范》(GB/T 50328—2014)规定:劳务管理资料档案的编制应满足以下要求:

(1) 劳务资料必须真实、准确,与企业、现场实际情况相符。所有经过公司、当事人签章资料一律使用原件,如果保存为复印件,需注明原件存放位置。

(2) 劳务资料需要保证字迹清楚、图样清晰、表格整洁、签字盖章手续完备;打印的资料签名栏必须手写,照片采用照片档案相册管理,要求图像清晰、文字说明准确。

(3) 归档的资料要求配有档案目录,档案资料必须真实、有效、完整。

(4) 按照"一案一卷"的档案资料管理原则进行规范整理,按照形成规律和特点,区分不同价值,便于保管和利用。

(5) 组卷原则:组卷应遵循工程文件的自然形成规律,保持卷内文件的有机联系,便于档案的保管和利用。

(6) 立卷应满足下列要求:① 案卷不宜过厚,一般不超过 40 mm;② 案卷内不应有重份文件,不同载体的文件一般应分别组卷;③ 卷内文件均按有书写内容的页面编号,每卷单独编号,页号从"1"开始,单面书写的文件在右下角;④ 双面书写的文件,正面在右下角,背面在左下角。

(二) 劳务管理资料档案的保管

(1) 劳务管理资料档案的最低保存年限:合同协议类 8 年,文件记录类 8 年,劳务费发放类 8 年,统计报表类 5 年;公司规章制度有另行规定的,可按公司规定执行,但最短不得小于各类对应的最低保存年限。

(2) 档案归档摆放要科学和便于查找,定期对档案进行清理、核对,做到账务相符,对破损和变质的档案及时进行修补和复制。

(3) 要定期对保管期限已满的档案进行鉴定,准确判定档案的存毁。档案的鉴定工作应该在档案分管负责人的领导下,由相关业务人员组成鉴定小组,对无保存价值的档案提出销毁意见,进行登记造册,经主管领导审批后销毁。

(4) 档案管理人员要认真做好劳务档案的归档工作。劳务档案现代化管理应该与企业信息化建设同步发展,列入办公自动化系统并同步进行,不断提高档案管理水平。

(5) 档案资料使用统一规格的文件和文件夹进行管理保存。《建设工程文件归档整理规范》(GB/T 50328—2014)规定:案卷装具一般采用卷盒、卷夹两种形式,卷盒的外表尺寸为 310 mm×220 mm,厚度分别为 20 mm、30 mm、40 mm、50 mm,卷夹的外表尺寸为 310 mm×220 mm,厚度一般为 20～30 mm,卷盒、卷夹应采用无酸纸制作。

第十章　资料员应具备的基本知识

第一节　建筑工程资料及管理

建筑工程资料是在建筑工程建设过程中形成的各种形式信息(文字、图纸、图表、声像、电子文件等)记录的统称,简称工程资料。

建筑工程资料管理是指建筑工程资料的填写、编制、审核、审批、收集、整理、组卷、移交及归档等工作的统称,简称工程资料管理。

建筑工程在建设过程中形成的具有归档保存价值、应当归档保存的工程资料称为工程档案。建筑工程资料绝大部分需要归档保存,有的不需要归档成为工程档案,比如施工安全资料仅针对施工过程中的安全控制与管理,就不需要长期保存,仅作为过程保存。

一、工程资料的意义和作用

目前工程项目管理已经从单纯的施工期的管理发展到全寿命周期管理。建设工程的全寿命周期包括工程的决策阶段、实施阶段和使用阶段(或运营阶段),如图 10-1 所示。建设工程的全寿命周期管理包括:决策阶段的管理,即开发管理 DM(development management);实施阶段的管理,即项目管理 PM(project management);使用阶段的管理,即设施管理 FM(facility management)。唯一贯穿这三个阶段的就是工程资料,工程资料是全寿命周期管理得以实现的基础。

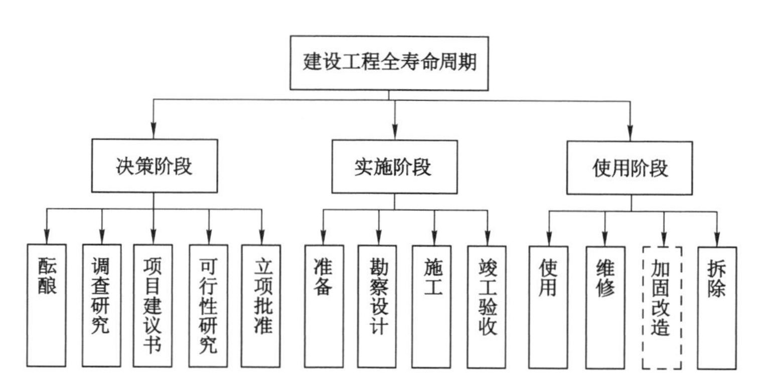

图 10-1　建设工程全寿命周期管理阶段划分

决策阶段和使用阶段的工程资料数量较少,绝大部分工程资料是在实施阶段(即施工阶段)形成的,故收集和整理好建筑工程资料是建筑施工中的一项重要工作,也是工程质量管理的组成部分。故后面讨论工程资料时主要指施工资料。

施工资料主要有如下作用和意义。

(1) 保证工程的竣工验收。

工程项目竣工验收包括两个方面的内容:"硬件"和"软件"。"硬件"是指建筑物本身(包括所安装的各类设备);"软件"是指反映建筑物自身及其形成过程的施工技术资料(包括竣工图和有关录像资料)。因此,对工程项目进行竣工验收前必须具备两个条件:一是建筑物达到验收条件;二是施工过程中质量技术管理资料达到验收条件,二者缺一不可。凡竣工图资料不完整的项目,不得进行竣工验收,更不能评为优质工程。未经档案验收或档案验收不合格的项目,不得进行项目竣工验收、鉴定。任何一个工程质量技术资料如不符合有关标准规定,对该工程质量具有否决权。因为建筑物竣工验收时只能在外观上加以评价,但内在的施工质量和质量管理实施情况,需要通过验收整个施工过程的有关质量技术资料来确定,看其是否清楚齐全,是否符合有关规范、规程的要求。所以建设工程技术资料反映了建筑工程质量和工作质量,是评定建筑安装工程等级的重要依据。

(2) 维护企业的经济效益和社会信誉。

施工技术资料反映了工程项目的形成过程,是现场组织生产活动的真实记录,直接或间接记录了与工程施工效益紧密相关的施工面积,使用材料的品种、数量和质量,采用的技术方案和技术措施,劳动力的安排和使用,工作量的更改和变动,质量的评定等级等情况,是建设方与承包方进行合同结算的重要依据,也是企业维护自身利益的依据。同时,施工技术资料作为接受业主和社会有关各方验收的"软件",其质量如同于建筑物的质量,反映了施工队伍的素质和技术水平。因此,它是企业信誉窗口一个十分重要的部分。

(3) 开发利用企业资源。

企业档案是企业生产、经营、管理等活动的真实记录,也是企业上述各方面知识、经验、成果的积累和储备,因此它是企业的重要资源。施工技术资料是企业科技(工程)档案的来源,所以它是企业资源的一个组成部分。开发利用档案资料的途径主要有两种:一种是直接利用档案资料,如借阅、摘录、复制等;另一种是对档案资料进行加工利用,如进行汇编、索引、专题研究等。

(4) 保证城市规范化建设。

建筑物日常的维修、保养(如对其中的水、电、煤、通风线路管道的维修和保养)以及对建筑物的改建、扩建、拆建等,都离不开的一个十分重要的依据,即反映建筑物全貌及内在联系的真实记录竣工图及其他有关施工技术资料。如果少了这一重要依据,就会使我们的工作具有盲目性,甚至对国家财产和城市建设造成严重后果。

二、工程资料的形成和特征

(一) 工程资料的形成

工程资料宜按图 10-2 中主要步骤形成,并应遵循以下原则:

(1) 工程资料应与建筑工程建设过程同步形成,并应真实反映建筑工程的建设情况和实体质量。

(2) 工程资料形成单位应对资料内容的真实性、完整性、有效性负责;由多方形成的资料,应各负其责。

(3) 工程资料的填写、编制、审核、审批、签认应及时,其内容应符合相关规定。

(4) 工程资料不得随意修改;当需修改时,应实行划改,并由划改人签署。

（5）工程资料的文字、图表、印章应清晰。

（6）工程资料应为原件；为复印件时，提供单位应在复印件上加盖单位印章，并应有经办人签字及日期。提供单位应对资料的真实性负责。

（7）工程资料应内容完整、结论明确、签认手续齐全。

（8）工程资料宜采用信息化技术辅助管理。

（二）工程资料的特征

（1）完整性。由于建筑工程建设周期长，建设过程中阶段性和季节性较强，且建筑材料种类繁多，生产工艺复杂，因此，影响建筑工程的因素很多，这就必然导致建筑工程文件和档案资料具有一定的复杂性。工程资料必须保证其完整，才能全面反映工程建设过程的信息。

（2）时效性。有时工程文件和档案资料一经生成，就必须及时传达至有关部门，否则如果有关单位或部门不予及时认可，将会产生严重后果。因此建筑工程文件和档案资料具有

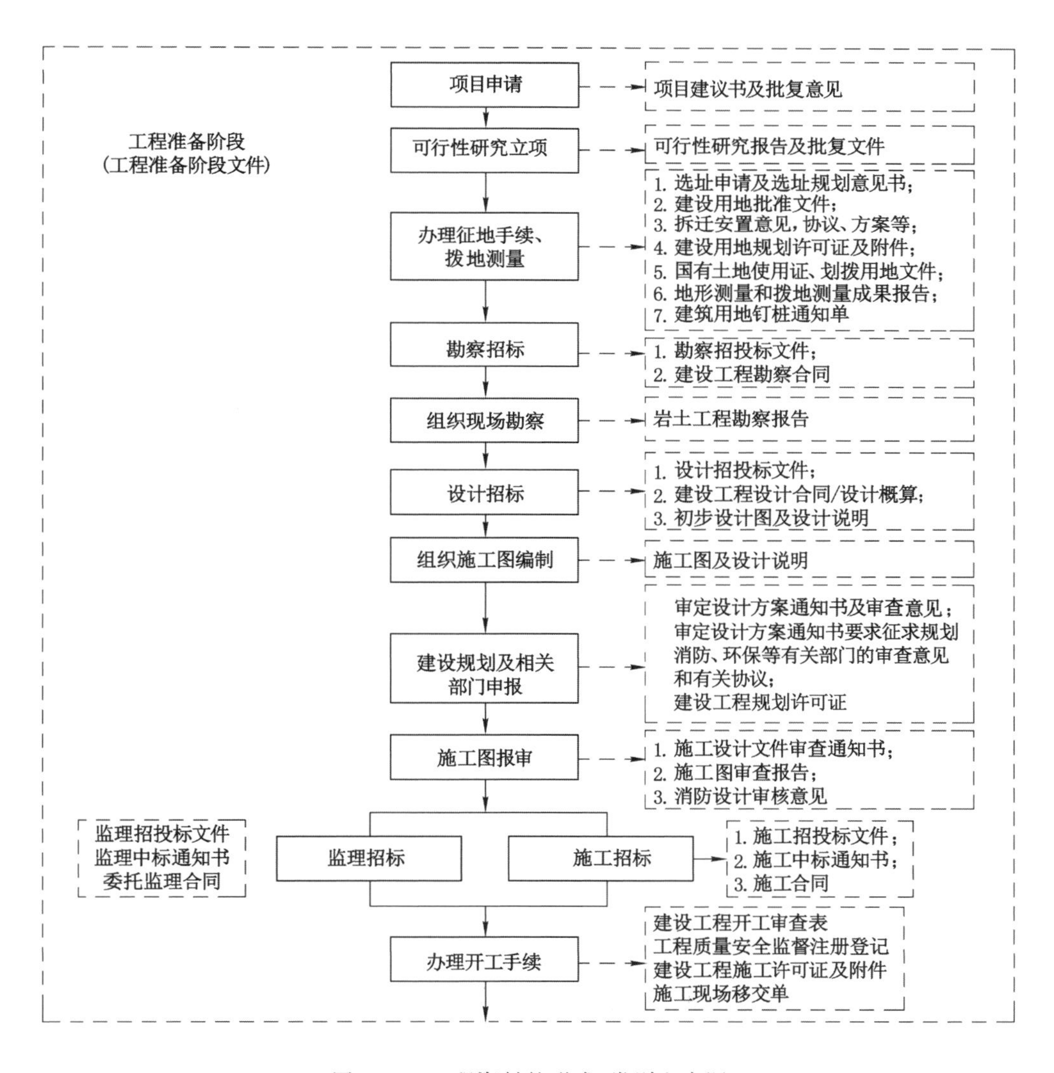

图 10-2　工程资料的形成、类别和来源

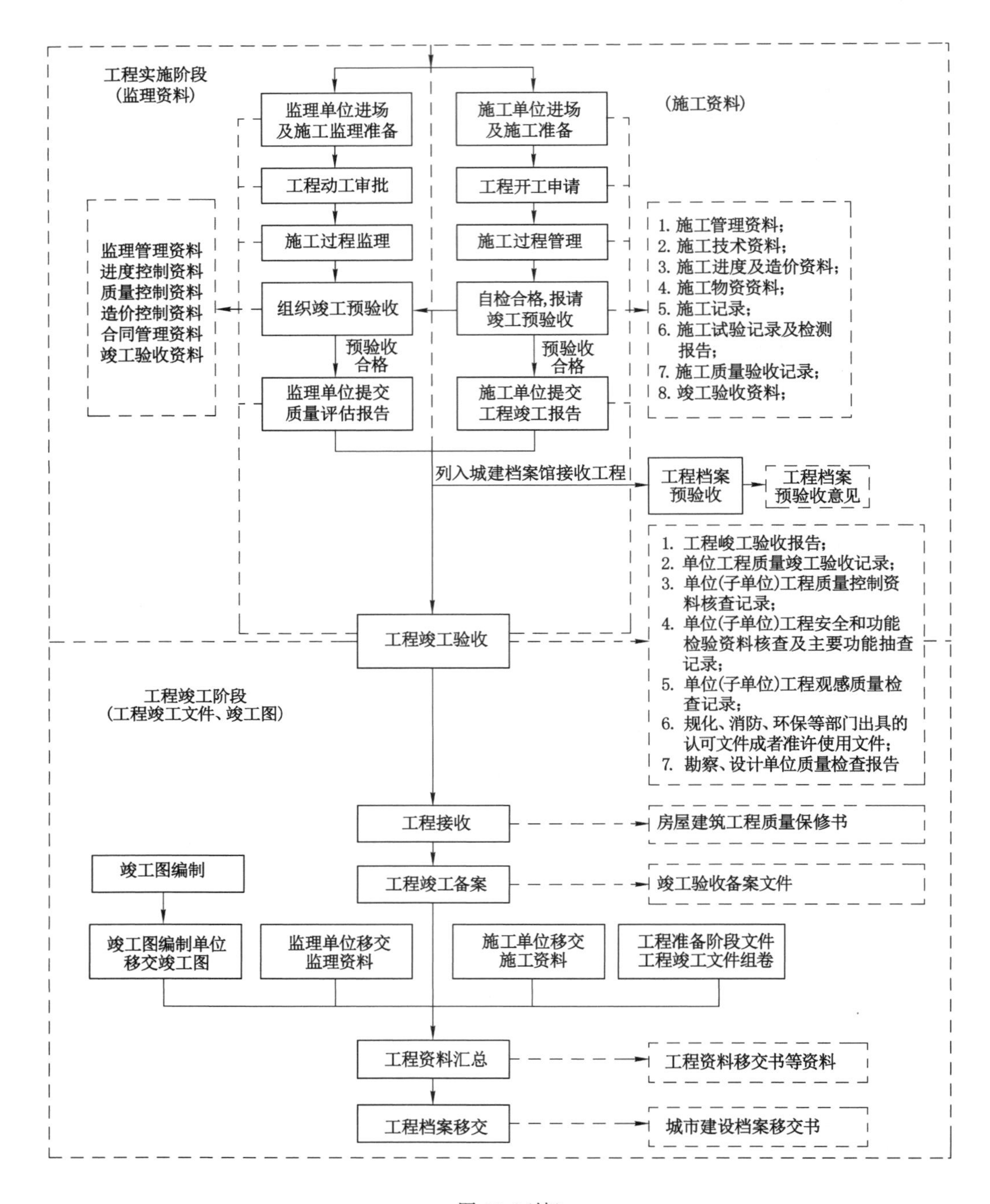

图 10-2(续)

很强的时效性。另外,随着施工工艺水平和管理水平的不断提高,文件和档案资料的价值也会随着时间的推移而衰减,但文件和档案资料仍可以被借鉴、继承。

(3) 真实性。建设工程文件和档案资料只有全面真实地反映项目的各类信息,包括发生的事故和存在的隐患,才具有实用价值。否则一旦引用了不真实的资料就会起到误导作用,造成难以想象的后果。因此,建设工程文件和档案资料必须真实、全面地反映工程的实际情况，不得片面和虚假。

(4) 综合性。由于建筑工程项目通常是综合性的系统工程，必须由多个专业、多个工种协同工作才能完成。建筑工程涉及环境评价、安全评价及建筑、市政、园林、公用、消防、智能、电力、电信、环境工程、声学、美学等多个学科，同时综合了组织协调、合同、造价、进度、质量、安全等方面的工作内容。可见，建设工程文件和档案资料是多个专业和单位的文件档案资料的集成，具有很强的综合性。

三、工程资料的分类

(一) 分类原则

(1) 工程资料的分类按照资料的来源、形成顺序以及收集、整理单位的不同进行分类。

(2) 施工资料的分类应根据类别和专业系统划分。

(3) 资料的分类、整理、归档和保存均应执行国家及行业现行法律、法规、规范、标准及地方有关规定。

(二) 分类规定

工程资料的分类、整理宜按照《建筑工程资料管理规程》(JGJ/T 185—2009)附录 A. 2 的规定，具体规定了资料类别、资料名称、资料来源、资料保存，是工程资料管理的依据。

依据工程资料管理责任及工程建设阶段，将工程资料划分为工程准备阶段文件、监理资料、施工资料、竣工图、工程竣工文件等五大类；在每一大类中，又根据资料的属性和特点，将其划分为若干小类。

工程准备阶段文件可分为决策立项文件、建设用地文件、勘察设计文件、招投标及合同文件、开工文件、商务文件六类。由建设单位负责收集、整理与组卷。

监理资料可分为监理管理资料、进度控制资料、质量控制资料、造价控制资料、合同管理资料和竣工验收资料六类。由监理单位负责收集、整理与组卷。

施工资料是建筑工程在施工过程中形成的资料，包括施工管理资料、施工技术资料、施工进度及造价资料、施工物资资料、施工记录、施工试验记录及检测报告、施工质量验收记录、竣工验收资料八类。由施工单位负责收集、整理与组卷。

工程竣工文件可分为竣工验收文件、竣工决算文件、竣工交档文件、竣工总结文件四类。由建设单位负责收集、整理与组卷。

竣工图应由建设单位负责组织实施，也可委托其他单位进行，比如在施工合同中约定由施工单位完成。

四、工程竣工图

(一) 竣工图概念

建筑工程项目在实际施工过程中，难免会因为各种现实问题而出现一些改变，可能是位置上的变化或者是安装的问题，所以，为了更直观地展现施工过程的具体情况，更清晰直观地展示建筑实体的真实性，作为管理施工过程重要的依据和凭证，城市科研以及日后其他建筑项目的历史考证，给城市建筑经济发展提供必要的信息，必须在施工图基础上，结合施工过程的变化绘制新的图纸。这种建筑工程竣工验收后，反映建筑工程施工结果的图纸称为竣工图。可见，竣工图是建设工程在施工过程中所绘制的一种“定型”图样。它是建筑物、施工结果在图纸(或图形数据)上的反映，是最真实的记录，是城建档案的核心。

竣工图是对工程进行维护、管理、灾后鉴定、灾后重建、改建、扩建的主要依据。

(二) 竣工图的编制及审核要求

(1) 新建、改建、扩建的建筑工程均应编制竣工图;竣工图应真实反映竣工工程的实际情况。

(2) 竣工图的专业类别应与施工图对应。

(3) 竣工图应根据施工图、图纸会审记录、设计变更通知单、工程洽商记录(包括技术核定单)等绘制。

(4) 当施工图没有变更时,可直接在施工图上加盖竣工图章形成竣工图。

(5) 竣工图应按《建筑工程资料管理规程》(JGJ/T 185—2009)附录D的方法绘制。

(6) 竣工图应有竣工图章及相关责任人签字。

(7) 竣工图宜按图10-2中规定的类别和形成顺序编号。

(8) 竣工图应按《建筑工程资料管理规程》(JGJ/T 185—2009)附录E的方法折叠。

(三) 竣工图的编制职责范围

竣工图编制由建设单位组织,建设单位在工程设计、施工合同中应对竣工图编制的有关问题按下列规定予以明确:纸质竣工图原则上由施工单位负责编制,因重大变更需要重新绘制竣工图,由责任方负责绘制;由设计单位所造成的,由设计单位负责重新绘制;由施工单位所造成的,由施工单位负责重新绘制:由建设单位所造成的,由建设单位会同设计单位及施工单位协商处理。竣工图电脑数据由甲方委托设计院根据施工单位所编纸质竣工图进行编制。

(四) 纸质竣工图的编制方法

(1) 按施工图进行施工没有变更的工程,由施工单位负责在原设计施工图上加盖“竣工图”标志章,即作为竣工图(竣工图标志章的规格尺寸统一为80 mm×50 mm)。

(2) 施工中的一般性变更,能够在原设计施工图上加以修改补充、可不重新绘制竣工图的,由施工单位在修改部位上杠改,用黑色签字笔注明修改内容,并在修改部位附近空白处引线指示,盖上修改标志章(修改标志章统一规定尺寸为30 mm×10 mm),注明修改单日期、字、号、条,盖上竣工图章后作为竣工图。由于修改较大而使在原图上杠改后图面不清、辨认困难的,应将修改部位框出,在本张图的空白处或增页上绘制,修改完成后由施工单位加盖竣工图章。

(3) 项目修改、结构改变、工艺改变、平面布置改变以及发生其他重大改变而不宜在原施工设计图上进行修改补充的,应局部或全部重新绘制竣工图。重新绘制的(包括电脑绘制的)竣工图,图签栏中的图号应清楚带有“建竣、结竣、水竣、电竣……”或“竣工版”等字样,制图人、审核人、负责人签名俱全,并注明修改出图日期及版数,之后由施工单位加盖竣工图章。

(五) 纸质竣工图的编制要求

(1) 竣工图的绘制工作。由绘制单位工程技术负责人组织、审核、签字,并承担技术责任。由设计单位绘制的竣工图,需施工单位技术负责人审查、核对后加盖竣工图章。所有竣工图均需施工单位在竣工图章上签字认可后才能作为竣工图。

(2) 竣工图的绘制,必须依据在施工过程中确已实施的图纸会审记录、设计修改变更通知单、工程洽商联系单以及隐藏工程验收或对工程进行的实测实量等形成的有效记录进行编制,确保图物相符。

(3) 竣工图的绘制(包括新绘和改绘)必须符合国家制图标准,使用国家规定的法定单位和文字;深度及表达方式与原设计图相一致。

(4) 在原施工图上进行修改补充的,要求图面整洁、线条清晰、字迹工整,使用黑色绘图墨水进行绘制,严禁用圆珠笔或其他易褪色的水笔绘制或更改注记。所有的竣工图必须是新蓝图。

(5) 各种市政管线、道路、桥、涵、隧道工程竣工图,应有严格按比例绘制的平面图和纵断面图。平面图应标明工程中线起始点、转角点、交叉点、设备点等平面要素点的位置坐标及高程。沿路管线工程还应标明工程中线与现状道路或规划道路中线的距离。

(6) 工程中采用国家标准图可不编入竣工图,但采用国家标准图而有所改变的应编制入竣工图。

(六) 竣工图的汇总

工程竣工后,竣工图的汇总按下列规定执行:

(1) 建设项目实行总承包的,各分包单位应负责编制所分包范围内的竣工图,总承包单位除应编制自行施工部分的竣工图外,还应负责汇总分包单位编制的竣工图,总承包单位交工时,应向建设单位提交总承包范围内的各项完整准确竣工图。

(2) 建设项目由建设单位分别发包给几个施工单位的,各施工单位应负责编制所承包工程的竣工图,建设单位负责汇总。

第二节　资料员的职责和要求

资料员是指在建筑工程施工现场从事施工信息资料的收集、整理、保管、归档、移交等工作的专业人员。

建设工程质量具体反映在建筑物的实体质量上,即所谓硬件;另外还反映在该项工程技术资料的质量上,即所谓软件。这些资料的形成,主要是靠资料员收集、整理、编制成册,因此资料员在施工过程中担负着十分重要的责任。

要当好资料员,除了本身有认真、负责的工作态度外,还必须了解建设工程项目的工程概况,熟悉本工程的施工图(包括建筑、结构、电气、给排水等),施工基础知识,施工技术规范,施工质量验收规范,建筑材料的技术性能、质量要求及使用方法,有关政策、法规和地方性法规、条文等。要了解施工管理的全过程,掌握分部、分项的施工过程和验收节点及每项资料产生时间。

资料员的主要职责和应具备的专业技能见表10-1。资料员应具备的专业知识见表10-2。

表10-1　资料员的工作职责和应具备的专业技能

分类	主要工作职责	应具备的专业技能
资料计划管理	1. 参与制订施工资料管理计划。 2. 参与建立施工资料管理规章制度	能够参与编制施工资料管理计划
资料收集整理	1. 负责建立施工资料台账,进行施工资料交底。 2. 负责施工资料的收集、审查及整理	1. 能够建立施工资料台账。 2. 能够进行施工资料交底。 3. 能够收集、审查、整理施工资料

表 10-1(续)

分类	主要工作职责	应具备的专业技能
资料使用保管	1. 负责施工资料的往来传递、追溯及借阅管理。 2. 负责提供管理数据、信息资料	1. 能够检索、处理、存储、传递、追溯、应用施工资料。 2. 能够安全保管施工资料
资料归档移交	1. 负责施工资料的立卷、归档。 2. 负责施工资料的封存和安全保密工作。 3. 负责施工资料的验收与移交	能够对施工资料立卷、归档、验收、移交
资料信息系统管理	1. 参与建立施工资料管理系统。 2. 负责施工资料管理系统的运用、服务和管理	1. 能够参与建立施工资料计算机辅助管理平台。 2. 能够应用专业软件进行施工资料的处理

表 10-2　资料员应具备的专业知识

分类	专业知识
通用知识	1. 熟悉国家工程建设相关法律法规。 2. 了解工程材料的基本知识。 3. 熟悉施工图绘制、识读的基本知识。 4. 了解工程施工工艺和方法。 5. 熟悉工程项目管理的基本知识
基础知识	1. 了解建筑构造、建筑设备及工程预算的基本知识。 2. 掌握计算机和相关资料管理软件的应用知识。 3. 掌握文秘、公文写作基本知识
岗位知识	1. 熟悉与本岗位相关的标准和管理规定。 2. 熟悉工程竣工验收备案管理知识。 3. 掌握城建档案管理、施工资料管理及建筑业统计的基础知识。 4. 掌握资料安全管理知识

一、工程资料计划管理

资料员应协助项目经理或技术负责人制订施工资料管理计划和建立施工资料管理规章制度。施工资料管理计划包括资料台账，资料管理流程，资料管理制度以及资料的来源、内容、标准、时间要求、传递途径、反馈范围、人员及职责和工作程序等。

二、工程资料收集整理

负责建立施工资料台账，进行施工资料交底。负责施工资料的收集、审查及整理。台账原指摆放在台上供人翻阅的账簿，故名台账。施工资料台账实际上是施工资料的流水账。它包括与施工有关的文件、工作计划、工作汇报。资料员需要建立工程文件接收总登记账和分类账(簿记式台账和电子台账)，并能利用计算机进行各类工程文件的查询检索。

施工资料交底的内容包括资料目录，资料编制、审核及审批规定，资料整理归档要求，移交的时间和途径，人员及职责等。

（一）工程资料档案整理

资料档案的整理是指按照一定的原则，对工程文件进行挑选、分类、组合、排列、编目，使之有序化的过程。工资资料档案整理的要求如下：

（1）基本建设项目文件材料的归档必须遵循成套性、阶段性、主体性的原则。

① 成套性就是要做到文件材料收集齐全。不论规模大小，必须反映项目活动全过程的各种文件材料、文件之间的密切联系。

② 阶段性就是确保文件材料的收集齐全而分阶段收集整理的方法。居住区建设周期长，要认真做好各阶段档案的整理、归档。

③ 主体性是实现文件材料收集合理化、优化的重要特点。建设单位的项目档案应完整，并且应以收集原件为主。

（2）归档的文件材料要字迹清楚，数据翔实准确，图画清晰整洁，签证手续完备，符合规范化要求。不得用易褪色的书写材料书写、绘制。

（3）案卷的组卷排列原则：对文件材料应先问题后时间；先批复后请示；先正文后附件；先打印稿后手稿；先文字材料后图样。

（4）案卷标题应简明、确切、完整地揭示卷内工程项目内容，保管期限按国家规定划分恰当，一般以永久、长期为主。

（5）基本建设项目档案组成固定保管单位后应编制页号、档案号、卷内目录、备考表、封面和档案索引目录，使档案便于利用。

（6）图样折叠时图面应折向内侧，呈手风琴风箱式，以 A4 图样大小为准。图面向内，图签应统一显示在右下角，折叠整齐，不装订。

（7）公司所有案卷要登入科技档案总目录，编入分类目录，用作检索和统计。

（8）向上级报送的档案应分类组卷。

（9）建设项目实行总承包的，各分包单位负责收集、整理分包范围内的档案资料，交总包单位汇总、整理。竣工时由总包单位向建设单位提交完整、准确的项目档案资料。

实行工程建设现场指挥机构管理的建设项目，竣工时由现场指挥机构向建设单位提交完整、准确的项目档案资料。

（10）建设项目由建设单位分别向几个单位发包的，各承包单位负责收集、整理所承包工程的档案资料，交建设单位汇总、整理，或由建设单位委托承包单位汇总、整理。

建设单位、工程总承包单位、工程现场指挥机构、施工单位、勘察设计单位必须有一位负责人分管档案资料工作，并建立与工程档案资料工作任务相适应的管理机构，配备档案资料管理人员，制定管理制度，统一管理建设项目的档案资料。施工过程中要有能够保证档案资料安全的库房和设备。

凡是有引进技术或引进设备的建设项目，要做好引进技术和引进设备的图样、文件的收集整理工作，无论通过何种渠道得到的与引进技术或引进设备有关的档案资料，均应交档案部门统一管理。档案部门要加强提供利用的手段和措施，保证使用。

（11）归档的文件材料要字迹清楚，图面整洁，不得用易褪色的书写材料书写、绘制。对超过保管期的基本建设项目的档案资料必须进行鉴定，对已失去保存价值的档案资料，办理一定的审批手续，登记造册后方可处理。保密的档案资料应按保密规定进行管理。

（二）工程资料的组卷

工程资料的组卷应符合下列规定：

（1）工程资料组卷应遵循自然形成规律，保持卷内文件、资料内在联系。工程资料可根据数量多少组成一卷或多卷。

（2）工程准备阶段文件和工程竣工文件可按建设项目或单位工程进行组卷。

（3）施工资料应按单位工程组卷，并应符合下列规定：

① 专业承包工程形成的施工资料应由专业承包单位负责，并应单独组卷；

② 电梯应按不同型号每台电梯单独组卷；

③ 室外工程应按室外建筑环境、室外安装工程单独组卷；

④ 当施工资料中部分内容不能按一个单位工程分类组卷时，可按建设项目组卷；

⑤ 施工资料目录应与其对应的施工资料一起组卷。

（4）竣工图应按专业分类组卷。

（5）工程资料组卷内容宜符合《建筑工程资料管理规程》（JGJ/T 185—2009）附录 A 中表 A.2.1 的规定。

（6）工程资料组卷应编制封面、卷内目录及备考表，其格式及填写要求可按现行国家标准《建设工程文件归档整理规范》（GB/T 50328—2019）的有关规定执行。

（三）竣工图折叠方法

图纸折叠应符合下列规定：

（1）图纸折叠前应按图幅尺寸，将多余部分裁剪整齐。

（2）折叠时图面应折向内侧呈手风琴风箱式。

（3）折叠后幅面尺寸应以 4# 图为标准。

（4）图签及竣工图章应露在外面。

（5）3#-0# 图纸应在装订边 297 mm 处折一三角或剪一缺口，并折进装订边。

（6）图纸折叠前，应准备好一块略小于 4# 图纸尺寸（一般为 292 mm×205 mm）的模板。折叠时应先将图纸放在规定位置，然后按照折叠方法的编号依次折叠。

（7）3#-0# 图不同图签位的图纸，可分别按图 10-3、图 10-4、图 10-5、图 10-6 所示方法折叠。各示意图中左图表示横式幅面的折叠方式，右图表示立式幅面的折叠方式。

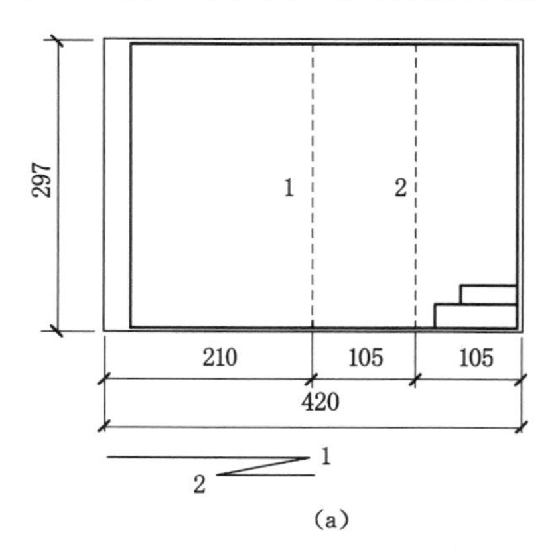

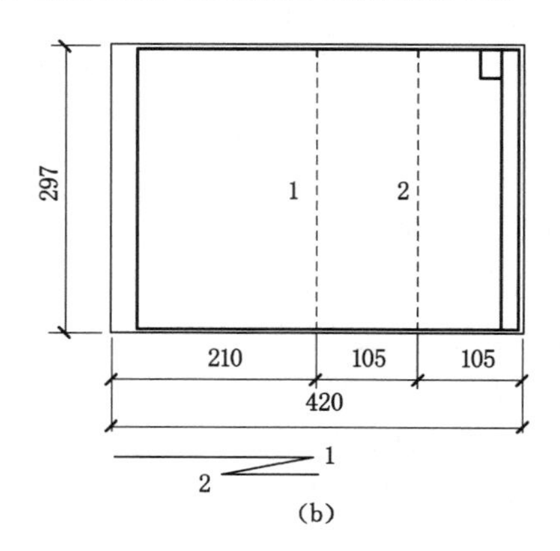

图 10-3　3# 图纸的折叠示意图（单位：mm）

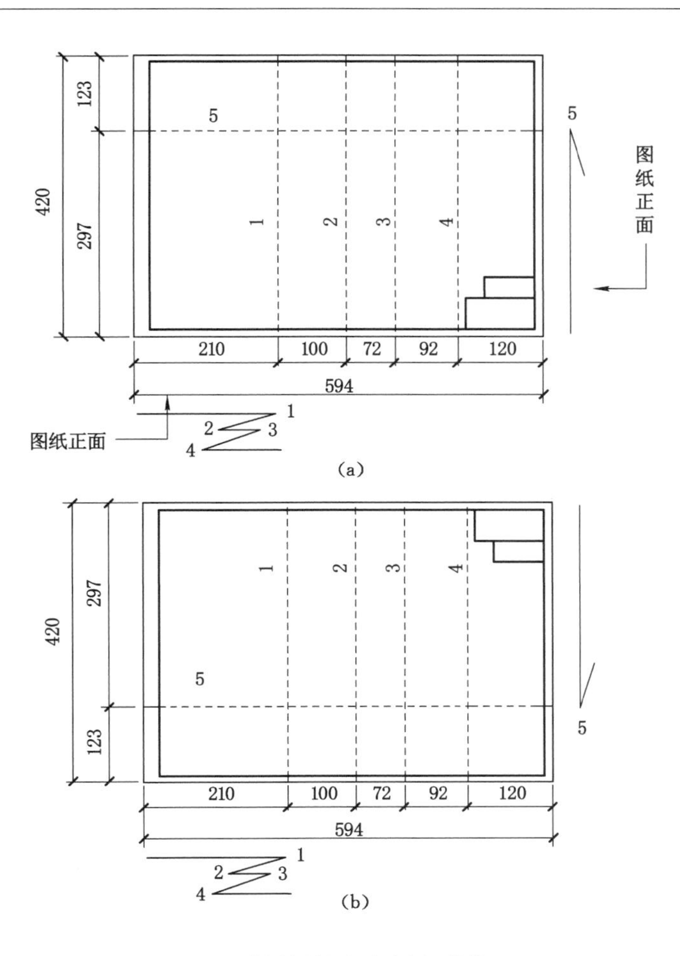

图 10-4 2# 图纸折叠示意图(单位:mm)

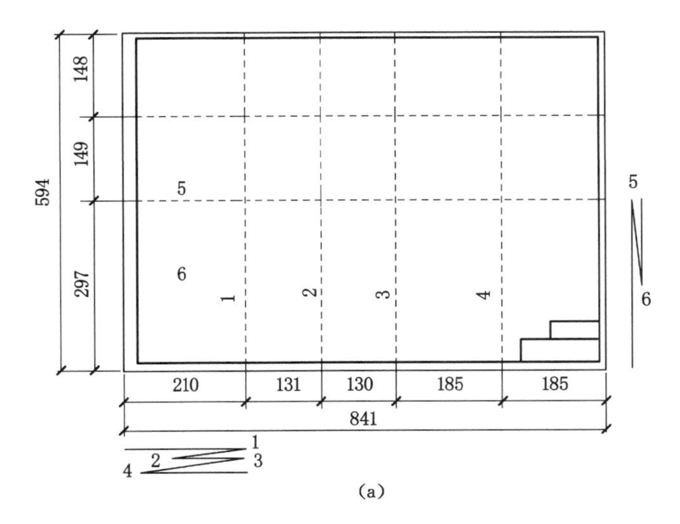

图 10-5 1# 图纸折叠示意图(单位:mm)

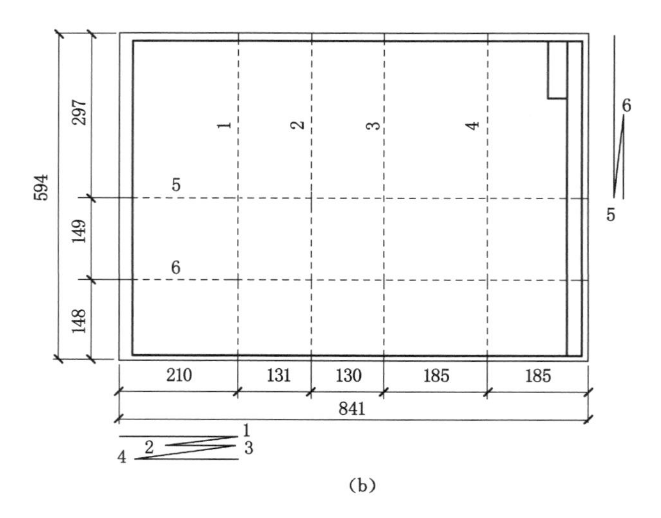

(b)

图 10-5(续)

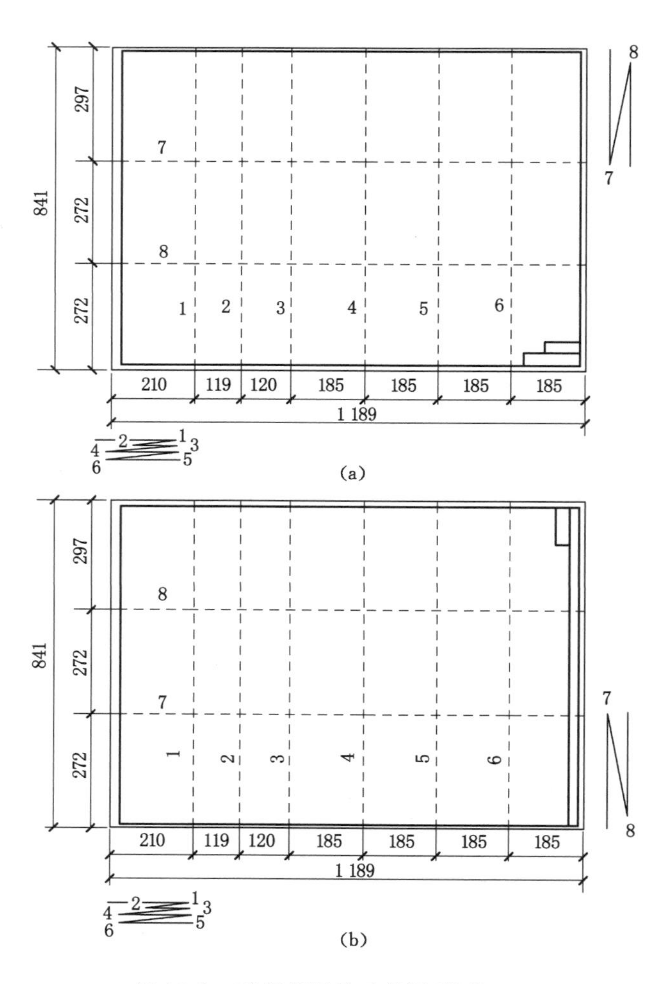

(a)

(b)

图 10-6　0# 图纸折叠示意图(单位:mm)

三、工程资料使用保管

应加强对基建文件的管理工作，并设专人负责基建文件的收集、整理和归档。在与监理单位、施工单位签订监理、施工合同时，应对监理资料、施工资料和工程档案的编制责任、编制套数和移交期限作出明确的规定。

必须向参与工程建设的勘察、设计、施工、监理等单位提供与建设工程有关的原始资料，原始资料必须真实、准确、齐全。

资料员负责对工程资料进行检查并签署意见。

资料员负责组织工程档案的编制工作，可委托总承包单位、监理单位组织该项工作；负责组织竣工图的绘制工作，可委托总承包单位、监理单位或设计单位。

编制的基建文件不得少于两套。归入工程档案一套，移交产权单位一套，保存期应与工程合理使用年限相同。

应严格按照国家和当地有关城建档案管理的规定，及时收集、整理建设项目各环节的资料，建立、健全工程档案，并在建设工程竣工验收后，按规定及时向城建档案馆移交工程档案。

资料员应收集、审查施工员、质量员等项目部其他专业技术人员，以及相关单位移交的施工资料，并整理、组卷。

资料员应协助企业相关部门建立施工资料管理系统。施工资料管理系统包括资料的准备、收集、标识、分类、分发、编目、更新、归档和检索等。

为了突破传统的建筑工程管理模式，打造建筑信息化，解决建筑工程实现信息化管理所面临的分散管理、传统模式、效率低等问题，以住房和城乡建设部已经颁布的一系列技术规程为基础，利用计算机网络信息技术和编程技术，结合建筑工程项目管理的特点对项目管理信息系统的业务功能及流程进行二次开发。

四、工程资料归档移交

（一）工程资料归档

归档就是将工程资料整理组卷并按规定移交相关档案管理部门。

对与工程建设有关的重要活动、记载工程建设主要过程和现状、具有保存价值的各种载体的文件，均应收集齐全、整理立卷后归档。建设工程文件的具体归档范围应符合内容要求，工程参建各方宜按《建设工程文件归档规范》(GB/T 50328—2019)附表 A.0.1 规定的内容将工程资料归档保存。

根据《建设工程文件归档规范》(GB/T 50328—2019)要求，工程档案保管期限分为永久保存、长期保存和短期保存三类。永久保存指工程档案无限期地、尽可能长远地保存。长期保存指工程档案保存到该工程被彻底拆除。短期保存指工程档案保存期短于 10 年。

工程资料归档保存期限应符合国家现行有关标准的规定；当无规定时不宜少于 5 年。

建设单位工程资料归档保存期限应满足工程维护、修缮、改造、加固的需要。

施工单位工程资料归档保存期限应满足工程质量保修和质量追溯的需要。

（二）工程资料移交

工程资料移交应符合下列规定：

(1) 施工单位应向建设单位移交施工资料。

（2）实行施工总承包的，各专业承包单位应向施工总承包单位移交施工资料。

（3）监理单位应向建设单位移交监理资料。

（4）工程资料移交时应及时办理相关移交手续，填写工程资料移交书、移交目录。

（5）建设单位应按国家有关法规和标准的规定向城建档案管理部门移交工程档案，并办理相关手续。有条件时，向城建档案管理部门移交的工程档案应为原件。

五、资料信息系统管理

档案信息化是在国家档案建设管理部门的统一规划和组织下，在档案管理的活动中全面应用现代信息技术，对档案信息资源进行数字化管理和提供利用。档案管理模式从以档案实体保管和利用为重点，转向以档案信息的数字化存储和提供服务为重心，从而使档案工作进一步规范化、数字化、网络化、社会化。

（一）信息系统化的优点

1. 提高管理效率

管理效率的提高意味着以较少的人力、物力、时间完成较高质量或较多数量的工作。信息化过程中档案管理效率的提高主要表现在：

（1）档案管理的自动化和档案实体管理的简化

经过精心设计的档案管理系统，可以实现许多管理过程的自动化，包括归档、存储、鉴定、统计分析，还可以简化档案实体管理，如立卷、实体分类等，从而减少档案工作人员的手工劳动、缩短工作时间、提高管理效率。

（2）档案原件得到保护

利用信息技术可以从两个角度来保护档案原件：

① 代替原件提供利用。经过数字化之后，利用者可以查看原始档案的数字化版本，从而减少对原件的损害，这是较为普遍的保护视角。

② 以电子的方式传承历史。不管保护措施如何完善，档案载体的寿命总是有限的，字迹会消退，介质会损坏，影像会模糊，声音会喑哑。如果将珍贵的历史档案数字化，且格式选择得当，用“0、1”比特表示的档案信息就会永久存在。

2. 提高服务水平

服务水平的提高意味着以更恰当的方式将更丰富的信息提供给用户，满足其日益增长和变化的需求。信息化过程中档案服务水平的提高主要表现在：

（1）满足多元化利用需求

手工环境下，每种检索工具只能提供一种检索角度，限制了利用。档案管理系统具有很强的数据处理能力，可实现目录数据的一次输入、多次输出，可以从多个角度查检档案，有助于满足用户多元化检索需求。

（2）提高查询效率

相比亲临现场，在多个手工检索工具中翻找和在多个柜架中寻觅，在计算机中输入检索词并等待档案管理系统的反馈就显得简单多了。信息化条件下查询效率的提高不仅表现在检索时间的缩短，还表现在查全率和查准率的提高上。越是跨时空、大规模、综合性的查找，这种优势表现得越明显。

3. 促进交流与合作

档案信息化对于档案工作和档案工作者既是机遇，又是挑战。从技术应用、系统设计到档案利用需求，都在不断变化，新问题不断涌现，迫切要求档案界加强与外部的交流与合作，学习经验、交流心得，寻求在理念、制度、方法、手段等各方面的支持。近年来档案界在中外交流以及产、学、研合作方面得到了加强，与信息技术、图书情报、法律、公共管理等领域的交流与合作也有深化趋势。

（二）电子档案的法律地位

2020 年 6 月通过了修订后的《中华人民共和国档案法》，与修订前相比，在档案管理方面的突出亮点是新增第 5 章档案信息化建设，其明确规定“电子档案与传统载体档案具有同等效力，可以以电子形式作为凭证使用”。该法律的颁布实施，明确了电子档案的法律地位。目前随着计算机技术普及，各种工程设计软件和工程管理软件不断涌现，BIM 的逐步推广对档案信息系统的完善和全面实施提供了条件。目前各省市基本都有自己的工程档案管理系统，如江苏省的《江苏省工程档案资料管理系统》等。

参考文献

[1] 本书编委会.材料员一本通[M].2版.北京:中国建材工业出版社,2010.
[2] 本书编委会.施工员全能图解[M].天津:天津大学出版社,2009.
[3] 本书编委会.质量员[M].北京:中国建筑工业出版社,2014.
[4] 本书编委会.建筑与市政工程施工现场八大员岗位读本[M].北京:中国建筑工业出版社,2014.
[5] 陈安生.质量员[M].3版.北京:中国环境出版社,2014.
[6] 陈裕成.建筑机械与设备[M].2版.北京:北京理工大学出版社,2014.
[7] 程桢.建筑工程质量管理与质量控制[M].2版.北京:中国质检出版社,中国标准出版社,2015.
[8] 邓宗国.安全员[M].3版.北京:中国环境出版社,2014.
[9] 乐嘉龙.学看建筑结构施工图[M].2版.北京:中国电力出版社,2018.
[10] 李辉.建筑施工现场专业人员岗位操作必备-材料员[M].北京:机械工业出版社,2015.
[11] 李建钊.施工员全能图解[M].天津:天津大学出版社,2009.
[12] 李祥军,王政.劳务员管理与实务[M].徐州:中国矿业大学出版社,2015.
[13] 刘霁.机械员[M].2版.北京:中国环境出版社,2013.
[14] 门玉明.建筑施工安全[M].北京:国防工业出版社,2012.
[15] 乔景顺.安全员专业管理实务[M].郑州:黄河水利出版社,2010.
[16] 王东升,李军.劳务员专业基础知识[M].徐州:中国矿业大学出版社,2015.
[17] 王天魁,张敬.建筑工程资料管理[M].北京:化学工业出版社,2007.
[18] 魏文彪.建筑结构施工图[M].北京:中国电力出版社,2015.
[19] 赵长歌.质量员[M].北京:中国建筑工业出版社,2014.
[20] 赵虹.建筑工程资料管理[M].北京:北京理工大学出版社,2012.
[21] 郑伟.施工员-土建[M].3版.北京:中国环境出版社,2014.
[22] 中华人民共和国劳动合同法:实用版[M].6版.北京:中国法制出版社,2013.
[23] 中国建设教育协会,苏州二建建筑集团有限公司.建筑与市政工程施工现场专业人员职业标准:JGJ/T 250—2011[S].北京:中国建筑工业出版社,2011.
[24] 周海涛.建筑施工图识读技法[M].太原:山西科学技术出版社,2009.